タブーなき原発事故調書

超A級戦犯完全リスト

鹿砦社特別取材班

鹿砦社

タブーなき原発事故調書——超A級戦犯完全リスト

鹿砦社特別取材班＝編著

鹿砦社

はじめに

みなさんは、もしかしたら、勘違いされているかもしれない。３・11前とは違い、テレビでも新聞でも雑誌でも、原子力ムラは批判され、原発の問題が公に議論されている。東京電力によるメディアコントロールは、解けたのだ、と。

しかし彼らは、最も重要なことは巧妙に隠し、われわれが忘れ去ることを待っている。

隠していることの一つは、福島第一原発の３号機は核爆発を起こしていた、ということだ。本書の広瀬隆氏インタビューで、詳述されているので参照されたい（二四㌻）。同じことを、菅直人前総理大臣の元政策秘書や、日本原子力安全基盤機構の元原発検査員も語っている。

それらの情報はネット上では見られるが、大手メディアでは見られない。二〇一一年三月十四日の爆発時には、テレビでその映像が実況放送されている。だが、黒煙がキノコ雲となって立ち上ぼるその映像を、その後、大手メディアでは見ることはなくなった。何よりも刺激的な絵を好むはずのメディアが、なぜそれを封印しているのか。メディアコントロールは、いまだに健在なのだ。

もう一つは、福島第一原発の４号機が八〇センチの不等沈下をしている、という事実だ。地盤が均等に沈下せず、建物が傾斜しているのだ。これも、菅直人前総理大臣の元政策秘書の報告であり、広瀬隆氏に詳しく語っていただいている。

もし、４号機の使用済み核燃料が乾ききって発火すれば、人類がいまだ経験したことのない事故となり、日本が壊滅する可能性さえあるのだ。同じことは、元在スイス大使で東海学園大学教授の村田光平氏も指摘している。この日本の危機は世界では常識であり、知らぬは日本人ばかり、というのが実情だ。

なぜ、４号機の不等沈下を隠しているかと言えば、これは地震による損壊であるからだ。「福島第一原発は地震には耐えた。だが津波による全交流電源喪失によって事故につながった」というのが、東京電力と原子力ムラの主張するシナリオだ。原発が地震に耐えられない、ということになれば、どの原発も再稼働はできないからだ。しかし、4号機の不等沈下はそれを証明しているがゆえに、巧妙に隠されている。

よってたかって国民を欺いて、大飯原発が再稼働された。日本にはすでに二万トンの使用済み核燃料があり、それは原発が停止したままでも、フクシマと同等の事故を引き起こす可能性がある。フクシマのことを反省するならば、それをどうするかをまず考えるべきだ。しかし、再稼働して、一日一日とどこにも持っていきようのない使用済み核燃料を増やし続けているのが現状なのだ。

だれ一人として責任を取らず、過ちを続けている、日本。福島原発事故が「収束」したと大ウソをついて、野田佳彦は「私の責任で」と大飯原発を再稼働させた（一二年七月一日）。どんな責任を取るというのだろう。福島原発事故によって、これから、成長期の子どもたちを中心に、少なくとも数十万人が、低線量被曝の蓄積によって、さまざまな病に苦しめられることになるのは明らかだ。これも得意のウソで、原発とは関係ない、とシラを切るつもりなのか。

大気中に七十七京（十の十六乗）ベクレルの放射性物質を撒き散らす福島原発の大事故を引き起こしながら、法的に過失責任を問われた者は、いまだに一人もいない。

二〇一一年七月、広瀬隆氏と明石昇二郎氏は、東電の勝俣や清水、原子力安全委員長の斑目など二十七人を、業務上過失致死傷罪に該当するとして、東京地検特捜部に刑事告発した。一年以上経った二〇一二年八月、これは受理されたようだ。東京地検が、きちんと捜査を行うことを期待したい。

本書では、福島原発の事故の、そしてそれをまったく反省せずに大飯原発を再稼働させたA級戦犯らについて、彼らがいったい何をしてきたかを記すとともに、居住地を掲載した。自らが行ってきたことを今、どう考えているのか。直に会って問い質す権利が、われわれ市民一人ひとりにある。

福島の人々は、故郷を破壊され、放射能の恐怖にさらされながら、いまだ不自由な生活を送っている。「安全だ」という御用学者の言葉が信じられなくなった今でも、そこに留まらざるをえない人々は、呼吸の一つにも気を遣って暮らしている。

そんな目に追いやった張本人たちが、どんな顔をして、どんな暮らしをしているのか、見るだけでも意味があるだろう。

事故当時の東電の勝俣会長や清水社長は天下りして、豪邸に住みながら悠々と暮らしている。われわれのスタッフが訪ねていった時、勝俣はのんびりと孫と遊んでいた。このあまりの落差。他人の暮らしを根底的に踏みにじっても、なんら心に痛みを感じない人々が原発を動かしているのだ。

だが、絶望の中に、希望もある。不遇に耐えながら、たえまなく原発の危険性を訴え続けてきた人々がいる。事故後に気づき、仕事を失うのもかまわずに、立ち上がった人々もいる。病と闘いながら、声を挙げ続けた人がいる。

原発の廃炉も難題だが、社会のすみずみまで浸透している原子力ムラの解体も、また難題だ。だがそれをやり遂げた時に、日本は世界から愛される国に変わるだろう。それは、いつか必ず実現できると信じている。ささやかながらも、本書がその一助となれば、幸いである。

二〇一二年夏

鹿砦社特別取材班

タブーなき原発事故調書——超A級戦犯完全リスト　目次

第2章　今でも「安全神話」に固執する御用学者　139

第3章　原発利権に群がった悪党ども　195

第三部　こんなにもある東電子会社

第一部

絶望に希望の火を灯す、真実の声

第1章

原発と闘う人々、怒りを語る

無惨な姿をさらす福島第一原発4号機

東京電力元社員激白
だまして原発を進めるのが、ぼくら東電の仕事だった

主に原子力畑を歩んできた、東京電力元社員の声を聞くことができた。検査を通すために放射性物質を外に出してしまうなど、安全性を保とうなどという意識が、現場には少しもないことが明らかにされた。東電を中心にして、役人、政治家、学者まで、安全性への意識があまりにも弛緩したまま原発が動かされてきた事実がそこにはある（取材班）。

ぼくら東電の社員がいて、下請け、孫請けの作業員の方々がいて、原発というのは動いているわけですけど、更衣室は一緒なんですよ。社員用と企業用では服は違いますけどね。パンツ一丁になると、背中一面に刺青入れてる人とかいて、けっこう怖かったですね。何かされるわけはないですけど、頼むから自分の仕事のところに来ないでくれって祈りましたね。

アメリカのＧＥ（ゼネラル・エレクトリック）社が連れてきた黒人もいましたね。原子炉の中まで入って作業してたんで、放射線量管理ちゃんとしてんのかな、大丈夫なのかな、とちらっと思いました。

社員はもちろん作業はしませんけど、終業点検で入りますから、まあ被曝はしますよね。中性子検知器って原子炉の下にあるんで、そのあたりまで行くと、放射線量は高いですよ。その日の線量目標をアラームにセットしておいて、それを越えるとピーって鳴る。そうすると本当はそこから出なくちゃならない。それじゃあ仕事が終わらないから、アラームを体から外して、線量の低いところに置いとく、なんてことは日常茶飯事でしたね。

防護服？　ぼくらは防護服なんて言わないですよ。あれは、汚染を拡げないために着ているだけで、放射線をさえぎっているわけじゃないですから。α、β線くらいは止めると思いますけど、γ線は通っちゃうんですよ。ぼくらはだから、

防護服とは言わず、単につなぎとかタイペックとか言ってましたね。社員の放射線管理がいい加減なんだから、作業される方々はねえ……。

放射線管理区域って、トイレもなく飲食禁止なんです。つなぎ着てマスクしてますから、そういうことはできないって、建前ですよね。現場行くと、外気取り入れ口って、個室みたいになっているところがあるんですよね。そこの排水用ピットで用を足した跡がよくありましたね。オシッコだけじゃなくて、ウンコもあった。入るの嫌だったですね。また、あるんじゃないかって思って。

中性子検知器って、底から直径三センチくらいの管が入って、スプリングの力で原子炉に押しつけられてるんですよね。そこにちょっと、サビとか金属のゴミとかチリとかが挟まると、ポタポタと水が漏れてくることがある。点検中にポタポタだと、運転したらもっと出るんで、止めとかないといけない。

専門の職人さんが来て、特別に作ったT字型の棒でセーのという感じで、下から押し上げるんです。そうすると水がジャーッと出て、その勢いでゴミが取れて直る。その人は頭から水を浴びてますよ。もちろん、つなぎを着てマスクをしてますけどね。さっき言ったように、そんなもんは、放射能さえぎりませんからね。これは特殊な技術で、できる人は全国で一人か二人くらい。浜岡行ったり、女川行ったり、敦賀行ったり、いろんなところで重宝がられていましたね。

モーターでもタービンでもバルブでも、微妙なところのちょっとした調整っていうのは、体で覚えた技みたいなものがありますよね。手順書に「ボルトを三回転半回す」って書いてあっても、同じ三回転半でも手加減みたいなもので違ってくる。原発というとコンピュータで制御されていると思われがちだけど、けっこう職人技で動いてるんですよ。まあいろいろ自動化は進んでますけど。

制御棒も自動交換機で交換しますけど、やはりそこに人が立ち会わなきゃいけない。外す時にはやはり、水がダーッと出ますよ。

作業員だった人が、後で白血病やガンで亡くなって、労災申請するとかいうことはありましたね。労災として認められた例もけっこうあるみたいです。

でも、そういうのは東電は関知しないですから。東電は東芝とか日立とかのプラントメーカーに投げて、そこから下請け孫請けで、お前らの責任でやれってことで、だんだん責任の意識っていうのは薄れていくでしょうね。

検査を通すために放射能物質を放出

原子炉建屋の中に、廃油を溜めるオイルプールがあって、放射線モニターが付いている。決められたレベル以下だったら、ポンプが回って廃油は外に出せる。放射能のレベルが高いと、インターロックが掛かってポンプが回らない。廃油を外に出せないんです。

そうなっている時にちょうど、経産省の定期検査があったんです。インターロックのランプがつきっ放しだと検査通らないんで、どうしようか、ってなったんです。検知器に鉛を巻いて放射能を遮蔽しちゃおうか、ていうのが最初に出た案。検査官が現場に行く時は外しといて、制御室に行くぞって言ったら鉛巻いて遮蔽しちゃう。そうしたら、制御室のほうではランプ消えるから。イタチごっこですよね。

でもね、どっちにしろそのままにしといたら、フン詰まりになってオイル漏れとか起こすんですよね。しょうがないから、インターロック外して、外に出しちゃいましたよ。放射性物質が外に出るっていうことですから、やっちゃいけないことですけどね。いつものとおり、廃油業者に引き取ってもらいました。無謀なことやってましたね。

検査官をだますということは、よくやってましたね。

建屋の中に、線源井戸っていうのがあるんですよ（次㌻図参照）。文字どおり、井戸みたいになっていて、底にラジオアイソトープつまり線源が置いてある。検知器を上から一メートル、二メートル、三メートルと下げていって、線源に近くなるほど高い値が出るわけですね。最初に真正な検知器で測って正しい値を出しておく。それと同じ数値が出れば、その検知器は正常だと。検知機をテストする設備ですね。

検査官が来るという時に、検知機が壊れちゃってたんですね。死んじゃって、まったく作動しない。それだと検査通らないですからね。何やったかって言うと、検知機の線に電流発生器を付けたんです。それまでの経験で何㍉アンペア流せば何㍉シーベルトって出るか分かってますから。

検査官は、制御室にいますよね。制御室で「はい。一メートルまで降ろしてください」って指示する。現場は「はい。一メートルまで降ろしました」って、電流発生器を操作するわけです。電流流しますから、ビーッとメーターが上がるでしょ。「じゃあ、二メートルに上げてください」「はい」って言うと、ビーッと下がるわけです。「三メートル上げてください」っとかいろいろやって、「はい、大丈夫ですね。ＯＫです」ってなった。

壊れたら予備を使えばいいんですけど、たまたま予備がなかった。隣りのプラントのを持ってくるっていう手段もあって、それはそれで、まともな検査かって話になりますけど、それもなんかの都合でできなかった。まあ、窮余の策でしたね。検査官なんて、何も知らないですからね。手順書どおりやって、基準の値が出れば判子押してサインしてくれるんで、けっこうデータ改竄みたいなことやってましたね。

検査官は一泊二日で来ると、一日目は宴会やって、二日目は検査やって、その後はちょっとしたツアーに行って、それでお帰りいただくみたいな日程でした。まあ、検査官はＶＩＰですからね。

鬼と言われるような、厳しい検査官もいるんですよ。あの書類を出せ、この書類を出せって言われて、「検査官接待マニュアル」が見つかっちゃったんですよ。それだけは、絶対に見られたくないものでしたね。すごい細かいこと書いてあるんですよ。駅に迎えにいくのは課長クラスが行けとか、昼飯はいくら以上にしろとか、夜はどこにしろとか。田舎だからそんないい店とかないんで、だいたい決まっちゃうんですけどね。お土産は、現地の名産品で五千円程度の陶器を持たすとかね。コンプライアンスとかがうるさくなってからは、やってませんけどね。「接待って、まずいんじゃない？」とかしか言われなかったですけど、こっちはもう青ざめてましたよ。

検査官が来ると、けっこう何か起きたりするんですよね。全然関係ないコンセントが火吹いたり。あたふたして対処しますけど、原発の安全性にはまったく関係ないことですよ。関係あるところはむしろ、手順書どおりなんで、あらかじめ手打っときますんで。

たまにはいますよ。原子力のことを勉強していて、的外れだけどすごく細かいことを突っ込んでくる検査官とか。そうなるとうちらじゃ答えられないんで、プラントメーカーの人に来てもらって、東電の服着せて答えてもらったりね。

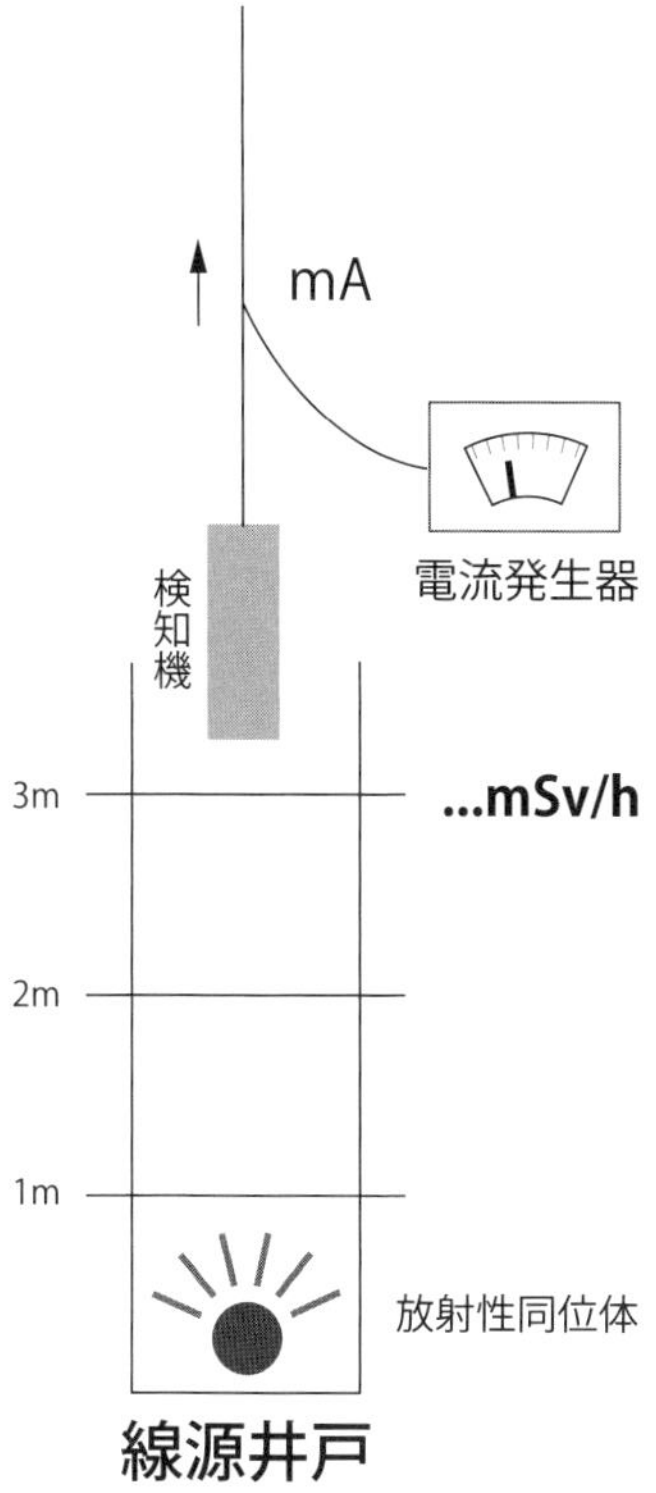

原発のことを分かってるのは、プラントメーカー。大学の先生っていうのは、学問的には知ってるけど現場は知らない。電力会社もよく分かってないし、役所なんてもう何も分かんないですから。うちらと検査官がやり取りしてても、何も分かんない奴同士で話してるだけなんですよね。

だから東電が原発の設置許可申請書を出すと、役所が言ってくるのは「てにをは」のチェックみたいなことばっかりになる。

「以下のように安全性が保たれている」って書くと、「ように」ってなんだ、漠然としてる、って言われるんです。でも実際、その下に具体的に箇条書きにして列記しているわけですよ。そう言っても、「ように」は英語で言うと〝ｌｉｋｅ〟の意味で曖昧だ、「ようにって気にいらねえ」って言われるんですよ。「じゃあ、どうすんですか？」って聞いたら「以下のとおり」って書くんだ、って言うんですよ。

あと、送りがなとか。「行う」なのか「行なう」なのか。それと、カンマ（，）と読点（、）の違いとか。ＡＢＣってやる時はカンマで、日本語の並んでる時は点だって言うんですよ。「点だったら点で全部統一したほうがいいんじゃないですか？」って聞いたら、「いや、ダメだ」って言うんですよ。

「下記のとおり」って書いたことがあるんですよ。下記って言うのは、その下に「記」っていうのがないと、「下記」っと言わないんだって言うんですよね。「上記の場合はどうなるんですか？」って言ったら、「その場合は上述のとおりとか前述のとおりとか書くんだ」って言うんですよね。

「ＡよりＢへ」って書くと、「より」は〝ｔｈａｎ〟の意味だと。〝ｆｒｏｍ〟の意味だったら、「ＡからＢへ」と書かないといけない、って言われる。あとで辞書で調べてみたんだけど、日本語の「より」には両方の意味があるんですけどね。

うるさいな、って思うんだけど、まあ、言われたとおりに直しますよ。原子力のことなんか分かんないから、そういうとこでしか、文句付けられないんですよ。安全性のチェックなんかできるわけがない。そんな審査やってるんですよ。

☢ 東電は単なる運転手、じつは何も分からない

検査したり審査したりする側はだいたいみんな、ずぶの素人。その前はアルコール関係やってたとか、ガスやってたとか、そういう人が三年周期くらいで回ってくるんですよ。こっちが、「核分裂とは何か?」くらいの初歩の初歩からレクチャーして、それで向こうがこっちの安全審査やるっていうんだから……。

昔からの伝統なんですけど、電力会社はみんな、霞ヶ関界隈に会議室を持ってるんですよ。役所の中の会議室はいつも何かで埋まっているっていうんですよね。東電にも会議室はありますけど、審査していただくのに来てもらうのはおかしい、ということで。

安全審査って週に二〜三日ヒアリングして、標準的なもんだと、それがだいたい二年かかるんです。一次審査は保安院がやって二次審査は原子力安全委員会がやるんですけど、一年ずつで二年ですよね。それより長くなると、何か問題があったのかって思われるし、短いと手抜きだって言われるんで、だいたい二年。新規プラント、改良型プラントとかだと、もうちょっとかかる。だからどうしても、会議室がないと話が進まない。申請書ってけっこう分厚くてA4ファイル三冊くらい並ぶ。それを一ページずつ説明して、質問受けたりして理解してもらうんです。

分からないことがあると、メーカーに電話して聞くんです。よく言われてましたよ。「おめえら、テレフォンエンジニアかよ」「電話で仕事してんのかよ」って。東電ってユーザーなんですよ。車と同じで運転するだけ。東電が原発造れるかって言ったら、造れない。設計できるかって言ったら、できない。解析したりとかコンピュータ回したりとか、できない。安全審査で、「この部分もっと計算してくれ」って言われれば、メーカーに投げるしかない。

経産省に解析する能力あるかって言ったら、ない。どうするかっていったら、原子力安全基盤機構とかの外郭団体に投げるだけ。だから福島原発事故の解析だって、東電がやってるって言いますけど、東電は実際には解析してない。メーカーに投げてるんですよ。保安院も解析したって言ってるけど、保安院だって解析してない。外郭団体で解析してるんです。しょせん、保安院も素人集団ですからね。

だからやってるのは結局、「この言い回しを変えろ」みたいな話ばっかりですよ。今はワープロだからいいけど、昔は活版印刷だったんで、直せって言われたら大変だったんですよ。

ぼくらは「分室」って言ってましたけど、その会議室には冷蔵庫があって、ビールとかたくさん入ってるんですよ。時間が経ってくると「どうぞどうぞ、ご自由にお飲みください」みたいになってくる。夜になったら「場所を変えましょう」ということになる。

料亭とかじゃなくて、個室のある和食とか中華くらいですけどね。検査官リストっていうのがあって、生年月日から趣味嗜好まで全部書いてある。カラオケ好きの人もいるから、ケースバイケースですね。ぼくらの本店が新橋だってこともあって、最後は銀座のクラブとか行ってましたね。

なんか地方電力のほうがいいお店知ってたりして、よく北陸電力の人に教えてもらいましたよ。だけど、仲良くなってうちで作った資料あげたら、それをそのまま使ってレクチャーしてるんですよ。それで回答に窮したら、「東電さんに聞いてください」って言っちゃったことがあって、それだけはやめてくれよ、って言いましたよ。「われわれ、原発初心者なもんで」「見解が違うとおかしいと思って」とか、弁解してましたけど。

五人の原子力安全委員会のほかに事務局もいますけど、まったく専門能力ないんで、大学の先生方に部会を作らせてるんですね。そこに事務局が出かけていって、先生方に説明するんですけど、その資料もうちが作っている。会議が終わると必ずうちらが出向いていって、先生方から出た質問事項を聞いてくる。それで、答えを一所懸命作る。それをまた事務局に説明して、彼らが先生方に説明するんです。

もちろん原発推進の先生方ばっかりですけど、中にはごねる方もいらっしゃるんですよね。性格的なもんだと思うんですけど。そうすると、部長クラスが夜一席設けて、「まあ先生、そこのところよろしく」みたいな感じで協力してもらうんです。先生方には必ずお中元とかお歳暮とか送ってましたよ。そんなに高いものじゃなくて、一万円くらいのワインとかですけどね。中には、受け取れないって送り返してくる先生もいましたけど、そういう方は稀でしたね。

コンプライアンスがうるさくなる前は、審査が一段落すると、経産省にお酒やお鮨を差し入れたりしてましたね。そういうことが問題になり始めたころに、「こんなものは受け取れん」って返されて、まあその時はわれわれがご相伴にあずかったんですけどね。

☢ やらせは、どこの電力会社でも当たり前

二次審査では、原子力安全委員会が主催して、地元の意見を聞くということで、公開ヒアリングをやりますね。電力会社はそこには噛んでちゃいけないんだけど、実際には、裏方は全部ぼくらです。

まず安全委員会は、事前に地元の住民から質問を募る。最近はインターネットになりましたけど、昔は手紙だった。

安全委員会が科学技術庁にあった時代の話ですけど、まず、人ふたりとワープロ二台よこせって言うんですよ。東電で使ってたワープロは、もちろん東芝（東芝は原発メーカーなので）だったんですよ。でも科技庁は「うちは富士通だからね」って言うんですよ。仕方がないから、富士通のワープロ買って持っていきましたよ。

何をするかっていうと、来た手紙をワープロで打つんですね。で、中身を見てると、原発反対的な人のほうが多いんですよ。反対派の人たちって、自分で一所懸命書くんですよ。推進派の人たちっていうのは、自分からは動かない。そこでぼくらが地元の人脈を通じて、頼むんですよ。地元の商工会みたいな人ばっかりだと変なんで、主婦とか漁師とか、農業やっている人とかに頼むんです。そうやって、理想としては推進と反対を九対一くらいに持っていきたい。反対がゼロというのもおかしいんで。悪くても八対二くらいになるように努力しますね。

ある程度やる気のある人だと、ぼくらの作った文案を自分なりに消化して質問してくれるんですけど、そのまま出しちゃう人もいるんですね。「私は柏崎市の主婦ですけど、排気筒からストロンチウムはどのくらい出るんですか？」とか聞いちゃう。今だったら別ですけど、当時普通の主婦が、ストロンチウムなんかに関心持ってるわけないじゃないですか。作るほうも悪いんですけど、どう見ても不自然でしたね。

傍聴人も一緒なんですよ。応募が来ると、地元に聞くと反対派だって分かるんで、推進派の人たちに頼んで応募してもらう。九州電力のやらせメール問題（二〇一一年六月）なんて、笑っちゃいますよ。原発抱えてる電力会社は、同じようなことみんなやってますから。

おきまりの説明会とはいえ、突飛な質問が出る可能性もあるでしょ。その時のための想定問答集が、ファイル十冊くらいになる。言葉だけの説明だと分かりにくいんで、オーバーヘッドプロジェクターでスクリーンに映す図なんかも、各回答ごとに二、三枚付けなきゃいけない。でもそれも、オーバーヘッドプロジェクターの時はまだよかった、コピー機ですぐできるから。カラーのスライドでやろうって言い出されて、外注ですごくお金がかかるようになったんですよ。

公開ヒアリングの当日は、東電がいたらおかしいんで、ぼくらは「福田組」ってゼネコンの服着ていましたね。部屋でモニター見てて、変な質問が出ると、すぐに電話して何ページのどれどれです、って教える。

会場をバリケードで囲んで、警備員を配置して、全部で億単位の金がかかるんですね。一億かかったとしたら、十分の一の請求書持ってこいって、科技庁は言うんですよ。ただ「金一千万円也」じゃダメだから、バリケード用の床板がいくらとか、スライド代とか、警備員の人件費、会場代とか内訳をダーッと書くわけですよ。よくあんなもの、会計検査院とかで通るなって思いますよ。

向こうは、おまえらのためにやってんだってことですよ。安全を確保しようなんて気持ち、さらさらない。安全委員会の内規で決まってるからやる。地元の方々の意見を真摯に聞こうとかいう気持ちなんてない。安全審査という作業の中で、クリアしなゃきゃいけない一つのハードルくらいにしか思っていない。セレモニー。ルーチン。やったという実績だけ。どこの電力会社も一緒ですよ。

裁判になっても、仕事するのは電力会社です。住民が原告になって、許可した経産大臣を訴える設置許可取り消し訴訟と、住民が電力会社を訴える運転差し止め訴訟ってあるんです。どっちも電力が仕事するのは一緒。国なんか何もしないですから。

国が訴えられると、被告の代理人は法務省なんですね。経産省も素人だけど、法務省の検事とかって、それに輪をかけてド素人なんですよ。準備書面を作って持ってったら、「全然分かんない」って言われたんで、「注１」とか「注２」とかって説明付けてったら、「注３００」以上いっちゃって、これ一ページに注がいくつあるんだよって感じになりましたね。

口頭弁論があると必ず行きます。法廷が狭いと経産省の分の傍聴席も取ってあげないといけないんで、東電が動員して並んで傍聴券取って渡すんですよ。ぼくらも懐にレコーダーを忍ばせて傍聴しますね。

法務省の役人が尋問されるための想定問答集も作らないといけない。経産省のチェックを受けて、両者ＯＫにならないとダメなんですよ。両者の意見が違うと本当にこっちは困っちゃうんですよ。経産省に顧問弁護士がいるんで、経産省に説明して、顧問弁護士に説明して、法務省に説明しなくちゃならない。原告側の証人には、反対派の学者さんとか出てくるんで、その想定問答も作ります。なかなか予測どおり問答は進まないんで、けっこう難しいですよ。

☢ 管理職に協力を求める東電労組

今の政権がなんで原発の再稼働に必死かって言ったら、電力総連のお世話で議員になった人がいっぱいいるわけですから、当然でしょうね。

電力会社の組合って、何やってるか分かんないですよ。組合が管理職からも協力金みたいな名目で、ボーナスごとに一人五千円ずつ集めるんですよ。領収書も出ないし、何に使ったっていう収支の報告もない。闇の金みたいなもんですよね。「おれは民主党きらいだから嫌だ」って言うと、組合の偉い人が直談判に来て、「ぜひ協力してください」とか言うんですよ。組合って本当は、会社側と闘わなきゃいけないのに、管理職に協力求めてるんですから、わけが分かんないですよ。

組合はもちろん、原発推進。原子力をやめようなんて意見を言えば、組合の中でも爪弾きにされますから。

東電の副社長だった加納時男が自民党から参議院議員選挙に出た時には、さすがに組合はもちろん何もやらなかった。その時は、管理職は強制的に自民党員にさせられたんです。それも夫婦で。それで、課長クラスは一年間五万円くらい、部長クラスだと十万円くらい取られてましたよ。何億って金が集まった。金が集まって人が集まると、比例での順位が上がるから当選するんですよ。副社長で、それだけの名声があるんだから、自分の実力で勝負しろよ、って思いますよ。それで国会で何やってきたかって言ったら、原発推進ですから。

東電労組からは、小林正夫というのが、民主党で議員になっている。もちろん原発推進。管理職というのは、どっちにも金払っていてバカみたいだけど、どっちに転んでも原発推進でいてくれるためには、仕方ないですよね。

地方の県知事選挙、市長選、町長選、議会選挙も、原発推進の人が勝つように、電話攻勢とか手紙攻勢とか、すぐ動員ですからね。「だれか知り合いいないか?」から始まって、電話リスト渡されて片っ端からかけるんです。六ヶ所の再処理工場があるから、青森の選挙でもやりましたね。青森弁だから、何言ってるか分からないんですけど、とにかく誰々をよろしくって頼むんです。

原子力ムラがあると同じように、電力ムラっていうのがあるんですよ。けっこう結束が堅くて、一致団結して動く。それがいいことだったとは、今はとても思えないですけどね。

福島原発の事故は、いい加減なことを続けてきた東電と原子力ムラへの天罰だと思います。これで反省しないようだったら、どうしようもないですよ。

広瀬 隆（作家）さんインタビュー
福島原発で起きたのは核爆発だった

——福島原発では、核爆発も起こっていたというのは本当ですか？

そのとおりです。３号機の使用済み核燃料プールで起こった即発臨界爆発は、核爆発の一種です。ただし、原爆のように激烈ではなく、そのゆるい反応になります。

これは、私が主張しているのではなく、アメリカの原子力技術者、アーニー・ガンダーセン氏が解き明かした推測です。彼が推測したことは、現場の状況と完全に一致しますので、私は彼の説を全面的に支持します。

事故当時の映像を見ると、３号機の爆発は、１号機の爆発と明らかに違います。１号機は白煙が横に広がっています。３号機は、黒煙が真っ直ぐ上に上がって、キノコ雲のような形になっている。水素爆発では、黒い煙は出ません。赤い閃光が出て、垂直方向に数百メートルの噴煙が立ち上がって、大きな黒い塊がいくつも降ってきています。爆発の威力が違います。

おそらく、使用済み核燃料プールで、不慮の臨界が起こったのでしょう。原爆と同じような、原爆を穏やかにしたようなものが、ドーンと起こった。アメリカの原子炉暴走実験というので確かめられている。ガンダーセンさんは、かつてこのアメリカの実験を見ているので、まったく同じだとすぐ気がついたとおっしゃってました。

それを裏付けるように、福島第一原発敷地内で、コンクリート破片の瓦礫で毎時九〇〇ミリシーベルトが検出されています。一般に許される放射線量の上限は、一ミリシーベルト／年だから、この瓦礫は四秒で一年間の被曝限度に達する。このコンクリート片が何だったのかは、いまだに曖昧にされたままです。爆発で破壊された３号機の使用済み核燃料プールの一部か、核燃料そのものが混じったものだったかもしれません。
プルトニウムやウランがアメリカまで飛来していますが、核暴走による即発臨界爆発が起こっていたなら、なんら不思議はありません。

――核爆発だったというのは、マスメディアではほとんど報道されていないので、ショックですね。臨界爆発を起こしたのは、３号機の使用済み核燃料プール。稼働していない４号機の核燃料プールでも水素爆発が起こりました。稼働していなくても、使用済み核燃料があることで、危険なことは同じ。同じなら、稼働させて発電したほうがいい、ということを言う人もいます。民主党の仙谷由人なんかも、そんなニュアンスのことを言っています。

そんな馬鹿げたことを言う人間は、福島第一原発で起こったことを、何も分かっていないド素人だ。二〇一二年現在、六ヶ所再処理工場がパンクしているので、全土の原発が使用済み核燃料を青森県に送ることができず、運転後に取り出した燃料を保管するのに、リラッキング（燃料をプールの中でギュウギュウ詰めにする危険な処置）をとってしのいでいる。臨界事故を防ぐために、ラックの材料に中性子を吸収するホウ素を添加してなんとか暴走を食い止めている。しかし運転を停止していても、ラックが地震で外れたり破損すれば、福島第一原発3号機のように臨界暴走による大爆発や、使用済み核燃料プール破壊の漏水によって、大惨事が起こりえます。その危険性が最も高かったのが、最大量の使用済み核燃料を抱えていた福島第一原発です。

３号機爆発の模様

再稼働するという大飯原発の、3、4号機には、関西電力の公表で、今年（二〇一二年）三月末現在、一八〇五本（一二九一トン）の使用済み核燃料が保管され、容量の七二％に達している。

全土の原発は、再稼働すれば、ますます使用済み核燃料の貯蔵量が増えて、福島第一原発と同じように、その危険度が高くなるのです。

☢ フクイチの４号機が崩れたら日本は壊滅する

――稼働していなくても危険、稼働すればより危険が増す、ということですね。

そういうことです。関東地方全域を破滅させる静岡の浜松原発でも、二〇一一年、菅直人の勇断で完全停止して嬉しかったですけど、廃炉にしたわけじゃない。この世から消えたわけじゃない。そこにあるんです。使用済み核燃料が燃料集合体で六六二五本、ウラン量で一一二六トンが燃料プールに保管されたままです。停止しただけでは、大事故の危険性は去っていないのです。

一一年の３・11の震源というのは一点じゃない。震源域といって、膨大な範囲の亀裂が起こって大地震になったわけです。日本列島はあの地震で土台がひん曲がっちゃったんです。それほどの地殻変動なんです。硬いものを強引にねじったらどうなるか。そのものは戻ろうとするんです。それが今も毎日揺らしている余震の正体なんです。どれぐらい続くか、数十年続くというのは断言できます。つい最近ある大学の先生が出した数字も三十年ぐらいと出してました。それくらいの長さで続くんです。

たとえ稼働が停まったままでも、福島第一原発のような事故が、いつ起こるか分かりません。

福島原発の前には、七〇キロを越える双葉断層が横たわっているから、阪神・淡路大震災の八倍のエネルギーに相当する、マグニチュード七・九の内陸直下型の地震が起こる可能性さえある。

心配なのは、福島第一原発の４号機です。鉄骨剥き出し状態の建物の中にあって、一一年から揺られ続けなんですよ。巨大な力だけで倒れるわけじゃない。金属疲労で、ある時そんなに大きくない力で壊れる。それが今、怖いですね。

菅直人の政策秘書の報告によれば、４号機は津波が来る前に、地震で八〇センチ不等沈下していたというのです。八〇センチの差が出来て、傾いて下がったということです。八〇センチって大変ですよ。この事実をなんで隠してるのか。なんで報道で見られないのかというと、原発は地震には耐えられるということで、一一年まで運転してきたわけです。これが地震に耐えられない、地盤そのものの問題になってくると、日本全土の原発は動かしてはいけないということになるからです。

もし仮に、4号機のプールにヒビが入って水が漏れ出したら、使用済み核燃料が乾ききって発火します。これは、水では消火できず、水をかければかえって事態は悪化します。核燃料を包むジルコニウム合金が発火して、手がつけられなくなります。十〜十五年分の核燃料が大気中で燃えるという、全世界の原子力産業のだれ一人想像したことがない、地球が終わるようなことが起こりうるんだと、ガンダーセン氏は語っています。

日本を分断するくらいの事故になると彼は言っているが、それは、事実上、日本が消滅するということです。4号機が崩れた時のために、みなさん、避難経路を決めておいたほうがいい。その時には首都圏の四〇〇〇万人ほどが、東海道に殺到するでしょう。新幹線も乗れないでしょう。空港も人でいっぱいになるでしょう。漠然と考えているのではなく、家族と相談して、無駄のない経路を具体的に決めておくべきでしょうね。これは、きわめて起きる確率の高い話ですから。

――津波の危険性は、いかがでしょうか?

津波というのは、陸に上がってからドンドン這い上がってきます。一一年の津波の最大遡上高は四〇・五メートルで、百年ほど前の三八メートルを超えて、千年に一度の巨大津波といわれていますが、じつは嘘なんです。

作家、吉村昭氏に『三陸海岸大津波』（文春文庫）という名著があります。津波を体験した人々を訪ね歩いて、記録しています。明治二十九（一八九六）年の津波を実際に体験した古老によれば、津波は五〇メートルにも達しているのです。

一一年の津波は、千年に一度どころか、しょっちゅうあることなんです。明和八（一七七一）年の明和の大津波は、当時の琉球、今の沖縄県石垣島で、最大の波の高さ四〇メートル、遡上高さは八五・四メートルあった。その時に打ち上げられた石が、石垣島の大浜崎原公園にありますが、高さ八メートル、推定重量七〇〇トンほどもあります。

アメリカにもヨーロッパにも、原発はあります。だけど、震源の上に原発を建てているのは日本と台湾くらいです。そもそも原子炉を建てていい場所というのが、原子力委員会による「原子炉立地審査指針」に定められています。そこには、地震が起こる場所、津波が起こる場所、洪水、台風でやられそうな場所には建ててはいけないと書かれてる。だから、日本に建てられる場所はないんです。ストレステストとか議論してますけど、そんなことを議論するまでも

なく、原子力委員会自身が決めた指針によって、日本には原発は造れないんです。

今すぐに、議論すべきこと。それは、日本全土の使用済み核燃料を、どうやって安全に保管するか、ということです。崩壊熱を除去できる設計と、中性子による臨界暴走が起こらない設計を厳重に施した、キャスクと呼ばれる金属性の容器に移して、津波被害を受けないよう、海岸線から遠い高台の場所に保管すべきでしょう。

このキャスクの設計は、特別仕様でなければなりません。これまで再処理工場に使用済み核燃料を運ぶのに用いてきた輸送用のキャスクのように、一時的な安全対策では不十分です。現在の日本の金属製造企業が持っている最高の技術を結集して、いかに高価な費用がかかっても、考えうる最も安全なキャスクに使用済み核燃料を収納しなければなりません。

幾重ものトリックで作り上げられた電力不足

――夏には電力不足になるとして、野田首相は「国民生活を守れない」などと言って、大飯原発の再稼働に舵を切りました。

電力不足なんて、大ウソなんです。関西電力は一一年の秋には、二五％不足すると言っていた。これは一〇年の、猛暑に加えて偏西風の蛇行による数十年に一度の異常気象。四二・六℃という熱帯のような気温の時を基準に言っていたんです。それがバレて、関西地方の自治体や企業から批判を受けた。それで、一二年の三月には一二・九％になって四月には七・六％になった。その後も、一六・三％、一四・九％とコロコロと変わって、五月には五％になった。こんなに数字が変わるということ自体からして、信用できないでしょう。

関電の次のトリックとしては、動かせる火力発電所を止めたままにしている。多奈川第二1、2号機と、宮津エネルギー研究所1、2号機の火力、合わせて一九五万キロワットを長期休止中のままにしている。電力不足だというんだから、普通の企業であれば、ただちに休止プラントの整備に取り掛かり、稼働させるように必死になって取り組んでしょう。ところが関電は、それをしない。要するに、火力を動かせば原発ゼロでも電力が間に合う、ということを知られないように、わざと休止のままにしているんです。

地元の住人は、なぜ動かさないんだ、動かしてくれれば地元の雇用になる、と言って怒っています。多奈川第二の地元、岬町の町長は、関電に対して稼働するように要望書を提出しています。

水力のトリックもあります。水力には一般の水力発電と、深夜にあまっている電力で水を汲み上げて、昼間の電力需要が上がる時間に発電できる揚水発電があります。関電は、黒部川、神通川、庄川、木曽川に一般水力ダムを持ち、そのほかに多数の揚水ダムを持っていて、揚水の能力は四八八万キロワットある。それを関電は二七〇万キロワットと小さく見積もっているんです。二一八万キロワットの余剰が出るんです。

残るは、他社受電です。民間の大企業が発電機を保有して、電気会社に電気を売っているわけです。

資源エネルギー庁の許可出力表によれば、近畿地方の自家発電能力は、神戸製鋼所を筆頭に、一一年九月末時点で六七七万キロワットある。ところが関電はそれを、五一七万キロワットとしか計算していない。一六〇万キロワットも値切っているんです。

しかも『週刊フライデー』が神戸製鋼所に取材したら、「二〇一一年、我が社から関電に販売したが、まだまだあまってるんだ。関電から依頼がない」と言ってる。関電は神戸製鋼所から買えるものも計算に入れていないんです。

ほかの電力会社からの融通可能な電力量も、四国電力は一七〇万キロワットの余剰があり、中国電力も、一五〇万キロワットは関電に融通できる。合計で、三二〇万キロワット融通可能だが、関電は一二一万キロワットとしか計算していない。一九九万キロワットも値切っているんです。

以上を総計すると、揚水二一八万キロワット、他社受電一五三万キロワット、融通一九九万キロワットで、合計五七七万キロワットの上積みが可能だ。真夏の短時間のピーク時にも、一三％の余剰電力があるんです。

二酸化炭素悪玉説のウソと原発の真の狙い

――火力発電は二酸化炭素が出て地球温暖化をうながすという説が、いまだ有力ですが……

世界的には、もうすでにその説はほとんど信じられていません。ノーベル平和賞を受賞したＩＰＣＣ（気候変動に関する政府間パネル）が二〇〇一年に発表した、人類の文明が工業化してから地球の気温が上がり始めたというグラフは、悪意によって捏造されたものであることが、二〇〇九年に明らかになっています。正しいデータでは、人類が二酸化炭素を工業的にほとんど排出しなかった一七〇〇年ごろから、地球の気温は上昇し始めています。

また、ここ十年ほど、地球の気温はまったく上昇しておらず、むしろ寒冷化しているくらいです。中国やインドを始めとする新興国が、火力発電を主力として経済成長を遂げ、二酸化炭素の排出は増えているにも関わらずです。

要するに、地球の気候変動は二酸化炭素によるものではなく、まだ人類が解き明かせない自然界の別の原因にあると考えるのが自然です。その原因は、大半が太陽活動です。

――しかし電力会社は、なぜ電力不足を演出してまで、原発を稼働させようとするのでしょう？

廃炉にすると決めた瞬間、これまで資産だった原発は資産としての価値がなくなるからです。関西電力の純資産は一兆六四一七億。そのうち、原発の資産価値は、八七五三億です。半分が吹っ飛んでしまう。だから必死になって、原発を動かそうとしてるんです。

――要するに、金が目的なんですね。

原発を推進する動機は、電力会社、官僚、政治家、原子炉メーカー、ゼネコン、学者、地元自治体、それぞれに異なります。だけど、その全員を結びつけているのは、やはり「金」です。ネズミ講と同じように、原子力ムラにぶら下がっていれば、金が入るようになっている。しかしそれも、原子力を国策として推し進めてきたからです。根幹にある、政治家と官僚の目的は、核兵器の開発技術を日本が保有しておきたい、ということでしょう。

アメリカのアイゼンハワー大統領が、「原子力の平和利用」と宣言して、原子力産業が始まりました。なぜ「平和」の言葉を使ったかと言えば、その正体が、人間を殺すための軍事技術だと知っていたからです。ウランの採掘から濃縮、そして発電後にその燃料が行き着く先は、原爆の材料であるプルトニウムの抽出です。これこそ、マスメディアが書かない、原子力の真実です。

平和どころか、悪魔の所行です。私は死ぬまで、この産業の完全消滅のために骨を折ります。

広瀬隆（ひろせ・たかし）　一九四三年東京に生まれる。早稲田大学理工学部卒。一九七九年の米・スリーマイル島原子力発電所事故を機に、『原子力発電とはなにか……そのわかりやすい説明』（八一年、野草社）を発表し、以来、反原発運動をリードしてきた。主な著書に、『ジョン・ウェインはなぜ死んだか』（八二年、文藝春秋）、『赤い楯――ロスチャイルドの謎』上下（九一年、集英社）、『新エネルギーが世界を変える――原子力産業の終焉』（一一年、ＮＨＫ出版）ほか多数。福島原発事故に関わる業務上過失致死罪などで、東電勝俣前会長、清水元社長、斑目原子力安全委員会委員長など三十二名を、二〇一一年七月八日に刑事告発している。

北村　肇（『週刊金曜日』発行人）さんインタビュー
『週刊金曜日』の反原発・言論戦と原発の許せざる人々

接待漬けになっていたらジャーナリストではない

――東電とメディアの関係についてお聞きします。東電だけで二三〇億円ぐらい年間ばらまいています。このあたりをどうお感じになりますか？

広告が欲しいから企業の批判をしない。そのことでタブーが増えてメディアが堕落する。これは東電に限ったことではありません。それなりに企業とメディアは癒着するものです。東電とメディアの関係はいったい、どうなっているのかとよく聞かれますが、前提として、全国紙には部制があって、経済部、政治部、社会部などに分かれていることについては、多分一般の読者の方は知らないと思うんですよ。

東電に限らず、大企業が接待するのは、主として経済部の記者です。よく言われるハニートラップ。銀座のクラブに夜な夜な連れていかれて、というのも多くは経済部の記者です。ぼくは毎日新聞では、社会部にしかいなかったのですが、社会部は経済部のそうした体質を苦々しく思っていました。ただし、経済部の記者が全員、そういう接待を受けているのかと言えば、ノーです。

一例を挙げると、元々社会部にいた同僚が経済部に異動したことがある。彼がこんなことを話していました。ある日、銀座のクラブに連れていかれた。席に着くと数人の若い女の子に囲まれた。「どのコが好みですか？」と聞かれたので、半分おちゃらけて「ぼくはタレントの○○が好きだから、あの子なんかがいい」と言った。で、お開きとなり、外に出たら、黒塗りのハイヤーの中にその女の子が乗っていた。彼はこんなワナにハマったら大変だと分かっていますから、「近くに私のマンションがあるのでそこ行きましょう」と誘われたけど「忙しいから」と言って帰った。「やっぱり経済部ってすごいな」と彼は変に感心していました。そういうエピソードはかなりあります。もちろん、今はどうか責任持っては言えません。現場にいませんから。ぼくが知っているのは九〇年代までの話です。でも、そうしたことがなくなったとは思いませんが。

――おそろしいですね、東電のハニー・トラップは。

そうです。では、そうした癒着についてどう考えるかですが、ぼくは「目的のために手段を選ばず」という発想をしています。目的というのは、ジャーナリズムとしての目的。ぼくの中で、それは「生存確率を高める報道」ということです。生存確率を高める報道というのは、戦争を起こさせないとか、差別させないとかだけではなく、文化的で人権の守られた社会を作るということでもあります。

そういう意味で、このネタを取ることによって読者のためになると思ったら、銀座でもどこでも行きます。実際、行ったこともあります。でもその目的がなければ絶対に行きませんよ。

――それはジャーナリストとしての譲ってはいけない部分だと思います。

取材ではなく、接待にズブズブの関係になったら、もはやジャーナリストじゃない。単なる広報担当のようなものですから。東電の二三〇億円は広い意味での広報費ですから、そのうち記者になんぼ使ったかは分かりません。ただ、いずれにしても、目的もなしに奢られてそれでいい気になって、結果として批判的な記事を書かずにいるような人がいれば、それは記者ではありません。害悪ですから、ただちに記者をやめてもらいたい。

――新聞社の幹部もけっこう天下っていますよ、原子力団体に。

かつてはすごかったようですね。むろん、今もそうですが。テレビでいえば、ＮＨＫの経営委員長だった数土《すど》氏もそ

うだし、それから、東電で当時の荒木会長、南社長が原発事故データ隠し事件で辞任しました（二〇〇二年）が、南氏はその後フジテレビの監査役、荒木氏は12チャンネル（現テレビ東京）の監査役になっています。テレビは完全にそういう形で取り込まれています。だいたい、ジャーナリストは、関係する企業や企業がらみの団体に天下っちゃダメに決まっています。

——とんでもないことがまかりとおっています。

やっぱり、東電に限らず大企業はメディアの力を借りたいのです。新聞、テレビはネット時代に影響力がなくなったかのように言われていますけど、そんなことはありません。企業は新聞、テレビでガンガン叩かれるのは嫌なんです。だから「保険」としてメディア関係者を社内に取り込む。天下り官僚を雇うのと同じ発想です。とりわけ幹部を入れたいということです。

——東電として『週刊金曜日』へ「広告を出してください」というアプローチはないんですか?

ないですよ。だってうち広告載せませんもの。

——最近、鹿砦社の広告を載せているじゃないですか（笑）。

出版社だけです。出版以外は基本載せない。「広告に頼らない」がモットーですから。以前、『トヨタの正体』を連載していた時に、電通の関連会社から「広告どうですか?」って来ました。こいつ何も知らないで来たなって、思いました。そんな広告、『週刊金曜日』が入れるわけないですから。広告で釣ろうというワンパターンです。通常の雑誌は売上の半分は広告でもっていますからね。

――『サンデー毎日』編集長時代、業界のドンと言われるバーニングの周防社長叩きの時は、バーニング系プロダクションの営業はありましたか？

社内から圧力がかかったことはあります。藤原紀香が携帯会社の広告に出ていた。それで藤原紀香がバーニング系だということがあって、バーニングからではなく社内の広告局から「なんとかしてくれ」と言われましたよ。

――バーニングの圧力じゃなくて、勝手に広告局が気をまわしたということですね。

おそらくそういうことだと思います。そもそも、電通が広告局を通して「この記事をやめてほしい」と言ってくることは年中あります。最近は、ぼくがいた時よりも新聞はますますクライアントタブーが強いようです。だからといって記事をボツにすることはありませんけどね。

少なくとも毎日新聞社会部ではそうでした。バーニングの場合は、仮に女性誌を持っているところだったら、直接、圧力が来たかもしれませんね。「うちのタレントを使わせないよ」とか。テレビや大手出版社系の雑誌はバーニングやジャニーズ事務所の悪口は報じられないでしょう。

じつに出来レースっぽい国会の事故調査委員会

――国会の事故調査委員会に取材に行ったんですけど、事故調は清水元社長を呼びつけて、「撤退した」「撤退とは言っていない。退避です」などと細かいこと言っている。

観ていましたけど、国会の事故調査委員会（黒川清委員長）の参考聴取は、「あうん」の出来レースだと思うんですよ。

政府と東電が闇で示し合わせているということではない、無意識の「あうん」です。つまり、呼び出す側も、呼ばれる側も責任を押しつけられることはなんとしても避けたい。だから、本質的な責任を棚に上げて枝葉末節ばかり問題にする。論点をずらした方がお互いに都合がいいという茶番ですよ。

――全面撤退かそうじゃないかだけに論点がずらされている。

そうです。船橋洋一さんたちのやった事故調査委員会では、当時の菅直人首相の独断専行だけが論点になり、今度は東電の全面撤退方針はあったのかなかったのかが焦点になる。それらがあたかも本質的な問題であるかのようにクローズアップされ、メディアも騒いでいる。事故の真因や、責任はどこにあったのかという肝心なところがすぽっと抜け落ちている。例えば、地震そのもので配管が壊れたのではないかというようなことがスルーされているし、何よりも、告訴、告発がされましたけど、本当はだれが悪いのかというところの追及がほとんどなされていません。東電は「津波が悪い」という結論にしたいし、政府はなんとなく「東電が悪い」と押しつけたい。結局、ずるずる一年三ヵ月も、「あうんの呼吸」で犯人を特定せずに引っ張ってきたのです。それで原発再稼働とは呆れてものが言えない。

報道は原発事故を止められなかった

――中曽根、正力、アメリカの大統領が与《くみ》していて、あそこからやんないとだめなんじゃないですか。

アイゼンハワー大統領が、原子力の平和利用を掲げて「アトムズ・フォー・ピース」ってやったのが一九五三年ですよね。その流れで、ＣＩＡと正力松太郎氏と柴田秀利氏がつるんで、例の日本テレビを立ち上げたグループですが、日本に原発を持ち込んだ。正力氏は総選挙で勝って、なおかつ総理を目指して民間テレビ局と原発を持ってきたんです。アメリカの情報公開で明らかになりました。

朝日新聞にしても東京新聞にしても「こんなことがありました」と書いてはいます。でもそこで留まっている。アメリカの冷戦時代の核戦略から生まれた悪魔が原発だと言えます。そして、「日本国民の核アレルギーをなくすため」

という戦略で原発が持ち込まれたのです。

――そこがとても大きなポイントになるわけですよね。

そうした日米の利権構造や軍事戦略は、現代の日米関係の問題と全部つながっている。有馬哲夫さんの本『原発・正力・ＣＩＡ――機密文書で読む昭和裏面史』（新潮新書）にていねいに書かれています。新聞はこれまで、こうした原発の本質的な問題をまったく書いてきませんでした。もちろん、ぼくが新聞社にいるころからそうです。だから、ぼくがこういう話をするのは、まさに天に唾するようなものです。自分自身、反省せざるをえません。

――朝日新聞が原発事故を詳細に追跡した『プロメテウスの罠』的なものが主流ですよ。原発のルポは時間軸で検証していくスタイルが求められている。

『プロメテウスの罠』はいい企画だと思います。でも、朝日新聞ほどの力があったらこうした企画はもっと早くにできたはずです。事故直後からやらなくては（二〇一一年五月十八日に連載開始）。もし、『週刊金曜日』に朝日新聞と同じぐらい人と金があったら、『プロメテウスの罠』は、もっと早くからできますよ。朝日にはものすごい力があるんだから、それをきちんと利用しなければだめです。

――東京新聞は、特報部が鋭く原発の問題を追及していて、部数を伸ばしています。

そのとおりです。東京新聞は部数が増えています。じつは、記事で部数が増えたというのは、戦後の日本の新聞史上、これが二回目です。一回目は一九六五年に「泥と炎のインドシナ」というタイトルで、毎日新聞の大森実さんがベトナム戦争のルポの連載をやった時です。それを最後に、新聞業界では記事で部数が増えることはないと言われてきました。今回の東京新聞の躍進はきわめて特異なケースです。

――『週刊金曜日』も原発報道で部数が増えましたよね。

被災者の方を思うと、なかなか微妙な思いなのですが、定期購読部数は増えました。九三年に『週刊金曜日』は出来ました。本多勝一さんがメインになって、事実だけを報じる媒体を作ろうと。本多さんは本当は新聞を作りたかったんですけど、すぐには無理だということで、週刊誌にしようとなったのです。「事実のみを報じる」ということは一切のタブーもなければ、便宜供与もなければ、癒着もないということでもあります。事実しか書かない、タブーがないということであれば、『週刊金曜日』の立ち位置が「反原発」なのは当然です。

――「反原発」以外の立ち位置はないと。

発刊当初から一貫して反原発です。ぼく自身は七〇年に大学に入った時、反原発に目覚めました。デモに行くなど一番、運動していたのはチェルノブイリのあと、すでに毎日新聞の記者になっていました。いずれにしても一貫して反原発の立場です。あの事故が起きて、ものすごく忸怩たるものがありました。事故を止められなかったわけですから。口先やペン先、あるいはちょっとデモ行ったぐらいのことでしかなかったんだと。

でも、ふと振り返ると、われわれはこんなに反省しているのに、原発を推進していた連中はなんだ。あいつらにはなんの反省もないと、ますます怒りが湧きました。ぼくだけではなく、社員全員が同じ思いでした。だから『週刊金曜日』はとにかく目一杯、反原発の誌面を作ってきました。編集長以下、総力を挙げて、毎号、原発記事をやりましたね。

――原発擁護文化人の特集がありましたね。

あの号（二〇一一年四月十五日号「東京電力に群がった原発文化人」）は売り切れました。社内にもほとんどバックナンバーがありません。佐高信編集委員（前発行人）らが中心になって作ったのですが、たまたま勝間和代さんの取材をしたら、雑誌の出る日だったか、勝間さんが「（原発擁護を）反省する」みたいな発言をして、なおさら話題になりました。定期購読誌は宣伝しない限り、減っていく運命にあるのですが、何ヵ月間か増え続けました。『週刊金曜日』のぶれない反原発の姿勢と、報道が評価されたと思っています。

――『週刊金曜日』はうまいですよね。みんなが知りたいところをすっとやる。

原発のようなテーマだったら、楽なんです。なぜなら、われわれとしてはジャーナリストとして当たり前のことをやっているだけなんです。この当たり前のことがタブーになっているから、他紙・誌はそこをやらない。結果として『週刊金曜日』の独壇場になる。

たとえば『週刊文春』に取材力で勝てるわけがない。取材記者の数も資金も桁が違います。同じ土俵では絶対に勝てません。でも大手がタブーとするところをすり抜ければ、われわれの勝ちということになるのです。

――タブーがないのはすごく度胸がいりますよね。

ヒットした『買ってはいけない』が売れた（一九九九年）のも、食品メーカー批判なんて大手はやらないですから。トヨタもそうです。電通の本も売れるのはみんな批判できないから。うちとしては当たり前のことをしているだけですが。原発に関していうと、東京新聞と『週刊金曜日』は、よくネタがかぶります。東京新聞の特報部は、ジャーナリズムの責務を果たしていましたからね。

☢ アメリカの対応と野田政権の誕生

――原発事故ですが、過去の事故の歴史から何も学んでいなかったという点は？

チェルノブイリの時、高いクレーンで原子炉に水を入れたということがあった。このようなテクニカルな情報が、当時の科技庁のチェルノブイリ事故調査書には残っていたのです。クレーンが日本には二台あることも分かっていた。ところが、福島原発事故が起きた時「それぞれの省庁から必要な情報を上げろ」というシステムが機能しなかった。だから、行き当たりばったりに「まずは電源車だ」「電源車は瓦礫があって走れない」「それならヘリで運べばいいじゃないか」みたいなことになってしまったのです。

チェルノブイリ事故を教訓に、しっかりと事故を予見していれば、こんなことにはならなかった。そういうことがなく超ド級の事態が起きたために、初期の対応が失敗したのです。

――新聞社も事故当時はどうしたらいいか、分からなかった。

こんなことが起きるとは想像もしていなかったのです。それでバタバタして、対応を間違えた。最初の段階から原発事故はヤバいぞということを明確に出した記事はほとんど見かけない。大失態です。

話は戻りますが、アメリカは最初から危機的状況であるとの認識を持ち、応援しようと言ってきた。ところが菅政権は「まだいいです」と断った。それはそれで正しい面もあるのですが、いよいよどうにもならなくなると「全部お任せ」になった。泥縄としかいいようがありませんね。

――原発事故をアメリカ政府も大変気にしていました。原発技術の輸出にかかわるからではないでしょうか。

アメリカは、二〇一二年に太陽エネルギーが一番有効になるという考え方を持っていました。じつは数年前から脱原発路線に舵を切ろうとしていたのです。とりわけ、オバマ大統領は脱原発でした。ただし、新増設はしないけど、輸出はしましょうという方針だった。ところが、太陽の利用が思ったほど成功しない。そこで当面は原発を残しておこうとなったみたいですね。もちろん、アメリカの核戦略の中で日本の原発を全部止めたくないっていうこともあります。

でもここのところは複雑で、一方で、アメリカは日本が核を持つことを警戒している。佐藤栄作首相の時代（一九六四

〜七二年）から、日本は核オプションを持ちますよとアメリカに通告していますから。まあ、こうした二律背反的なところはありますが、当面は日本が原発から全面撤退するのは避けようとなったのでしょう。

——輸出する場合は、米日の原発関連企業ってけっこうくっついているじゃないですか。

実態は二人三脚ですからね。輸出については菅首相も推進していた。ところが突然、脱原発を打ち出したりしたので、アメリカは首を傾げたのでしょう。「菅はよく分からない政治家だな」と。それで野田首相になったのでしょう。このへんのアメリカの思惑は分かりやすいですね。

——今後の原発報道で注目すべき点は？

そうですね、一番大きいのは、なし崩しに脱原発の流れが薄れてしまうことのないように継続して報じることですね。政府なり財界の発想は一種の「脱原発ブーム」を消してしまおうということですから。その都度その都度、ありとあらゆるタイミングを掴み、ネタを集め、絶対に薄れさせない報道を執拗にしていくということ。それが一番だと思う。

メディア報道の頻度が低くなってくると、市民の人たちの活動にも影響してきますからね。戦争が忘れさられようとしているみたいに。

北村肇（きたむら・はじめ）　一九五二年東京都生まれ。東京教育大学文学部日本史学科卒業。七四年毎日新聞社入社。社会部デスク、『サンデー毎日』編集長を歴任。〇四年一月、毎日新聞社を退職、翌月より『週刊金曜日』の編集長就任。一〇年十月、前発行人佐高信氏の退任を受け、株式会社金曜日の発行人に就任。著書に、『新聞記事が「わかる」技術』（二〇〇三年、講談社現代新書）、『新聞新生——ネットメディア時代のナビゲーター』（二〇一〇年、現代人文社）ほか。

山本太郎（俳優）さんインタビュー
脱原発で広がった新たな人間関係こそが財産

――大飯原発の再稼働の前には、ずいぶん福井に行ってらっしゃいましたよね。

そのころぼくは、美輪明宏さんの『椿姫』の舞台に立ってたんですね。だから、そうたくさんの場所には行けなかった。

――舞台の合間を縫って、行かれてたんですね。精力的ですね。

今この状況を打破できるのは、市民が立ち上がる以外ないから、一人でも多く集まろうとする市民のうちの一人に、自分もなりたいという気持ちなんですよね。だけどなかなかその場に行けないというのが歯痒い。ぼく一人が行ったからって何かが変わるわけじゃないけど、同じ想いを持った人たちの近くに行きたい。

それと「行ってみないと分からない」という部分があるんです。実際に福井に行ってお話を聞くと、地元の人たちの気持ちも少しは理解できる。要は、彼らにとっては原発じゃなくてもいいんですよね。雇用とお金、それが保障されるのであれば、リスクの高い原発じゃなくてもいいんだということがはっきりしました。

原発に疑問を持っていても、声が挙げづらいということもあるんです。地元の人たちの身内には実際に原子力産業に関わっている人がいたりするから。福井県は縦長で、嶺南と嶺北とに分かれています。原発が集中しているのは嶺南の方なんですよね。嶺北の人たちは比較的声が挙げやすくはある。嶺南では声を挙げるのが難しいということも現場に行って分かった。

福井の県議会を傍聴しに行った時に、最前列に四人くらい、なんか普通と雰囲気の違う人がいたんですよ。ほかの傍聴者は市民なのに、この四人は完全に裏社会の人間でした。右翼かヤクザか、そこは分かんないですけど。その人たちは傍聴席の最前列ど真ん中に陣取っているんですね。早い者順で整理券をもらえるわけだから、朝一番で来ているわけです。

議会が終わると、その人たちがやおら立ち上がって、「山木太郎はグリーンピースから金をもらっている売名野郎や！」と怒鳴って、マスコミに向かって「おまえらこいつらを取材するんか」と叫ぶんです。

朝一で来るくらいだから、たぶんなんらかの利益を得ているんだと思うんです。

でも、原子力産業の上層部は、米倉氏であったり、東電の幹部であったり、もっと上がいるかもしれませんけど……、そういう人たちに対してその四人は原子力ムラの超末端ですよね。彼らに、代わりになる仕事を提案することも含めて考えるのが本物の脱原発なのだと、その時思ったんですよね。

本物の脱原発を目指すのであれば、原発による利益に代わる何かがないと、戦局を動かせない。生活と直結したところに人がいるんだと。人前で暴言を吐かなければいけないというのは、こちらの心が痛くなるお仕事ですよね。それをひっくるめた上での脱原発をやっていかなければならないですね。

——その意味では山本太郎さんご自身が、反原発の声を挙

げることで仕事を失ってしまった……。

そうですね。ただこれは、電力会社などのスポンサーから「あいつ使うなよ」と圧力があるわけじゃないんです。現場の方が勝手に空気読んじゃうんですね。「今こいつは使わない方がいいだろう」みたいに。事務所を辞めてから半年ぐらいは一人でやってたんです。そしたら、今までの仕事に加えて市民運動からの依頼も増えて、まったく回っていない。返信もできない。届いたメールを開けることすらかなわない、そんな状況になったわけです。

そこで友人のマネージャーが心配してくれて、自分の会社の若い子を「勉強のために使ってやってくれ」と言ってくださったんですよね。その彼が営業の仕事を引き受けてくれて、今までお世話になった方々に頭を下げにいってくれたわけですよ。それで聞こえてくるのは、「今は彼を使ったらヤバいだろう」という声なんです。今がヤバいということは、世の中が変わらない限りは、この先もずっとヤバいということですからね。でも、その人たちにも立場がありますし、そういう仕組みなんだから、しょうがないとは思っていますけど。

――新しい人間関係は拡がったんですよね。

それが、一番の財産ですよね。減ったのは本当に収入だけで、人とのつながりなど、新たに手に入ったものも多いです。今まで、生きるということをあまり考えてこなかった。自分では立派に生きていると思っていたけど、意識的に「全力で生きる」ということが生きることであって、そういった意味では、全然本気じゃなかったということですよね。自分がまずどうしたいか。一番最初に思ったことは「生きたいんだ」ということですから、その点は一切ブレていないです。

想いを抱えた人々との出会いが、絶望を希望に変える

――ツイッターを拝見しているんですけども、「日本に留まるべきか、それとも海外に出てしまうか」という葛藤を書かれていますね。

ここ半年ぐらい、気がついたらそのことを考え続けている毎日ですね。「どう生きていくのか?」「どういう人生にしていくのか?」、このことはだれもが考えなければいけないテーマですから。最悪の事態が起こった場合、もうこの国には住めない可能性がある。その時に慌てて、海外に出ようとしても、観光ビザでの滞在なら三ヵ月という期間で出国しなければならない。もう一度そこに入国するために日本に戻ってくる必要はないかもしれないけど、コストだけでも莫大なものになる。それを続けていればいつかは入国拒否されるということですよね。

だとしたら、どこの国でもいいから、汚染から離れた地域で永住権が得られれば、そこから次の対策が立てられる。そういう意味で、ぼくは「フィリピンに移住することを視野に入れている」と発表したんです。けれどもネットやニュースは一部分だけ抜粋して「すぐにでも日本脱出」って雰囲気で発表する。適当ですよね。

――ほかにもネットで、ずいぶん叩かれたとか?

ありましたね。「反日極左テロリスト・山本太郎・過激派」とか言われて、こちらが読んでいて面白くなるというか。「売国奴だ」「半島に帰れ!」なんて言われると、何半島? イベリア半島? とか思いますけど。「中核派とつながった」とか言われたこともあります。

ぼく、昔から、一緒に写真撮ってって言われたら、絶対断らないんですよ。小学生の時に、ホテルのプールに行った時に芸能人がいて、握手してもらおうとしたら、すごく感じ悪かったんですよ。その時に、「おれは有名になって

も絶対こういう態度はしない」って、心に決めてたんですね。それで写真撮っただけで、中核派の定義すら、ぼく自身よく分かってないですからね。

――海外への移住で揺れるというのは、結婚されたことと関係しているのですか？

仮に結婚していなくても、最悪の事態を想定しないということはぼくにとってありえないです。自分の中で、主には二つ選択肢があります。まず、どんなことがあっても日本国内に留まることにこだわり続けて、将来の世代に渡すバトンをつなぐ一人になるという選択肢。国のために生きる、ということですよね。それかまたは、自分の命と守るべきものを守る人生を送るという選択肢。その二つですよね。

でも、国のためという考え方は戦争の特攻と変わらないですもんね。一億総被曝。一億総玉砕のころから何も変われていない。実際の基準数値や測定結果がよく分からない。しっかりと測定されていないのが現状だし、また、測定されていたとしてもどういう条件で測られたのかはっきりしない。だったら、あとは自分の勘に頼るしかないから。

――いい加減な手順で大飯原発を再稼働させた政府もそうですけど、国民もあまりにも無関心すぎる。この国に絶望を感じたということはありますか？

希望と絶望は自分の中でも表裏一体なのかなと思いますね。絶望、不安というものをかき消してくれるのは、いろいろな場所に行って出会う､意識のある大人たちです。「なんとかしていこうぜ」という想いを抱えた人が多いですね。怒りを感じるというのは政府に対してそうであるのと共に、そのような世の中を作ってしまった大人として、自分自身にも怒りを感じる。だからこそ、ぼくは声を挙げなければならないと思った。

市民、国民、一般の方々の中で意識が高まっていないというのは、一概にその人たちだけを責めることはできない。それはやはり、商業主義によってメディアもコントロールされているということなんですよね。ぼくたちが原子力と一口に言っても、絡んでいるのは電力会社だけではないし、電機メーカーも建設も銀行も保険会社も放送局も連なり、この四、五十年で大きな利権構造が出来て、そこに多くの企業が参加している。その真実に目を向けようと思ったら、ほとんどの企業に唾を吐くことになるんですよね。今、悪魔に魂を売り渡すのか、長期的なビジョンでこの国を守るために真実を伝えるのか、本当の覚悟がメディアは試されていると思うんです。

チームではない脱原発派に希望がある

――裁判所まで原子力ムラに取り込まれてるんですよ。住民からの訴訟で電力会社を勝たせ続けていた最高裁の判事が、原発メーカー東芝の監査役に天下っていたりする。一番分かりやすいのは、電力会社の労働組合の電力総連が原発推進。民主党って組合の票でもっているから、電力総連の票がないと当選できないような人たちがいっぱいいる。結局野田政権はそっちの方を向いているんですよね。

完全に狂っていますよね。「民意」と「政治」が必ずしもリンクしているものではないということは世界中の人々が分かっていることだと思うんですけど、今この状況下にあって日本の市民がほとんど立ち上がっていない、ということが世界に伝わることがぼくにとっては一番嫌です。「アメリカに去勢された日本人」のイメージをそのまま晒している状況。

でも、こんなこともありました。二〇一一年の冬に、ドイツに市民運動を見学しにいったんですよね。その時ドイツ人に「おまえらすごかったな」って言われたんです。「何が?」って聞いたら「六万人集まってたやん、見たぞクールやな」って。明治公園に六万人集まった、脱原発の集会のことを知っているんです。みんな見ているんですよ。

でもなかなかうまくいかないというか、よく「長い闘いになるんだから」と古参の活動家の方に言われるんですけど、３・11から運動を始めたぼくからすれば、「勘弁してくれよ」と思うんですよ。長い闘いの間に一度も大きな地震が来ないという保証はどこにもないし、その間にも被曝し続けている子どももいるわけでしょう。

何か有効な策はないか、ドイツの国会議員の方に聞いたら、「ステップバイステップでしかないんだよ」と言われました。その意見も痛いほど分かるけど、それではもう間に合わないというところまで日本は来ています。ステップバイステップをトップスピードでやらないと。

――一挙になくさないと、危険は去らないですからね。

原発を段階的に減らしていきましょう、というのは、推進派のレトリックじゃないですか。細野（豪志）さんは、「二〇三〇年までに、原発による電力は一五％ぐらいにしよう」なんて言うけど、それでは全然段階的に減らしていけてないじゃないですか。やる気あんのかという話ですよ。こちらは今すぐにでも即時廃炉を決意するぞと。日本国としてはそれを決意することが最初だと。

原発推進派と呼ばれる人たちは組織立っていて、それぞれ原発がなくなれば旨味がなくなるから、必死にもがいているわけですね。その人たちは一声掛ければ集まる完全なチームなんです。だけど、脱原発派はそうじゃない。寄せ集めなんですよね。

古くから取り組まれている方もいる。原爆、水爆というところから始まり、老舗と呼ばれる人たちもいる。でも基本的には市民の集まりで、急激に増えたのは３・11からでしょう。ぼくもその一人ですが、お母さんたちが子どもを放射能から守れと立ち上がったり、そういうところから運動が拡がっていった。きょうはここでナニナニをしますという告知で人が集まると、そこでは「はじめまして」という人が多いわけですよ。もういろいろな層の人が関わっています。

主婦もいれば、おじいちゃんもいれば、おばあちゃんもいる。子連れもいれば、中学生もいれば、ロッカーもいれば、サラリーマンもいれば、右翼もいる。そんな人たちが一斉に集まっている。

これが、バランスをとっていくのが難しい。推進派はトップダウンでいけるから、上からの命令があれば、右向け右で右を見続けますよ。対する脱原発派はトップダウンではない。だってそれぞれがトップだから。細かいことにこだわっていると、チームとしてまとめるのは難しいと思います。小さなことはあとでじっくり話し合えばいい。地震の活動期にとにかく原発をやめようって大きな目標に進めば大きな力になると。しかも「非暴力直接行動」ってことは自然とみんなの意識のうちにあるんです。暴力的な行動になれば、この運動が壊れてしまうって。素晴らしいことです。これこそが希望なんだと思います。

山本太郎（やまもと・たろう）　一九七四年兵庫県宝塚市出身。映画出演に『岸和田少年愚連隊』（九六年、松竹）、『バトル・ロワイアル』（二〇〇〇年、東宝）『光の雨』（〇一年、シネカノン）ほか多数。テレビドラマなど出演多数。二〇一一年四月九日、ツイッターで「黙ってテロ国家日本の片棒担げぬ」と発言し、翌日、原子力撤廃デモへ参加。翌月、「原発関連の発言が原因でドラマの仕事を降板することになった」と発言。同月、所属事務所を退社。

蓮池透（元東電社員）さんインタビュー
原子力の奴らがヘマやったと東電社員は思っている

――東京電力に対しての想いはありますか？

二〇一一年に出した『私が愛した東京電力』（かもがわ出版）には、東電ばかりバッシングしててもしょうがないんじゃないか、と書いたんです。でも、その後の対応を見ていると、東電バッシングもしょうがないんじゃないかな、という感じになってきましたね。賠償にせよ、事故の説明にしろ、今後の方針にせよ、もう少しきちんとやってくれると思ってたんですけど、どうもそういう姿勢が見えない。

私は東電を辞めて三年になりますけど、福島第一原発の３、４号機の面倒を見ていましたので、申し訳なかったという気持ちは十分あるんです。私も、安全神話の伝承人だったんですから。

だからこそ、事故は起きたんだから、東電はきちんと対応していかなきゃいけないという想いは強いんです。それなのに、東電は自己保身ばかりに走ってて当事者意識がまったくない。イライラしますね。

――勝俣も清水も、天下りしましたね。

国会の事故調査委員会での勝俣会長の答弁を聞いても、大事故を起こした最高責任者という認識がまったく感じられない。責任者は社長だとか言ってるわけでしょう。だいいち、一年以上経ってるのに、全員撤退と言ったとか言わなかったとか、そんなこと議論してるわけでしょ。どっかズレてる。

東電って縦割りなんですよ。お役所と一緒で。水力、火力、原子力と、相互の部門間の交流なんてない。水力には歴史があるし、火力も優秀で事故なんて起きませんから。他部門の人たちは、原子力の奴らがヘマやらかしたって、絶対そう思ってる。責任を共有するのではなく、原子力部門に押し付けちゃうというのは、往々にしてあると思うんです。おれたちしっかりやってるのにって。原子力がヘマやったばっかりに給料は減る、リストラはされる、会社は存亡の危機になってる。なんでだ？　って思ってる社員がほとんどでしょう。

それなら原子力の人たちは、私たちが悪うございました、と当事者意識を持っているかといったらそうでもない。あれは未曾有の津波で、逆に自分たちも被害者だよと思っている人も多い。

――値上げのやり方にしても尊大でしたね。

企業年金を減らすということで説明会があったんです。原子力損害賠償法に、「異常に巨大な天災地変」の際には電力会社が免責される、という条項がある。あれをなんでもっと言わないんだというOBが、いっぱいいるんですよ。東電も被害者なんだと。そんな感情でいたら、被災者救済とかそんなところには頭がいかないですよね。びっくりというか、がっかりですよね。

実際には、会社更生法が適用されてもおかしくない状況でしょう。二兆何千億ももらっておいて、値上げして、原発再稼働して、時間帯別料金とか言って、そんなの電力メーター替えないとできないですから、それだけでまた何千億だか何百億だかかかるわけですよ。何やってんだか、まったく分からない。

国営化して、売れるものは全部売って、火力も売って、水力も売って、送電系も公共性の高いところに売って、そして東電という名前を残したかったら、そのへんの小さい会社にポンと残しておいたらいい。

いろんな設備を処分するって言ってますけど、東電の社宅とか厚生施設は、地下にある変電所の上に建ててあるのがけっこうあるんですよ。そういうのは電力供給の支障になるから処分の対象外なんです。

☢「核廃棄物はモンゴルに持ってけ」という無責任

——反省もせず、原発を再稼働させたのは驚きでしたね。

福島の事故は、テロリストにすごいヒントを与えたと思うんです。爆弾やミサイルじゃなくても、どこかで電源喪失させてしまえばああいうことが起きるなという。

武装している警備員がいない原発は日本だけなんです。諸外国では、小銃を持っている警備員が、ちゃんと原発の入口に立っている。そういう意味でもテロやられたらどうなるの？　と言ったら答えがない。

地元の説明会で、発電所がミサイルの標的として狙われたらどうするかと質問が出たことがあったんです。日本は法治国家で、国際関係も良好にしてるので、ありえませんという答え。とにかくなんでも、ありえないというのが、スタンダード。だから大津波や大地震、炉心が溶けるなんて、ありえないとされてきた。一千万年に一回と言ってきた。それが三つも起きたんです。

ものすごく安全な原発は理論的には出来るんです。一兆円かけて、要塞みたいにすればいいわけです。だけどそれでは、利益が出ない。だから三千億、四千億で作ってしまう。研究が進んで、一一〇〇年前の貞観地震で巨大な津波が来たといわれていた。それでも、一〇メートルを超える防潮堤を作るとか、ディーゼル発電機を高台に持っていくとか、その程度のことでも、お金がかかるから、やりたくないわけですよ。

——これまでの事故の教訓が、何も活かされていない気がします。

原発での事故というのはだいたい、最初細かいことがちょこっと起きて、それが段々悪い方向に波及していくという想定がされている。今回はそうじゃなかった。

普通に運転していた時に地震が来て原子炉は止まったけど、津波がガガーンと来て、発電所が全停電になった。過酷事故対策というマニュアルも整備されてますけど、そんなことは工学的にありえないと言ってたわけですから、「じゃあ、何するのおれたち？」と現場は思ったでしょうね。

それでも事故当時、現場の人たちはよくやったと思いますよ。所長の吉田昌郎は、私と同期生なんですよ。海水を入れるというのはマニュアルにはないですから、吉田にすれば断腸の思いだったでしょう。彼にしたら、生きた心地がしなかったと思います。免震重要棟というのがあったので、なんとか指揮ができたけど、あれがなかったら絶体絶命だった。

二〇〇七年の中越沖地震の時、柏崎刈羽発電所には緊急時対策室という部屋はあったんですが、地震でめちゃくちゃになった。幹部が集まろうにも集まれなかった。その教訓で、免震重要棟は出来たんです。復旧はすべてあそこを拠点にしたわけですから、なかったらと思うとゾッとしますよ。大飯原発では、三年後までに作ると言っているんでしょう。それで安全だというのは、まったく説得力がないですね。

ベントというのも通常ラインではなくて、過酷事故が起きたための処置なわけで、バルブを開けるなんてことは絶対にありえないってみんな思ってたわけです。しかも、普通なら遠隔操作ですけど、電源がないから動かない。真っ暗で放射線量も高いところに行ってということで、ものすごく厳しい状況だったと思う。


――安全な原発を造れたとしても、廃棄物の問題がありますね。


そうなんです。再稼働するということは、また廃棄物を増やすということなんです。止まったままでも今、ガラス固化体で換算すると二万五千本ぐらいになる。再稼働したら、またその本数が増えていくわけです。電力会社も国も自覚が足りないと思う。みんな見切り発車で、なんとかなるだろうと。「廃棄物はモンゴルに持ってけ」なんてバカなこと言うヤツがいるわけでしょ。

昔はいろいろな案があって、一つは海洋処分。日本海溝の深いところにボンボン捨てちゃうという。あとは南極に埋めるとか。廃棄物は熱を持ってるんで、氷の上に置くと解けてズブズブと地下深くまで沈んでいくというわけですよ。ロケットに積んで大気圏外に打ち出すというのもあった。現実的じゃないね、とみんなボツ。そうしたら地層処分。地下四〇〇メートルにトンネル掘って埋めるという。

最終処分場について以前は、金になるからということで手を挙げたところが一、二ヵ所あったけど、地元で大問題になった。手を挙げただけで一億、調査をすれば五億、ボーリングでもすれば数十億、地元の自治体に落ちるんです。それでも大問題になった。福島の事故を見たあとではもう、いくら金で釣ったってどこが引き受けますか。

再処理すると言っても再処理工場は動いてないわけですよ。どんどん使用済み燃料貯蔵設備を作って、聞こえが悪いからリサイクル燃料備蓄センターとか名前を変えて青森のむつとかに作っているわけです。これ以上作って、日本中使用済み燃料だらけにするんですかと。そういうことを無視して、再稼働とよく言えたものだなと。大阪府市の「エネルギー戦略会議」の出した再稼働に向けた条件に、「使用済み核燃料の最終処理体制を確立し、その実現が見通せること」ってあったでしょ。当然のことなのに、政府は無視、大阪も折れちゃったけど、あれ受け入れたら本来は再稼働なんてできないはずですよ。

国内は無理だから輸出、という原発メーカーの思惑

――政府の言った「収束」も不思議ですね。

もっと現実を見ろ、と政府にも言いたいですよ。フクシマ住めないんだよ。いまだに帰れるかのごとく言っているけど、無理だと早く言ってもらった方が、現地の人にとってもいいと思うんです。別のところにインフラを整えてコミュニティーを作るから、そこに移ってくれ、と言ってもいいと思うんです。

国の原発政策も、一年以上経ってまったく定まっていない。脱原発依存で行くのか、少しは残すのか。私は少し残すとかありえないと思う。原発いるかいらないかの議論じゃなくて、どうやって原発止めていくかという議論をしてもらいたい。

事故の原因も、経緯も、今の状況も分からないことが多すぎる。燃料が落ちていると言うけど、どこまで行ってるかだれも分からない。コンクリートは二メートル以上あるので、地下に行ってないと言うけど、じゃあ、見たの？って思う。見るまではだれも納得しませんよ。それでよく、政府は収束とか言えたもんだ。

二〇一一年にびっくりしたのが、ベトナムとかヨルダンに輸出すると決めちゃったこと。自分の国の原発の処理も

できていないのに、そんなの売りつける気かと思うんです。ベトナムも一〇〇万キロワット級を二基、それもめちゃくちゃ安いんですよね。港とかインフラの整備含めて、五千億。そんなディスカウントして売って、また事故でも起きたらどうするんだと。ベトナム政府に聞いてみたいですよ。要するにトップ同士が決めた話であって、民意じゃないと思う。

放射性物質の汚染なんてないところに原発を持っていけば、必ず放射能の汚染は出ちゃうわけです。覚悟は出来てるのかと。平常時でも汚染されるんですよ。事故ったら大変なことになりますよ。日本見たら分かるでしょ。

プラントメーカーは、もう日本で新設なんてありえないから、海外進出しかないと考えるんでしょう。でも、原発がだめだったら再生可能エネルギーにシフトするとか、発想の転換が必要だと思う。

原発再稼働は子孫に負の遺産を残すだけ

——危険のある原発を、なぜ地元は受け入れてしまうんでしょうか?

今、けっこう多くのみなさんが、一所懸命原発に注目して、理解しようとしてるんだけども、事故でもなければそんなことなかったわけです。原発のある地元では、以前から勉強会などを重ねて、それなりのことは理解していた。もちろん、電力会社が都合のいいように説明していた、ということもあるでしょうけど。その上で、リスクとベネフィットを天秤にかけて、受け入れようということになった。そういうカルチャーは、事故が起きたことで、福島では壊れてしまった。

でもいまだに、福井などではそういうカルチャーは生きている。本当なら事故が起きる時に被害を受ける地元は反対して、消費地は賛成するというのが普通なのに、逆になってますね。

原発を止めた時に、地元の雇用とか経済はどうなるのか、という問いが必ず出てきます。でも、そういう恩恵を受けていても、いざ事故が起きてしまったら、そんなもの一気に吹っ飛んでしまう。事故が起きた時のことを考えてほしい。

漁業補償というのに、何千億円使うんです。面白い話があるんです。柏崎刈羽原発は、一一〇万キロワットが七基

だったんですよ。合計で七七〇万キロワット、それで漁業補償したんですよ。その後に、6号機と7号機を大型化したんです。どちらも一三五万六〇〇〇キロワットになった。

漁協が、話が違うと言い出して、補償し直したんです。また何十億円か払ってるんです。漁業権を放棄するという話だから、原子炉の出力が増えても、関係ないと思うんですけどね。原発って原子炉で作った熱の三分の一しか電気に変えてないんですね。三分の二の熱は海に捨ててるんですよ。温排水が出るので、その影響で漁業ができなくなるということで、東電は補償しているわけです。だから漁協に入ってる人は、御殿のような家が建つんです。原発に隣接していない、その隣りの漁協は補償はゼロとか、雲泥の差が出ますけどね。

でも実際は、温排水のところに魚が集まるんですよ。だから、漁業権を放棄したはずの漁協が、発電所の周りで操業したりしてる。それを見ても、東電は何も言えない。あれだけ莫大な補償もしてるのに漁協も図々しいなと思っても、出てけとは言えないですね。地元さまさまだから。

福島に行った時に、福島市では「自分たちは原発でまったく恩恵を受けていない。原発の地元は、恩恵と事故の被害でプラマイゼロじゃないか」と感じている人々が多いのが分かった。福島の中でも、気持ちの温度差がある。

でも、恩恵を受けるといっても、一軒いくらでお金もらってるのは、漁協くらい。ほかは、学校が出来るとか、公民館がきれいになるとか、スポーツ施設が出来るとか、その程度なんですけどね。あとは電力料金が少し割引になる。それぐらいのことなんです。

――事故が起きた時のことを考えると、割が合わないですね。

賠償でどうするのかなと思ったのが、警戒区域内で、津波で家を流されてしまった人。本人にしたら「家を流された上に放射能も来た」ということだけど、東電にしたら「家が流されたのは津波のせいでしょ」ということになる。家が残っているのに放射能で住めない、ということになれば、はっきり事故のせいだ、ということになる。住めないことでは同じなのだけど、この違いを東電はどう扱うのかなと、すごい疑問を持ってる。

東電は精神的な苦痛に対しても補償すると言ってるけど、福島の人は、そんなの全然してくれてないと言うんです。例えば子どもが引きこもりになっちゃったり、学校行かなくなっちゃったりしたら、実害示せって言われる。実害なんて示せないでしょう。そうしたら補償はできないと。

警戒区域内に放置してきた車について、補償してくれと言ったら、3・11の時の中古車価格で査定しますと言ったらしい。一年経ってて、一年間使えなかったという不自由に対しては補償しないのか。東電の再生や存続と言ってる場合じゃないと思います。それしか頭にないような気がしてならないんですよ。

再稼働せずに二〇一二年の夏を乗り切ったとしたら、本当に原発いらないね、ということになっちゃう。それを恐れて、かなり強引に再稼働に踏み切ったというように見えますね。

自分たちは原発動かして「あと頼むな」では、後世に負の遺産を残してるだけだと思います。日本中に飛び散った放射性物質や、使用済み核燃料。自分たちの子どもたちは、それをどうするのか、ヒントでも与えてあげられればいいですが、そんなのないわけですから。

蓮池透（はすいけ・とおる）　一九五五年、新潟県柏崎市出身。元東京電力原子燃料サイクル部担当部長。二〇〇九年退社。また、一九七八年に北朝鮮に拉致された蓮池薫氏の実兄であり、「北朝鮮による拉致被害者家族連絡会」元副代表。主な著書に、『奪還――引き裂かれた二十四年』（〇四年、新潮社）、『拉致――左右の垣根を超えた闘いへ』（〇九年、かもがわ出版）など、共著に『拉致対論』（太田昌国氏との対談、〇九年、太田出版）がある。

日隅一雄（弁護士・ジャーナリスト）さんインタビュー

フクシマに見る、「情報公開制度」の必要性を語る

震災直後に、情報を小出しにして時間を稼ぐ東電側に鋭く迫るジャーナリストがいた。「これはですね、主権者である国民の代わりに聞かなくてはならないことなんです」福島第一原発事故直後、東電や政府・東京電力統合対策室の合同会見などに参加し、汚染水処理問題やSPEEDI（スピーディ）の情報隠蔽などについて鋭く追及した日隅一雄氏に話を聞いた（編集部）。

汚染水を放出したのが問題

――震災直後の二〇一一年三月十六日、東電本店の記者会見を見ていて、情報を適切に出す要望書を当時の清水正孝社長宛に送っていらっしゃいますね。

はい。インターネットで東電の会見の生中継を見ていて、あまりにもひどいので、ちゃんと情報提供をしてほしいと要望書を出したんです。そしてその夜から東電本店の記者会見に通い始めました。そこで行われていたのは、ただの時間稼ぎでした。放射線の分布など本来はプリントで配れば済むものを口頭で延々と説明していて、「いったい何をやっているのか」というのが最初の印象でした。それから、四月中旬までは毎日行っていました。原子力安全・保安院にもたまに行っていましたが、単に東電の情報を横流ししているだけでしたね。

――震災直後、東電に通った中で、一番、問題だと思われたのはどんなことですか？

放射性物質を多量に含む汚染水の処理です。東電は、四月四日午後五時、1、2号機の高濃度汚染水（放射能性ヨウ素濃度一三〇〇万ベクレル／立方センチ）を貯めるためのスペースを設けるために、集中廃棄物処理施設に溜まっていた、低濃度の汚染水（同濃度六・三ベクレル／立方センチ）一万トン、および5号機、6号機のタービン建屋地下への流入を止めるため、建屋周囲のサブドレン（建屋周囲の液状化をふせぐための排水管）に溜まっている汚染水（同最大濃度二〇ベクレル／立方センチ）一五〇〇トン、合計すると一万一五〇〇トンの汚染水を海に流すことを発表しました。事故により汚染水が漏れたのは仕方がないと思うのです。

でも結局、処理に困って、漏れたものを海に流してしまった。全体の放射能の汚染の量からすると、漏れ出して意図的ではなくて流れてしまったものが多いのは分かるのですが、だからといって「流してもいい」ということにはならない。私たちもずいぶん前から汚染水を処理する仮設のタンクを用意したほうがいいと指摘していた。放射能汚染水が海に放出されれば、国際的な問題になってしまうからです。

――本来は、汚染水は溜めなくてはいけない。

そのとおりです。処理ができない以上、プールしておいて中間処理をするしかない。私たちはタンクを持ってきて対策を立てなさい、と何度も指摘していたのです。東電側も「（汚染水をためる）タンクを発注した」と言うから、「じゃあ、いつ発注したのですか」とたずねたんです。そうしたら、答えないんですよ。結局は、発注したけどタンクが間に合わなくて、汚染水を海に流してしまいました。

――東電の記者会見では、全国紙の記者やテレビ局の記者が、本質的な疑問があっても聞かない。一時的にフリーが排除された時もありました。

新聞記者やテレビの人たちは、レクチャーというか、説明を求めることはあっても、本質的な突っ込んだ疑問を口にしたり、追及はしないんですよ。一一年四月二十五日から政府と東電の統合記者会見が行われるようになりました。

統合会見に参加できたのは、新聞は五四七人が申請して全員に取材許可がおり、テレビも二三六人が許可、雑誌は十七人のうち十六人が許可されて、一人は確認中、インターネットメディアは三十三人が申請して全員が許可されました。フリーランスは二十六人が申請して、一人が不許可、七人は確認中で、十八人が許可されたのです。当初は「六ヵ月以内に日本新聞協会などの媒体に二つ以上の署名入り記事」という厳しい条件が出されていたのですが、「一年間で、ジャーナリストとしての実績が二件あること」と緩和されました。しかし、私は入れませんでした。

――どうしてでしょうか？

私は、弁護士としての立場で、東電相手の訴訟の代理人をやっていたのです。原発とはまったく関係ない訴訟で、高圧線の下の補償金の差額問題です。ところがこれが利益相反であるとして拒否されたんです。それで裁判所で「なんで私を締め出すのか⁉」と仮処分の手続きを執った。仮処分の手続きをしたのが、東電に伝わったとたんに、「じゃあ、入ってもいいですよ」となりました。東電側は、私と争えば裁判で負けると思ったのでしょう。私もかなりしつこく追及していましたから（笑）。その後、細野豪志首相補佐官（当時）は、「ジャーナリズム活動している人は記者会見に受け入れるように努力する」として間口を広げました。ところが細野補佐官が原発担当大臣になり多忙になって、会見の担当が園田博内閣政務官に代わると、この約束が反故にされ、再びフリー記者は締め出されました。知る権利の侵害だと思いましたね。

☢ 東電が情報公開せざるをえない法律を作れ

――話は変わりますが、私は黒塗りの高級ハイヤーで清水社長（当時）が福島に入るのを見ました。東電の幹部は、金銭感覚も含めて、庶民と感覚が違うのでは。

そうですね。電気代の値上げの仕方も傲慢ではないでしょうか。説明の仕方がずいぶん乱暴な印象がします。電気料金審査専門委員会で東電側の説明に立ったのが常務の高津浩明お客さま本部長でした。高津氏は、今回の値上げの理解を求めて、『みのもんたの朝ズバッ！』（TBS）をはじめ各ワイドショーに出演してきた「東電の顔」なんです。物腰やわらかく言葉遣いはていねいですが、不都合なことはなかなか認めないのです。

彼は家庭向けの利益が高いことについて、「企業向けは燃料費のウェイトが高く、燃料費の高騰が収益を圧迫した」などと釈明していました。こんな釈明が通用すると思っているところが問題です。高津さんも、関連会社への天下りが決まったようですが。委員会では東電の高コスト体質が採り上げられていたのですが、それに関する説明で高津氏は「安定供給を最重要視して、品質、安全リスクを冒してまでコスト削減に取り組む意識が弱かった」と、まるでコスト削減のためには品質や安全を犠牲にしてもいいのかと居直ったような発言をしていました。安全面を削ってまで私たちは、電気の価格を下げろと言っているわけでないのに、彼はもう「今は目いっぱいだ」と言ったのです。それなら、膨大な数の子会社を減らしたり、役員の報酬を削るのが先だろうと思います。高津氏は、これまでのイメージを変えて庶民にていねいな説明を国民にしなくてはいけない立場でしたが、にもかかわらずそういう傲慢な発言をしたので驚きました。「この人たちはこういうことしか考えられないんだ」とがっかりしましたね。

――顧問が三十人いて、年収が一〇〇〇万円。震災直後、だれも東電本店に駆けつけていないんです。

それは論外ですね。ただ、私から見て、吉田所長はじめ、福島第一原発では現場の人は頑張ったのです。一番の問題は「東電が持っている情報を、私たちが知ることができない」という点です。法的に請求もできない。海外では、環境に関する情報などは、情報公開制度に乗っかっているのです。民間企業でも情報公開の対象になることがあります。東電に対して情報公開できないというのは、国民の生命、財産を脅かすような事態になっていることを考えると、許されるものではありません。情報公開の法律が日本にもあったなら、東電は情報を隠蔽できないわけで、記者会見だって、本当のことを言わざるをえないわけです。そこなんです、問題の根本は。

――原子力に限らず、情報公開は進んでいないです。

東電のように危険なことをしている業者は、ある一定の情報公開をせよというのは、世界では、当たり前の潮流なんです。

――国会の福島原発事故調査委員会（黒川清委員長）を見ていて、どう思われますか？

事故調は頑張っているとは思いますけど、報告書の締切が早すぎますね。短期間で集まって、聴取して解散するわけでしょう。二、三年やってじっくりと時間をかけて調査しないと無理ですよ。委員会も人材ももっと各分野から採用して大きな組織にして、マンパワー的にも調査力をもたせないと。あと委員会では実務をやる人も大切です。きちんと面接して、委員会の人材選びから変えたほうがいいです。今の衆参議院議長主導の体制ではなあなあになってしまいます。もっと独立性のある組織にしないと。

――その前の「民間の事故調査委員会」についてはどのような感想ですか。

データが官僚から政治家に流れていない、という仕組みを見せてくれた。政府の事故調査委員会とは違って、かなり突っ込んでいて、官僚に問題があるのだ、という指摘はかなり意味があると思います。結局、菅直人が怒り心頭なのは、データが上がっていないからなんだと。一方的に菅が悪いとする、マスコミの流れを食い止めたのは役割として大きいと思います。菅だって、情報が来なければ、頭にくるのは当然だと思いますよ。普通に東電が出していれば済むのですけど、出してこないわけですから。東電から情報が来ない以上、東電に乗り込むしかないでしょう。これは総理としては、仕方がないですよ。

――東電だけで広告費が二三〇億円も使っているという話ですが。

むちゃくちゃですよね。独占企業に近いわけですから。私も産経新聞の記者時代に、東電の火力発電所に見学に行きました。要するに接待ですよ(笑)。原子力については、財団法人や社団法人など天下り先があって、多くのお金がプールされている。闇は深いなと思います。繰り返しになりますが、値上げの前にやるべきことはほかにあるだろうという気がします。

――日隅さんには東電からのクレームは来ないのでしょうか? 日隅さんが編集長をされているインターネットの市民メディア「NPJ」などはけっこう過激に東電を叩いているのですが。

来ませんね。応援のメッセージは、たくさんいただきます。ありがたいことです。

官僚の言いなりにならない規制機関が必要

――原発問題だけでなく、政局を見ても官僚が日本を動かしているという気がします。

そうです。民主党が政権を獲ったあとの流れを見ても、菅とか鳩山が抵抗してみせたけれど、やはり官僚に取り込まれましたね。野田もまたしかりです。したがって、原子力規制庁なども、官僚に取り込まれないように、官僚からも政府からも干渉されない、独立した組織を作るべきなんです。そういう独立した組織をどう作るかという仕組みも欧米にはあるのです。たとえばイギリスなどは、組織を作る時には、第三

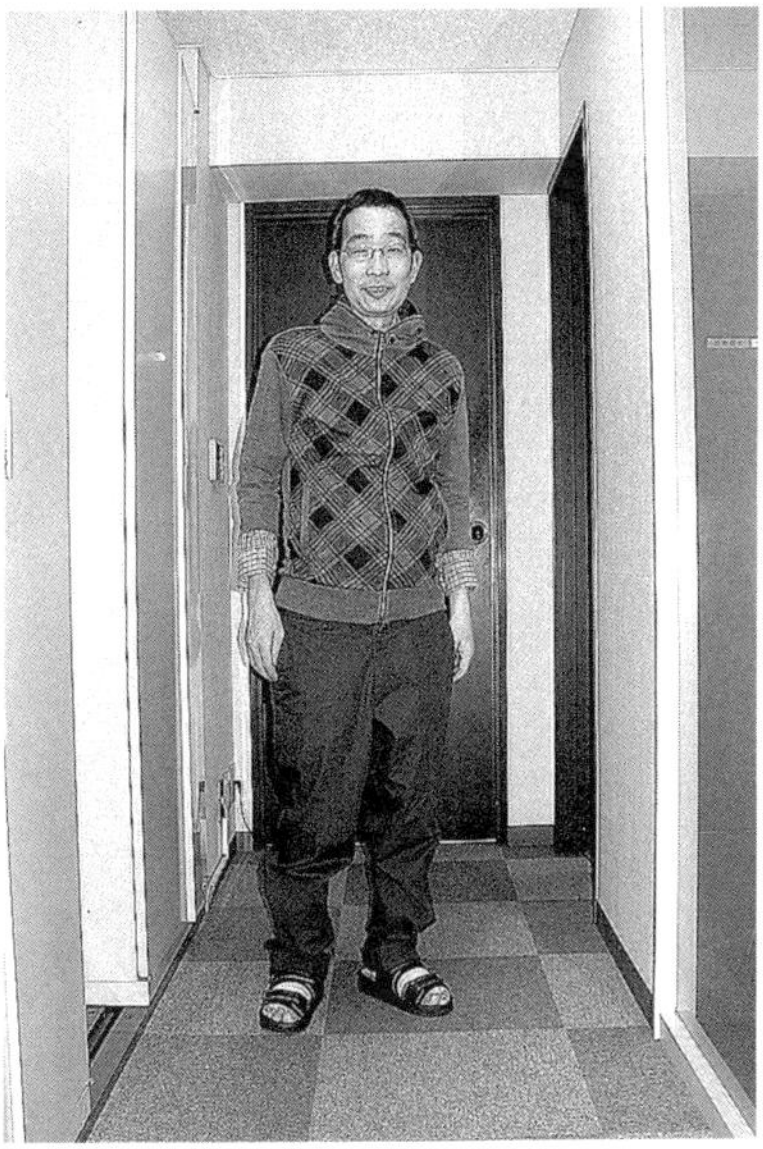

者が立ち会うのです。第三者が、組織のメンバーを集める時も選考過程に立ち会って記録します。そうすると、依怙贔屓できない。そのような仕組みの中で、公募、面接といくわけです。そうした手続きを日本も採用するべきなのです。NPOなどで頑張っている人もいるわけで採用されていいはずです。今回でいえば、小出（裕章）京大助教や後藤政志さん（元東芝原子炉格納容器設計者）も採用されてしかるべきです。原子力安全・保安院と東電の関係なんていびつでしょう。推進する側と規制側が同じ原子力ムラなんて、話になりません。

――わりと機能している委員会は日本にはないと。

強いていえば、かろうじて会計監査院くらいですね。そこですら天下りがありますから、完全だと言えませんけど。警察も天下りで暴力団排除推進のNPOに天下りしたりする。そうすると政策が弱まりますよね。本来、国民に必要な政策かどうかではなくて、天下りできる政策を考えてしまう。これは官僚から政策を決める権限を奪い取らなくてはなりません。原子力については、官僚の言いなりにならない独立した規制機関が必要だと思います。

――原子力行政については、もっと国が主導でやるべきと思いますか？

そうですね。民間の電力会社に原子力発電をやらせたのが間違いでしたね。民間なら情報公開の対象にならないから、なんでも企業秘密になってしまう。情報隠蔽を規制する法律もない。ヨーロッパなどでは、民間団体でも公共的に重要な情報については公開するように網を張っているわけです。国の仕事をやる企業は、全部取引先を明確にしないとならないんです。

――情報公開法があって、東電に情報公開できるのが理想だと。

そうです。今回、税金をつぎ込んで東電を助けるじゃないですか。そこまでやるんだったら、東電だけでもいいから、情報公開の対象にせよと。やろうと思えばできなくはないんですよ。結局、大飯原発も再稼働するそうですけど、原子力ムラの意向に踊らされるだけで、国民の大半は反対しているわけですから、官僚に完全に踊らされているわけです。

――官僚というシステムの中でいびつな人材が多く育つのも問題があります。

立派な志を持っていた人もいると思いますよ。でも、途中で志を変えるか、これではダメだと思ってやめて政治家になろうとかいうことだと思います。政権交代がない中で、官僚がはびこってしまったことも情報公開を妨げていると思います。

――そういう意味では、取材もやりづらいですね。

スウェーデンなどは、国に不正があったらマスコミに告発するのが当たり前だという風潮だそうです。奥さんには言えないけど、マスコミに言うのは当たり前だという認識です。そのようになったら、日本もいい国になると思います。原発というか、エネルギー問題も、情報公開がきちんとされて、国民目線で運営されるようになれば、日本もいい国になると思いますよ。

――ありがとうございました。

日隅一雄（ひずみ・かずお）　一九六三年生まれ。京都大学法学部卒。産経新聞入社、退社後に弁護士登録。ＮＨＫ番組改変事件、沖縄密約開示請求訴訟などの弁護団に参加、インターネット市民メディア「News for the People in japan」（ＮＰＪ）編集長。著書に『「主権者」は誰か原発事故から考える』（二〇一二年、岩波書店）、『検証　福島原発事故・記者会見東電――政府は何を隠したのか』（一二年、共著。岩波書店）、『マスコミはなぜ「マスゴミ」と呼ばれるのか』（一二年、現代人文社）、『国民が本当の主権者になるための5つの方法』（一二年、現代書館）がある。このインタビュー直後の二〇一二年六月十二日、急逝された。

さようなら、反骨の〝ヤメ蚊〟ジャーナリスト「日隅一雄さんを偲ぶ会」にて

二〇一二年七月二十二日、弁護士であり、反骨のジャーナリスト、日隅一雄氏を偲ぶ会が開催され、約四〇〇人ものゆかりのある人たちが集まった。

所属している東京共同法律事務所の海渡雄一弁護士、盟友のジャーナリストらが追悼の言葉を送った。ほとんど睡眠二時間程度で仕事に没頭していたという日隅氏は、六月十二日、午後八時二十八分、東京女子医大病院で逝去した。享年四十九歳。

自称、ヤメ記者弁護士で、「ヤメ蚊」を名乗った日隅氏は、一九六三年広島県に生まれ、八七年京都大学法学部卒業。産経新聞社へ入社し、記者として九二年まで勤務。九八年に弁護士登録をした。

弁護士としては東京第二弁護士会所属。ＮＨＫ番組改変問題、山一抵当証券事件、動燃記者発表自殺強制事件などを担当。グリーンピース宅配便窃盗事件ではグリーンピース側の代理人（顧問弁護士）、ＮＨＫ番組改変問題の裁判では原告（ＶＡＷＷ－ＮＥＴジャパン）側の代理人を務める（裁判は最高裁で敗訴）。二〇〇六年に発生した栃木県中国人研修生死亡事件では、中国人遺族の代理人を務めた。

〇七年十一月二十六日に「News for the People in Japan」を設立。

〇九年一月、担当していた京品ホテル紛争事件ではホテル内部に留まり、強制執行に抵抗しようとした労働者・支援者約三〇〇人を応援し、警察の暴力的排除を監視し続けた。

〇九年十一月には、沖縄返還密約情報開示請求訴訟提訴などを行い、翌一〇年六月には映画『コーブ』上映妨害問題を扱った。

二〇一一年三月、福島原発事故で東京電力の会見に、連日出席し続けた。

遺稿となった『原発事故報道のウソから学ぶ――市民が主人公となる社会のために』（二〇一二年、クレヨンハウス）で、

日隅氏はこう書き残している。

●　明らかになった責任者

わたしは「東電の仮設タンクの発注が遅れたことが原因ではないか」と考え、質問をしました。しかし「仮設タンクを発注した時間」を何度たずねても、東電は「確認させてください」「検討する」とくり返すだけでした。そして4日午後7時過ぎ、質問の最中に、汚染水の放出がはじめられたのです。午後10時過ぎ、また記者会見がはじまりましたが、汚染水を放出する緊急性について、はっきりとした説明はありませんでした。日付も変わり、4月5日午前0時半、東電から、このような回答がありました。

「5号機、6号機の建屋の地下に、地下水が毎分2リットル入っていることが確認された。非常用ディーゼルの水没が想定される。しかも、サブドレンに水が貯まると、建物に影響を与える。だから放出する必要がある」

わたしとフリージャーナリストの木野龍逸《りゅういち》さんは、なおも質問を続けました。

「毎分、2リットルの注入ならば、ポンプで排出すればいいのではないか」

「量は確認できていないが、それ以外にも多数浸水している」と東電は答えました。（中略）

「ここで電話をして、仮設タンクの発注した日を聞いてほしい」とわたしは言いましたが、担当者は相変わらず「確認させてください」の一点張りでした。「海にあえて放射性物質を放出して、汚す」という重大さを認識しているとは、とても思えない対応でした。

「今すぐ放水を止める必要があるかもしれないから聞いている。責任者を連れてきてほしい。責任者が来られないのはなぜなのか」と、わたしは何度も質問しました。（中略）

フリージャーナリストの上杉隆さんも質問しました。

「保安院に報告したのは誰ですか」

広報課長はようやく「それは確認できると思うので確認する」と述べ、退出しました。

わたしは彼に「責任者に、あなたの名前を知りたいと言っているのがいると伝えてほしい」と声をかけましたが、広報課長の反応はありませんでした。

そして10分後、戻ってきた広報課長は、保安院に説明したのは武藤栄副社長だ、と答えました。この長いやりとりのあいだ、ほかのマスメディアの記者たちのほとんどは、静かにノートパソコンに見入るばかりでした。東電を追及しようという姿勢がまったく見られないのが、不思議なくらいでした。こうしているあいだに、問題の放水作業は終わりました。

（「第２章　事故処理対応は適切だったか――海に流された汚染水」から）

どうだろうか、気骨のある質問は、今（二〇一二年七月二十二日現在）、少なくとも通う限りでは、東電本店の記者会見では皆無である。

日隅氏は、マスコミのあり方にも警鐘を鳴らしつつ、国家に対して情報公開を高らかに宣言した。その遺志は受け継がれる。「日隅一雄・情報流通促進基金」も立ち上がった（ＮＰＪ　参照 http://www.news-pj.net/）。

日隅氏の戦いは、主権を市民に取り戻すための戦いであり、その延長が東電の隠蔽体質の追及であったのだ。彼の遺志を継ぐ、ジャーナリストでありたいと思う。

第２章

被災地を歩く

いまだに高い放射線量を示すチェルノブイリ跡地

チェルノブイリと共に消えた街
夢の原発村の魔法は、ここから始まった

そこは、あの日から時間が止まったままだった。東日本大震災から一年が経過した二〇一二年五月、私はチェルノブイリ原発から約四キロの距離にある、ソ連（当時）自慢の超未来都市〝プリピャチ〟を訪れた。

今もチェルノブイリ原発周辺は、外国人はおろかウクライナの人々も立ち入りが制限されている。周辺地域の外周を回るバス見学ツアーは用意されているが、それでは何も分からない。入場許可を得るのに一週間、さらに、危機管理省の係員と通訳、そしてドライバーを伴って、ようやく街の深部に入ることが許された。そうまでして、ここに来たかったのは、どうしても確認しておきたいことがあったからだ。

今から二十六年前、一九八六年四月二十六日午前一時二十三分、チェルノブイリ原子力発電所の4号炉が、まさかのメルトダウン、そして爆発。史上最悪といわれる原発事故は、前日までなんの前触れもなく、いきなり発生してしまった。非常用発電系統の実験という、いわば万一の事故を防ぐための実験を行うつもりが事故になった。まさに本末転倒の大惨事だ。今も人々が苦しむ人類史上最大の原子力事故は、ほんの小さなミスがスタートで始まったのだ。

脆い、あまりにも脆い。人のワンミスの連鎖で起こる「ありえないはずの事故」。原発の安全とは、紙一重の薄氷の上に成り立つものであること。最新の科学技術の粋を集めて作られる原発も、操るのは人間。最後の安全のカギが人に握られている限り、科学がどれほど進歩しようとも完全ではないこと。私が当時感じた漠然とした不安は、二十五年の時を経て福島第一原子力発電所事故という逃げようのない現実となってしまった。

確かに地震や津波という、東電の言う「想定外の出来事」があったのかもしれない。しかし「原発の部品の中で一番脆弱なのは、操る人間」というチェルノブイリの教訓は、二十五年後の福島第一原子力発電所事故でも変わらなかったように思う。なぜなら機械は言い訳も責任転嫁もしない。それをするのは人間だけだからだ。

残念だが、八六年当時の私には、チェルノブイリ原発事故が教えてくれた教訓の真の意味が分かっていなかった。「人

は必ずミスを犯す」という目に見えない恐怖より、平和利用のハズの原発が広島型原爆四百個分ともいわれる放射性物質を世界中に振りまいたという、可視化された放射線の恐怖にばかり目が行ってしまったのだから。

チェルノブイリの事故後二十五年間で、原発の安全に対する技術は進歩したのかもしれない。しかし問題は技術だけではなかったのだ。むしろ日本人自身の真面目な民族性への過信にあったのかもしれない。私自身、八六年当時の多くの日本人と同様、チェルノブイリの事故を聞いた時も「ロシア人はいいかげんだから」「日本ではありえない事故」と根拠のない安全に対する安心感と自信を持っていた。今にして思えば赤面も甚だしい。

二十五年もあれば、技術は飛躍的に進歩するかもしれないが、人は驚くほど進歩しない。そして悪いことに、そのことを認めたがらない。しかし現実は、進歩どころか、むしろ心身共に弱くなったくらいではなかろうか?

そう考えると、福島第一原発の事故は起こるべくして起こったとしか言いようがない。今後百年でクルマは空を飛び、携帯電話は補聴器サイズになるかもしれない。しかし、人は千年後も人のままだ。未来の最新技術においても人自身が最も脆弱な部品であることは変わらないだろう。

この弱く進歩しない人間が唯一できることは、謙虚に学び続けることだけだ。未来のトラブルを予測するには、過去の歴史を真剣に学ぶこと。それを怠る者が、同じ悲劇を繰り返すのではないだろうか。

キエフ市内にあるウクライナ国立チェルノブイリ博物館

飛散した放射性物質撤去に従事し命を落とした無数の人々の写真

廃村となり地図から消えた村。しかし記憶から消すことはできない

廃村にただ一人残り、朽ちるにまかせたままのレーニン像

例に漏れず、私も進歩しない弱い人間の一人だ。「日本では原発事故は起こらない」という甘言を鵜呑みで信じながら、いざ事故が起こってしまうと、住民のみなさんのあまりの苦境を見て、心が痛まずにいられないという大馬鹿者だ。

私たちは一度事故が起これればどうなるのか、二十六年前に知っていたはずなのだ。それを学ぶことを怠った。そう思った時、私はどうしてもチェルノブイリ周辺の住民の苦悩と経験を学んでこなければならないと思ったのだ。

ウクライナは豊かな国だ。青と黄色、上下二色に塗り分けられた国旗は青空と大地一面に黄金色に実った麦を現わすという。この国を現わすのに、これほど的確なデザインはないだろう。しかし、古《いにしえ》からヨーロッパの穀倉地帯と呼ばれた肥沃な大地は、一瞬にして死をもたらす不吉な大地に変わってしまった。

以後一六八もの村が地図から消え、数十万の人々が避難を余儀なくされた。あの事故から二十五年、世界各国の協力のもと、たび重なる除染作業は続いているが、今も三〇キロ圏内の居住は禁止されている。三〇〇キロ圏内には百ヵ所近いホットスポットと呼ばれる高濃度汚染地域が点在している。二十五年も経過した今ですらだ……。

そんな数ある消えた街の中で、今回私がどうしても訪れたかった街の一つがプリピャチだ。ソビエト政府の鳴り物

今も街の入口に残る、パラダイスのようなチェルノブイリの看板

チェルノブイリ原発周辺は除染後の今も高い放射線量を示す

老朽化の激しい事故炉を覆う「石棺」とよばれるコンクリート

入りで建設された豪華な夢の未来都市は、完成からたった十六年で街の役目を終えてしまったのだ。この街は、ほかの多くの消えた村とは明らかに違う。夢の代価として報いを受けた、因果応報を感じるのだ。

一九七一年に開始されたチェルノブイリ原発建設工事。この国家を挙げたプロジェクトの存亡を懸け、原発作業員と従業員のため、新たな街が建設された。それが未来都市・プリピャチだ。

この街の、病院、公園、教育施設、豪華なホテルに娯楽施設など、すべてに最新最高の設備が導入されている。それは、未来のエネルギーである原子力の恩恵を、国内外の人々にデモンストレーションするためだった。

幸せと繁栄の象徴、原子力エネルギー。人々に富と快適を与える夢の新産業。そんな、チェルノブイリ原発に働く人たちのための夢の特権都市、そこに暮らした約四万九千の人々は、国策で生み出された上げ底のヒーローだったのかもしれない。

言うまでもなく、わずかな燃料で膨大なエネルギーを生み出す原発は、通常のエネルギー産業に比べ、桁違いに巨大な利益を生み出す。日本でもお馴染みになった、原発誘致された自治体の豪華な体育館やホール、必要以上に整えられた社会インフラのスタイル。そして原発関連の地域雇用。原子力は地域に利益をもたらすという甘い誘惑の図式は、この街からスタートしたのだ。

未来都市と呼ばれたプリピャチのステンレス製の朽ちない看板

永遠に使われることのない放射能を浴び続けた死の観覧車

苔類は放射能で汚染された水を吸収濃縮し高い線量を示す

25年の時間をかけて、森に飲み込まれていくビル群

当時の最新建材を使った天井は、すべて朽ち落ちていた

置き去りにされた人形、持ち主が帰ることは永遠にない

すべてのドアが開けはなたれたままの小学校校舎

周辺の前時代的な農村地帯の人々の目に、プリピャチが夢の未来都市と見えたのも当然だろう。原子力産業に対する貧しい人々の憧れの図式も、この街から生まれた。しかし、逆立ちしても届かない圧倒的な富は、周辺の農民たちに分け与えられることはない。この選ばれた街の人々にだけ、夢の生活は与えられたのだ。

皮肉なことに、事故後危険な放射線だけは、富める者にも貧しい者にも、分け隔てなく降り注いだ。この納得しがたい現実と構図が、私をチェルノブイリに駆り立てた最大の理由だった。

そこには不思議な静寂の空間があった。だれ一人住む人のいない無人の街の主は木々たちに変わっていた。時折聞こえる鳥の鳴き声が、すべての生き物が住めない場所ではないことを教えてくれている。不思議な話だが、ウクライナの危機管理省の係員の話によると、鳥は人間の二百五十倍も放射線に耐性があり、植物はさらに千倍、苔類や昆虫はさらに数千倍も耐性があるそうだ。古の時代、宇宙から降り注ぐ放射線の中を生き抜いた原始植物や恐竜たちの身に付けた耐性を受け継いだＤＮＡが、まさか今役に立つとは彼らも思っていなかったことだろう。

その説明に納得するしかないように、街には木々と苔やキノコなどの菌糸類と昆虫、そして鳥たちしか見当たらなかった。二十年以上の間に何度も行われた除染作業のお蔭で、通常の道路上は一μSv／h（毎時一マイクロシーベルト）

前後の放射線量に抑えられている。しかし、道路のヒビ割れに生えた苔類に不用意に近づいたり、ほんの一歩道路から足を踏み出すだけで、放射線線量計がけたたましく鳴り響き、線量を示す数字が跳ね上がる。瞬間まるで心臓を鷲づかみにされたように、胸が締め付けられたような気分になる。ここは今も人が住むことを許された場所ではない。政府から言われたからではなく、肌でそう感じるのだ。

　街の中央の広場に立ってみる。見渡してみると、少しずつ木々の間から見え隠れしていた建物の姿を一つまた一つと見つけることができた。もしこの世から人間が消えてなくなれば、都市はたった数十年で森に覆われると聞いたことがあるが、それは事実だったようだ。木々は、ただ黙って人の侵した罪を覆い隠していく。

　戦災や災害で破壊され森へ戻ってしまった街は幾度となく見たことがあったが、まるで普段の生活のまま、一瞬で神隠しにあったようにすべての人々がいなくなった街が森へ還っていく姿は見たことがない。この納得のいかない寂しさはなんなのだろう? 建物の中をのぞき込むと、数分後には戻るつもりで出ていったような日常が、凍り付いたように時を止めている。そして二度と動き出すことはないだろう。薄氷の上にあった幸せの街は、突然その代償を支払うことになった。ただ、その幸せの対価がこれほど巨大だと知っていたら、彼らは本当に一時の幸せを甘受しただろうか。貧しい農村を夢の街に変えたのは種も仕掛けもある手品だったのか、魔法と思い込ませたペテンだったのか。

木々は人の代わりに建物の玄関からゆっくりと入っていく

子どものいない幼稚園、残された玩具に厚くほこりが積もる

だれも住めない死の街に鳥の声だけがかすかに聞こえる

消えた街の名が延々と続くチェルノブイリ慰霊所

ウクライナの人々は事故当初「チェルノブイリを復興させよう」と一丸となった。しかし二十五年を経過した今、あえて言葉を選ばずに言えば「チェルノブイリはあきらめよう」と、これ以上手を加えないことに方向転換しているという。しかし、この事実を責めるのは、あまりにも彼らに酷だ。過去数十年必死に除染、回復と努力してきたウクライナの人々に、やっとセシウム１３７の半減期の三十年が近づいてきた。しかし、放射性物質はそれだけではない。人の一生より人類の歴史より長い半減期を持つ物質に向き合う戦いの背中を「頑張ってください」と押すことは、私にはとてもできない。これも一つの判断と認めざるをえないのではないのか。

プリピャチの姿を見てヒシヒシと感じたことは、これ以上福島の避難地域の方々を傷つけないように、簡単に、除染が終われば家に帰れるような、元の生活に戻れるような無責任な台詞を吐くべきではないということだ。ウクライナの人々の苦悩と経験、そして苦渋の判断を考えれば、二十五年必死に探しても、いまだ最善策は見つかっていない。除染とは簡単にできるものではないというのが本当のところだ。この事実を口に出さないのは、思いやりなのか、現実逃避なのだろうか？

政治家の方々には、ぜひチェルノブイリに、プリピャチの街に行って自分の目で実態を見てほしいと心から感じる。世界の知恵を総動員して二十五年戦った姿を見て、自分たちに何がどこまでできるのか、どう舵を取るのかを判断してほしい。最善策などないことはだれもが知っている。しかし、それでも判断しなければいけないなら現実をしっかりと見てほしいのだ。

歩いていると、森の中と思っていた場所の中央に、いきなり信号機が現れた。いや、信号が自分で森の中に移動することはない。道路も歩道も森に変わっていたのだ。この姿を見てしまうと、福島の人々に「頑張ってください」と言うのがつらくなる。それは、どれほど長い時間彼らに耐えろということになるのだろうか？

現地で説明を受けた除染作業は徹底的で、しかも何度も繰り返されている。しかし、それでもなお地雷原のように、一歩違いで、いきなり鳴り出す放射能感知器放射線線量計のアラート音。時折デジタルメーターに示される、日本では見たこともないような三桁の数値は人々の心を折るには十分だ。

除染には時間がかかる。すべてが元通りに回復してから再起を始めるには人の寿命は短かすぎるだろう。そして原発産業は信じられないほどのリスクと、目の前の甘いメリットを人々にちらつかせる。私たちは「目先十年のパンか、めったに起こらない百年に一度の巨大な不幸か」そのすべてを理解した上で道を選ぶしかないだろう。

二〇一二年七月現在、ウクライナは今も一〇〇%原発で電力をまかなっている。それは貧しい彼らにとって「高い電気は買えない」という判断なのだという。悲劇を経験した上で、なお原発を選んだことは、私には驚きだ。しかし、もし彼らと私たち日本人との差があるとすれば、「覚悟の差」だろう。リスクを覚悟した上で彼らは決断したのだ。この可否をわれわれに論ずる権利はない。

そして私たちも、使う覚悟、使わない覚悟、どちらを選ぶにしても決断し、その選んだ結果に責任を持たねばならない。そして、その日は、もう遠くない日のハズだろう。

福島第一原発近郊の町を歩く 放射能に追われた人々は今…

「物事には順序というものがあるでしょう。再稼働というなら、撒き散らした放射性物質を、一粒残らず片づけてからにしてください」

細野原発相も参加した福島の公聴会で、被災者たちの悲痛な声が挙がった。

ありもしない電力不足を理由に、大飯原発が再稼働された。フクシマは忘れさられようとしている。フクシマを覚えていたら、原発の再稼働などありえないだろう。

テレビや雑誌などの特集も、フクシマの被災者に焦点を当てた報道は減りつつある。

「原発事故や地震の報道はもう辟易した。震災地のドキュメントを作って放映しても『もう飽きた。もっと違う題材があるだろう』という視聴者からのクレームが増えつつあります」（テレビ局関係者）

あったとしても、〝復興に頑張ってます〟的なお涙頂戴の報道だ。視聴者は心の中で「頑張ってね」と呟いて、番組が終われば安心して忘れることができる。

「リアルな福島」はどこにあるのか。枝野経済産業大臣が「福島を復興させるには観光が一番効果的です」とのたまう。

それならば、行ってみようではないか。リアルな福島を探しに。

東京から常磐道を飛ばす。車は渋滞することなく、三時間半ほどで広野インターを経由し、福島第一原発まで二〇キロほどの「Jビレッジ」（福島県双葉郡楢葉町）に到着した。入口には、二十人以上の警備員や警官が張り付いている。「入らないでください」と誘導灯が左右に振られる。

手元の線量計は〇・六五マイクロシーベルト毎時を指していた。すでに危険領域である。

少しでも原発に近づいてみようと、広野町の山中を走ってみる。どの道も、二〇キロ地点に、立ち入り禁止の看板が厳重に張り巡らせていた。

地元住民によると「どこから入ろうとしても同じだ。関係者以外、まず近づけないように厳重になっている」とのこと。原発のお膝元である楢葉町、広野町あたりでは、めったに人や車と出会わない。二〇分に一度くらい、思い出したように車とすれ違う。

まだ広野の人たちは、放射線量が高いために戻ってきていない。広野小学校は二〇一二年八月から再開する。病院は五つあったうちの一つが開いているのみだ。出合う車は、千葉や茨城のナンバーばかりである。山を攻めるバイクもチラホラ。家族連れなどは皆無に近い。

「悲しいかな、被災地にやってくる関東の人は、ボランティアの人か福島に故郷があるか、女性をナンパするか、震災の跡地がどうなったか見にきた人ばっかだ」（福島県内の観光業者）

広野駅前にタクシーが二台。ほぼ取材車以外に車がないこのあたりで、時たま大阪府警のパトカーが通りすぎる。

「泥棒が多くてね。警戒で巡回しているのですが、まあ土地勘がないから……。人気がなくて泥棒しても見つからないようなポイントを警戒してほしいんだけども、彼らには無理ですね」（広野町のコンビニ店員）

福島第一原発から、二〇キロから三〇キロの間にある、広野町や楢葉町は、当初、緊急時避難準備区域に指定されていた。二〇キロ圏内は警戒区域で、関係者以外は立ち入れない。緊急時避難準備区域は、原発に不測の事態が起きた場合に、

楢葉町にて

閑散としたJR常磐線広野駅前

広野工業団地入口

自力で逃げられない、子ども、妊婦、病人、要介護者はいてはならないとされていた。子どもは避難したという建前で、学校は閉鎖された。だが実際には、親と一緒に残っている子どもも多かった。子どもたちは学校が用意した観光用の大型バスに乗って、区域外の学校に通っていた。

その緊急時避難準備区域が解除されたのが、二〇一一年九月三十日。原子炉の冷却が安定的に進み、緊急事態が発生する可能性が少なくなった、という理由だ。

それなのに戻ってくる人は少ないという。解除後に戻った人は、緊急時避難準備区域全体で二千名に満たない。

「戻ったら政府からの補助金が打ち切られてしまう。仕事もない。放射能のせいで、農家は作付けができない。なおかつ、まだ線量は〇・三マイクロシーベルト毎時くらい。帰ってくるわけがないですね」（広野町、仮設住宅の主婦）

政府は「原発から三〇キロ以内」でかつ「家が全焼もしくは全壊」の場合、一世帯あたり三五万円の義援金を出す。なおかつ政府は、福島第一原発事故による旧緊急時避難準備区域の住民に対する賠償で、事故と因果関係が認められる場合、住宅内にあった家財道具も東電が賠償の対象とする方針を決めた。二〇一二年五月中にも、住宅・土地に対する賠償方針と合わせて発表する見通しだ。とても分かりにくいので、説明を簡略化するが「支援金」と「義援金」は異なる。いわゆる「被災者生活再建支援制度」は、被災者生活再建支援法に基づき、自然災害で住宅が全壊するなど、生活基盤に著しい被害を受けた世帯が対象。全壊などで一〇〇万円、大規模半壊で五〇万円が「基礎支援金」として支給され、自由に使える。住宅を再建、補修などする場合は「加算支援金」として、さらに五〇万円～二〇〇万円が支給される。

「同じ福島県内でも、原発三〇キロ以内の被災者は『厚遇されている』という見方をされることが少なくないです」（いわき市役所関係者）

「支払いが遅い」と非難されたが、政府は福島第一原発から半径三〇キロメートル圏内にある、南相馬市や浪江町など全十二市町村の約四万八〇〇〇世帯には、原発事故補償金の仮払いとして一世帯当たり一〇〇万円、単身世帯には七五万円を支払った。さらに遺族には災害弔慰金が生活維持者が五〇〇万円、そのほかには二五〇万円、さらに上限が一〇万円の生活福祉資金も無利子、保証人なしで借りることができ、一年間は返済が不要だ。

「足りねえよ。どれだけ迷惑を蒙ったと思っているんだ」（双葉郡のトラック運転手）

という声がある一方、

「さんざん原発マネーで道路がやたら舗装されていたり、街灯はたくさんあるわ、役所の施設は豪華になるわ、といい想いをしてきた原発被災者たちは、ある意味で原発に依存しすぎました。今でもほかの場所の被災者住宅にいる人たちも、義援金を受け取れるから住民票を移していない。これからどう『原発抜きで暮らす』のか心配ですけどね」

（いわき市、クラブホステス）

という冷ややかな声もあるのも確かだ。

☢ 被災者住宅からパチンコ店に通う人で「一円パチンコ」は満杯

いわき市の渡辺敬夫市長は一二年四月上旬に記者会見で、いわき市に避難した福島県の住民について「東京電力から賠償金を受け、多くの人が働いていない。パチンコ店もすべて満員だ」と発言した。地方自治体の首長が被災者の行動を批判するのはきわめて異例だ。

ネット掲示板では「なかなか踏み込んだ発言だな」と、渡辺市長の発言に驚く声が多い。また「なんでそんなパチンコ好きなんだ、ほかに使いようあるだろ」など、賠償金をギャンブルに使ってしまう避難民の〝見識〟を疑う声も

仮設住宅は新しく入居者を待つ

2LDK の仮設住宅

久之浜にて

パチンコ店の広告

ある。

「そういうが、仕事も原発事故で失くした。時間だけがあり、狭い仮設住宅で何をしろというのか。市長も一度、ここで暮らしてみよ」

「何も好きこのんで住んでいるわけではない。六人家族が2ＬＤＫに住んでみなよ。戦後じゃねえって。壁が薄くて冬は寒いしよ」（被災者住宅の住民）という怒りの声もある。

「避難民が流入してきて人が増えているので、パチンコ店が満員になっているのでは？　飲食店なども人が多くなっている。避難民ばかりがパチンコをやっていると、決めつけられるのか？　市長はパチンコ店でアンケートでも採ったのか？　時間をもてあましていても、ジョギングなどをして、有効に時間を使っている避難民もいる」（避難民を友人に持ついわき市民）という批判もある。

「就職すると切られるという賠償金の出し方にも問題がある。働かなくても暮らせたら、なかなか人は働かないのでは」（保守系市議）

市は入居世帯にガスのカセットこんろや食料などを提供。日本赤十字社はテレビや洗濯機などを寄贈している。それでも、被災者は甘やかされている、と言えるだろうか。「自分の家に住めない」状態は過酷そのものだ。

市は入居世帯数を二三〇〇戸と見込んでいたが、市内外から二六〇〇件以上の申し込みがあった。高齢者らの世帯を優先し、民間住宅も借り上げている。

高久町で出会った仮設住宅者の主婦は広野町から避難してきたという。「全員がそんな遊びに興じているわけでありません。うちの主人も広野町の火力発電所の下請けの仕事をしていますが、道路が混んで四〇分くらいかかります。年寄りもいますし、簡単には帰れませんよ」と話す。

また、原発避難民たちは、医療費が無料だというので、病院に患者が殺到しているという噂が流れていた。本当なのか。

「そりゃ、原発三〇キロ以内には病院が少ないからいわき市あたりの病院に行くでしょうけど、それは自然の流れであって、殺到するというのは大げさではないでしょうか。人気の病院は満杯だし、そうでない病院は暇ですしね」（地元紙記者）

しかし不埒な人はどこにでもいる。

「週に三回も『歯石を取ってくれ』というオーダーで来た婦人がいました」（いわき市の歯科医）

というツワ者がいれば、

「どこかのおぼっちゃまだと思うが、中学生くらいの子が耳掃除だけしにくる始末です」（いわき市の耳鼻科）

という話もある。

「ある被災者住宅に踊りのサークルが出来て、お年寄りが多いから社交場にもなっていて、週に一回、検診に来るのだが、ほとんど病気の治療ではないね。待合室で延々と話し込んでいます。喫茶店でやってほしいですね」（いわき市内のクリニック）

という声もある。

また、いまだに「浄水器をつければ放射能を簡単に除染できます」という営業も被災者住宅にやって来るという。

「まあ、ほとんどの人はそんなのに引っかからない。ただでさえ東電も国も信じられないのに、飛び込みのどこから来たかも分からない営業に呑まれるわけないだろう」（被災者住宅の男性）

ちょっと気が滅入ってきたので海が見たくなった。いわき市久之浜の海岸へ出る。このあたりの被害はあまり報道されていない。

爆撃にでも遭ったかのごとく、家の土台だけが残った風景が一面に広がる。二軒ほどポツンと残った家は、大男が

久之浜。津波で壊れた家

久之浜。まだ家の瓦礫が残る

久之浜の弔花

暴れたように天井が、台所が、居間が破壊されていた。

「このあたりは半分ほど、火災で家の棟が焼けたのです。まずいことに風速も七メートルくらいあり、火はあっという間に広がりました。残りは津波で持っていかれました。ここで流された人で、千葉で遺体で発見された人もいます。このあたりは土地を二メートルくらい盛り上げて、緑地公園になるそうですよ」（久之浜住民）

亡くなった人に捧げられた献花が岩壁で風に吹かれている。カモメが列をなして飛んでいく。早くも家が数軒、新しく建ち始めていた。人が作った建築物が破壊され、新しくまた建築されていく。

いつもと変わらないはずのカモメの大群。そのコントラストは、自然が、そのままの姿を維持し続けない「宿命」を描き出している。

☢「飲む、打つ、買う」は大繁盛

小名浜の漁港に赴いた。いわき市で運営している小名浜漁業協同組合の魚市場は、まだ復興をしていない。福島の海ではまだ放射能の汚染ゆえ、漁業ができない。

暇そうに魚釣りをしている男性は、漁師だった。

「まだ魚が獲れない、だけど船を遊ばせておくわけにもいかない。仕方がないから、八丈島に行ってマグロを追いかけているよ。港に船を置いておかないと保障金が出ないからね」と語り、ため息をついた。

福島県いわき市の沿岸は、県内で最もウニ漁やアワビ漁が盛んな地域として有名だ。中でもウニはホッキ貝の殻に載せて蒸し焼きにする「貝焼き」が地元の名産として知られている。

だが一二年四月、沿岸の九ヵ所でウニとアワビに含まれる放射性セシウムを調査した結果、一ヵ所だけから国が定めた食品の基準の二倍を超える一キログラム当たり二七〇ベクレルが検出された。

「残りの場所ではすべて基準を下回りましたが、風評被害を心配して漁協は今年の漁を自粛することを決めた。漁師たちは『貝焼き』に必要な貝殻を集め始めるなど早くも来年に向けて準備を始めているよ」（漁師）

福島のウニやアワビは絶品だ。味わった者ならだれでもそう思うだろう。一日も早く漁業の復活を願う。

対照的に先客万来なのが「風俗関係」だ。原発作業員や東電関係者、ならびに復興の土木作業員たちで、客が切れないという。いわき市平にあるクラブは、震災前よりも売上が増えた。

「震災前に何をしていたかが問題でなく、これからどう生きるかが問題だと思います」（キャバクラ嬢）

復興でもたつく政府よりは、夜の蝶のほうがよほどしっかりしている。

小名浜のソープ街は有名だ。

「このあたりじゃ、某チェーン店の『ボタンの入れ墨の女』が大人気で、原発作業員や復興の土木作業員らが殺到していますね」（事情通）

原発作業員の中村一郎氏（仮名・四十五）に聞くと、

「ああ、Aちゃんのことだね。週末なら二、三日前に予約しておかないと取れないぜ」

とのこと。

被災地の復興や、原発の真の収束まではまだまだ時間がかかるだろうから、夜の街の繁栄はしばらくは続くに違いない。

しかし、福島が本来の姿で立ち上がってくるのは、いつのことになるのだろうか。国の直轄で除染作業が始まったのが、一二年七月二十七日。それより先に、大飯原発は再稼働した。明らかに、順番が間違っている。フクシマの窮

小名浜漁港

小名浜漁港

いわき市内

状を理解していたら、再稼働などできないはずだ。

「福島を忘れないでほしい」と、高久町の被災者住宅の婦人は言った。

ヒロシマ、ナガサキで誓った「過ちは繰返しませぬから」の言葉を忘れて、フクシマは引き起こされた。再稼働を許したすべての人々に問いたい。フクシマを忘れて、さらなる惨劇を招き寄せようとしているのか!?

第二部

福島原発事故・超A級戦犯26人

第１章

東京電力に巣食う悪人たち

いわずとしれた伏魔殿

東京電力株式会社本店

〒100‐8560　東京都千代田区内幸町１丁目１番３号

TEL：03‐6373‐1111

勝俣恒久《かつまたつねひさ》

東京都新宿区左門町6

（1940～）

東電の天皇、かく滅びぬ

「議長解任！　議長解任！」

二〇一二年六月二十七日。東京渋谷区の代々木体育館は一万二千人の東京電力株主で埋め尽くされていた。前年の福島第一原発事故の傷跡も癒えぬまま再び株主総会の季節となったのだ。東電は事実上の国有化方針が決定した中での初めての総会だ。

冒頭からこの日の議長を務める東電の勝俣恒久会長に解任動議が出されるなど、東京電力の株主総会は大荒れ模様でスタートした。しかし解任動議など怒号の中、勝俣会長は顔色一つ変えず淡々と議事進行を進めていった。さまざまな意見が飛び出す中、東電の大株主東京都を代表して猪瀬直樹副知事がマイクを握ってこう厳しく質した。

「かつて、りそな銀行やＪＡＬは経営再建中はボーナス支給を止めていたが、東電はいかがか？」

そして別のシーンでは猪瀬は再び、今度は東電の勝俣会長にこう噛み付いた。

「勝俣会長にお聞きしたい。日本原子力発電の株主総会で、勝俣さんが六月二十九日に社外取締役に再任されると聞いている。勝俣会長はきれいさっぱり引くべきではないか。六月の原電の株主総会では再任を辞退すべきでないか」

「報酬は一〇万円で少ないが、新しく東電が生まれかわる時に、今までの勝俣さんがいるとうまくいかない。本当に東電の再生を考えるなら、勝俣さんが身を引くということが重要ではないか」

勝俣会長は、この株主総会を最後に東電会長を退くが、天下りで「日本原子力発電の非常勤取締役」に就任するという。それを猪瀬は痛烈に批判したのだ。しかし勝俣会長はここでも無言のまま、それらの意見を聞くだけ。その表情が崩れることはなかった。

勝俣前会長は一九四〇年三月生まれだから七十二歳。その高齢にもかかわらず会長としての最後の大仕事の議長職。怒濤の五時間半にわたる荒れ模様の株主総会を一つも乱れることなく乗り切った。それはまさに、電力一筋でさまざまな修羅場をくぐり抜け解決してきた、別名「カミソリ勝俣」と言われただけの気迫と気概を見せつけた五時間半だった。この「カミソリ勝俣」は別称「電力マフィアのドン」ともいわれてきた。それは原発推進、電力会社の儲けのためなら他のすべてを犠牲にしてでも驀進してしまうという冷徹な別の顔を持っていたからだ。その最たる姿、問題点をあぶりだしてみよう。

勝俣は会長を辞める前日、産経新聞（六月二十六日）でインタビューに応じて、そこで実質国有化までのプロセス、心情を吐露していた。そこで記者からこんな質問を受け、こう答えていた。

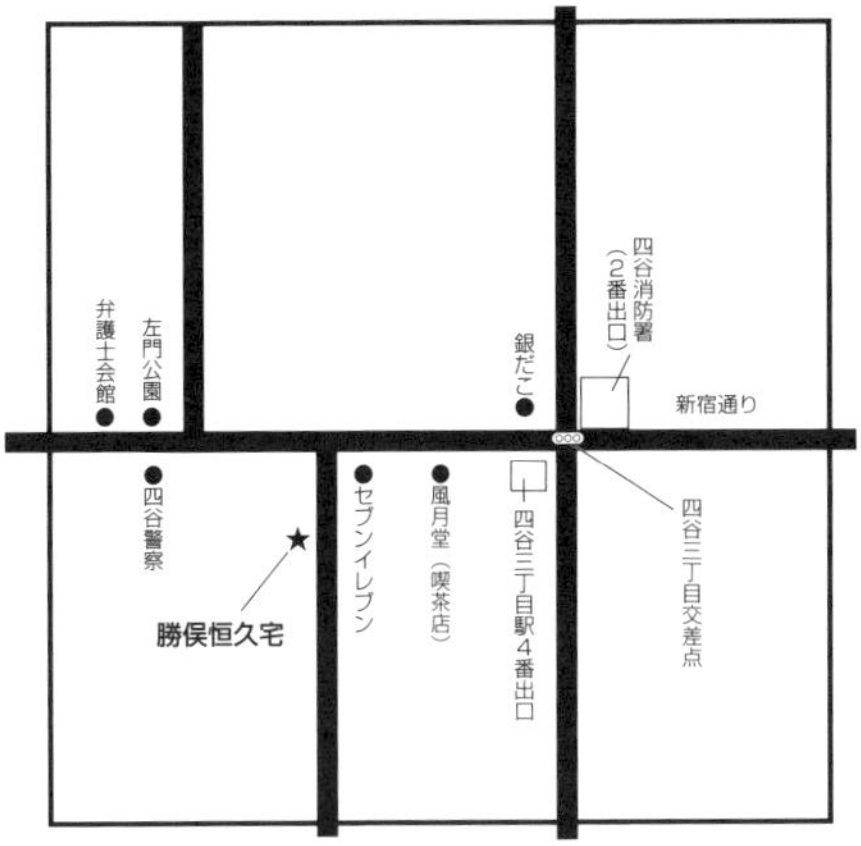

——原発事故に対する責任はどう考えるか。

勝俣「私としても会社としても、法はきちっと守って、その中でまた、地震などいろんな知見についても絶えず目を光らせながら、どうすべきかはしてきたつもりなんです。けれど、いってみればそういう設計ベース、これまでの概念を超えるような津波が起きて電源停止とかそういうことになったんですね。こういうような事象を想定しえなかったということ、そしてその影響の大きさを今突きつけられているわけです」

――高い津波が来る可能性があるという知見も出ていて、それは技術者の方は知っていた。

勝俣「そういうような情報はいろいろある中で結果論として選択できなかったことが致命的な問題となっているわけです。いろんな情報もあるし先生によってもいろんな考え方がある。それらをすべて実行に移し、設備に反映していくというのは難しい問題」

――でも想定外とはいえ、もう少しやっておけばという悔いはありますか。

「そういわれればそのとおりでして、もう少し防ぎようがあったのじゃないかという問題につながる。まあ、これは、あとで振り返って結果論としてはそういうことだと思うんです」

なんとも曖昧な受け答えをしている勝俣前会長だ。しかし、ここで大きな疑問がいくつも出てくるのだ。

そもそも勝俣前会長が〇八年に社長を辞任せざるをえなかった時のことを思い出してほしい。その前年の七月十六日、新潟県中越沖地震が発生した。マグニチュード六・八。同日柏崎刈羽原発3号機建物外の変圧器が火災。間もなく鎮火。当時の安倍晋三内閣の塩崎恭久官房長官は十六日午前記者会見して柏崎刈羽原発の3、4、7号機が自動停止したと発表、しかし放射能漏れは確認できないとした。

七月十六日夕方、急遽安倍首相が柏崎刈羽原発視察。案内した原発所長から「変圧器は火災を起こしましたが安全機能は動いています」と説明を受けたのみ。十六日深夜から十七日未明、当時の甘利明経産相が勝俣社長を経産省に呼び「安全確認できるまで運転見合わせる」と異例の指示。十七日、6号機で微量の放射能を含む水漏れがあったことが確認。しかも管理区域外だ。6号機以外の使用済み燃料プール周辺も水浸し状態。同日、新潟県が柏崎刈羽原発に立ち入り調査。安倍首相は、東電から放射性物質漏れの説明を受けてなくて、さらに報告が遅いと不快感を表明。その後、柏崎刈羽原発のトラブルは消火用の水を送る配管が損傷しており、これが変圧器火災の消火の遅れにつながったことが判明。1から5号機ではダクトのずれ、ボルトの折れ、油もれなど五十ヵ所にのぼった。

七月十八日、柏崎市が原発の緊急使用停止命令。

海外メディアが放射能を含む水が海水に流れ出た恐れを報道。その後の調べで柏崎刈羽原発1から7号機では、想定していた二から三倍の揺れがあったことが分かった。また新潟県の要請でIAEAの調査を受け入れた。当時の甘利経産相は、柏崎刈羽原発沖の断層の一部を過小評価していて国の対応にも問題があったとした。

「当時東電は四本の断層を確認した。そのうちの一本が被害を拡大した。それを東電は過小評価して、十分な耐震設計がなされていなかったことを認めた。その当時のトップであった勝俣は連日、国や地元への対応に追われ最終的には、この時の責任を取って辞任した」（自民党関係者）

一方で、こうした中越沖地震と柏崎刈羽原発のトラブルを受けて〇七年七月二十四日、今日の福島第一原発の事故を想定、その対策を取るように要望した文書が当時の勝俣社長に提出されていた。この文書の主は当時の日本共産党福島委員会と県議団、それに市民団体などが出したものだ。

その申し入れのタイトルは「福島原発十基の耐震性の総点検などを求める申し入れ」。次のような内容だ。

東電柏崎刈羽原発の中越沖地震の対応は福島県民に大きな衝撃をもたらしたばかりか、多くの国民に疑問と不安をもたらしている。東電がこれまでどんな地震にも大丈夫という趣旨の主張を繰り返してきたことと裏腹に、消火活動ができなかったり、放射能を含む水が海に流出したり、放射性物質が三日間も主排気筒から放出されたり、原子炉建屋などの地震の波形データが大量に失われている。

そもそも一九九五年に阪神淡路大震災をもたらした兵庫県南部地震の岩盤上の地震動の記録は日本の原発の中で最も大きい地震に備えるとされる中部電力浜岡原発の設計値を越えていた。このことは一九八一年に原子力安全委員会が決定した原発の耐震指針の基礎が崩壊したことを示したものであった。（中略）

今回発生の中越沖地震で柏崎刈羽原発を襲った揺れは設計時の想定を最大三・六倍と大きく上回った。これまで兵庫県南部地震の事実を突きつけられても原発の耐震性は大丈夫としてきた政府と電力会社の説明は完全に覆されていることを率直に認め以下の対応を早急に取るよう求める。

そして五つの対応が記されていた。中でも注目すべきは第四だ。こう記されていた。

福島原発はチリ級津波が発生した際には機器冷却海水の取水ができなくなることが、すでに明らかになっている。これは原子炉が停止されても炉心に蓄積された核分裂生成物質による崩壊熱を除去する必要があり、この機器冷却系が働かなければ最悪の場合、冷却材喪失による苛酷事故に至る危険がある。そのため私たちは、その対策を講じるように求めてきたが、東電はこれを拒否してきた。

柏崎刈羽原発での深刻な事態から真摯に教訓を引き出し、津波による引き潮時の冷却水取水問題に抜本的対策をとるように強く求める。

これらの要望が受け入れられることはなかったことは、のちに福島原発事故が発生したことでも分かるであろう。かくして勝俣は柏崎刈羽原発の地震トラブルの責任を取って〇八年に社長を辞任したが、そのまま代表権を保持したまま会長となり、東電を牛耳ってきたのだ。しかもさまざまな危急の改善要望には少しも耳を貸さずに、だ。

それだけではない。アメリカ合衆国原子力規制委員会は、福島原発1から5号機と同じ米国ゼネラル・エレクトリック社の沸騰水型「マーク1」型で、原発事故のシミュレーションを行っていたという。その結果は停電の場合どうなったか。停電五時間で燃料が露出。五時間半で水素発生。六時間でメルトダウン開始。八時間半で格納容器損壊という結果だった。当然、これらの情報は日本の原子力安全委員会、電力会社にも伝えられていたはず。電源喪失がいかに恐ろしい事態になるか。しかも大津波で冷却水の取水もままならないというデータもあった。東電幹部らは、こうした不安や懸念の要望をことごとく無視、対策を怠ってきた。その結果としての福島原発事故だ。これでは人災と指摘されてもやむをえまい。

しかし、福島原発事故後、勝俣が真っ先に考えたことは何か。なんとしてでも事実上の国有化を避けたかったため「不可避の天災事故」とする免責条項の適用だった。免責条項は一九六一年に作られた原子力損害賠償法の第三条に記されている。

「その損害が異常に巨大な天災地変または社会的な動乱によって生じたものである時は、この（無限責任）限りではない」。つまり、原発事故の賠償については原子力損害賠償法では電力会社に無限責任を課している。だが、その賠償をしないで済むケースは天災地変とテロやクーデターなどの特別のケースだ。勝俣は今回の事故は「天災地変」である大地震のせいだから、被災者については免責されるのではないかと考えたらしい。

しかし、これまでの経緯で見てきたように、東電は各方面から指摘されていた巨大堤防の設置、電源の確保、大震災時の冷却水の確保などについて、ほとんど対策を講じてこなかったのだから、万が一、免責条項を持ち出したなら ば訴訟が起こされることは必至だった。勝俣は先ほどの産経新聞のインタビューで、この部分についてこう答えている。

勝俣「最初にあったのは（原子力損害賠償法）三条但し書きでなぜ訴訟しないんだという問題です。私もそこの問題を弁護士に一番真っ先に尋ねた。弁護士の答えは勝てる可能性は大いにあるということではあったんです。だがやる時は被災者と裁判をすることになる。被災者が十万人いらしたら、十万人が訴訟を起こしてきて、それを受けて裁判になる。その間、賠償も実施されない。あるいは裁判が長引く。こんなことが耐えられるかという話だと思うんです。その間、世の中の味方というのはこちらにはない。被災者も厳しい状況になる。その前に（東電が）資金繰りがもう駄目になってしまう可能性が多分にある。ある意味で原賠法がきちっとしていなかったということが三条但し書きを主張することに踏み切れなかった最大の理由です。もし免責を主張していたら裁判中に会社がつぶれるという前代未聞の話になるかもしれないということを言っていた」

この勝俣の言葉の中には「人災」という感覚がスッポリ抜け落ちている。そして、もし原賠法が少しでも会社に有利なら訴訟を起こしていたということだろうか。被災者の痛みをどう思っているのだろうか。いずれにしても結果としては三条但し書きの適用に動かなかった。いや動けなかったのだ。それだけではない。勝俣は国有化が迫ることに最後まで抵抗に抵抗を重ねた。

「福島の原発を廃炉、賠償する清算会社、つまり負の部分は原子力損害賠償支援機構が出資する清算会社に移し、東電は従来どおり涼しい顔して通常の営業を続けていこうということを勝俣は画策した。これを知った仙谷政調会長代行、枝野経産相、支援機構から猛反発を喰らった。そして勝俣構想は潰され、さらに勝俣が最後に死守しようとした西澤社長続投論も絶たれた」（経産省関係者）

いずれにしても勝俣がいかに被災した人間を見ていなくて会社の存続だけに目が向いていたかという、もう一つの証拠だけを記しておこう。信じがたいコメントだ。これもやはり、先ほどの産経新聞のインタビューだ。

――福島には行かないのですか（事故以来一度も福島に行っていない）。

勝俣「確かに福島県のみなさんにはおわびを申し上げる機会を逸していることはある。これは大変申し訳ないが、それは執行の統括責任者の社長以下にお願いして、私自身はむしろここにいたる会社の方向性をどうするかということに専念していた。誠に申し訳ないが、そんなことになった。（退任後に福島を訪れる）そこのところは考えてません。新執行部が行く話になりますんで。むしろ余計なことは（しないほうがいい）ということかもしれません」

勝俣さん、お孫さんの将来を考えましょうよ。

勝俣恒久突撃インタビュー

丸の内線四谷三丁目駅から外苑東通りを南に下って、四谷警察署の手前にあるセブンイレブンの角から路地を東に入る。東和警備保障という警備会社の隣りに、高い塀に囲まれた要塞のような建物がある。勝俣元東電会長の自宅は、一国の大使館のように堅牢だ。

監視カメラが玄関前を見張っており、門扉の上方に貼られたSECOMの赤いシールが輝いている。背が高くて頑丈そうな壁は道路沿いから少し奥まっていて、普通の乗用車なら四台くらいは駐車できるようなタイル敷きの空白スペースがある。敷地の縁石ギリギリのところに赤いコーンを置き、その間に架けられた黄と黒のシマシマ虎柄バーには、「関係者以外立入禁止」という警告の張り紙が吊るされている。それ以外は何もないガランとしたブランクスペースなのだ。貧乏人では到底考えられない大胆かつ豪勢な土地利用法は、エリート企業戦士ならではの空間演出だ。

福島の原発事故からつい先日までの間、たかが一企業の会長宅にもかかわらずそのガランとした敷地内には、出張ポリスボックスが設置され、若い警官が常駐していた。通常このような待遇を受けるのは大臣クラスの政治家である。これまでにも何度か勝俣邸前には行ったことがあったが、毎度警察に邪魔されて勝俣に会うことができなかった。二〇一一年十二月二十四日には、クリスマスプレゼントとして福島の瓦礫を届けるために勝俣邸に行った。その際は到着した瞬間に常駐している門番に職質され、ものの五分で四谷警察署から二十人の警官が応援で召集された。プレゼントを渡すことはあきらめた。インターホンのボタンを押すことすらも許されないほど、がんじがらめに警戒されていた。

一二年七月二十九日、日曜の早朝七時。勝俣邸前に到着したら、ポリスボックスがなくなっていた。訪れるのは二ヵ月ぶりくらいだったので知らなかったが、おそらく先月二十九日の株主総会での勝俣会長引退を機に撤去されたのだろう。外苑東通り沿いのセブンイレブンの路地側に向いた花壇のすみに腰掛けて待機する。勝俣邸からの人の出入りが見渡せるのでちょうどいい。近辺では犬の散歩をする老人が散見される。チワワ、トイプードル、パグなどの小型犬が多くてアーバンライフの愛玩動物事情が透けて見える。

腰かけてぼーっとしていると、十五〜三十分に一回、制服警官が勝俣邸の前に見回りに行く。あいにく、座っていた場所からは死角でよく見えなかったのだが、毎回何か金属の蓋を開けるような音が聞こえた。あとで確認したら電気制御盤のようなものを開けて定期点検している様子だった。警官が目の前を通り過ぎる時に、手に持っていた点検用紙のようなものが風でめくれて見えたのだが、飲食店なんかによくあるトイレ掃除チェックシートのような表。点検した人間の苗字が朱で押印されてた。なんにしても、私的なセキュリティーは公費のかかる警察機構ではなく、すぐ隣りの警備会社に自腹で依頼するのが筋ってもんだと思う。

しばらくすると四谷三丁目の名物ババアにからまれた。六十歳代くらいでライトブラウンの髪をツインテールの三つ編みにして、サマンサタバサのショルダーバッグと、なぜか浜崎あゆみのＡロゴが入ったかばんを持っており、腹話術人形のような顔をしている。そんなところに座って何をしてるんだと聞かれるから、とりあえず「友達を待ってる」と答えた。話を聞くと、毎朝四谷警察署に通勤する警官にあいさつするため立っているらしい。ぱっと見では警官とは分からない私服で通勤する警官に「おはよー、きょう泊まりでしょー、定年まで異動しないでねー、暑いから無理しないでねー」と声をかけているのだ。いちいち照れ笑いを浮かべる警官がかわいい。

外苑東通りを走り抜ける機動隊車両に向かって四谷ババアが手を振り始めた。車内の機動隊員が手を振って応じるものだから、一緒になって手を振って遊んだ。ここ最近デモやら首相官邸前抗議なんかに行くと、慣れない大型デモ警備で緊張してピリピリしてる上に、上司からの命令か何かであいさつすら無視する警官に会うことが多かったので、こういう人間臭い交流があると心が和む。

陽が昇って直射日光がまぶしいと四谷ババアはサングラスをかけた。私もかけた。いちいち通行人全員に声をかける四谷ババアには面倒臭いを通り越して敬意すら抱く。チビッ子が通れば「可愛いねー」、携帯見ながら自転車に乗る人が通れば「危ねえだろー、ケガするぞー」、犬が通れば「まー、連れて帰りたいわー」、太った女が通れば「ちょっとやせたほうがいいわよー」。お節介もいい加減にしなさいと言いたくなるが、こういう声掛けをしていける社会というのは悪いもんじゃないと思う。

四谷ババアとしゃべっていたお蔭か知らないが、定期見回りのお巡りさんからも特段怪しまれることもなく、張り込みが続けられた。いつも待機時間の暇つぶしに困っていたから非常に助かった。かれこれ一時間半も話し込んでいたら、いつのまにやら四谷ババアはいなくなっていた。

九時過ぎになって、帽子をかぶった五歳くらいの男の子が、キックボードに乗って目の前を横切った。四谷ババアの真似をして「お、上手だねー」なんて声をかけてみる。こちらの顔というかサングラスを覗き込んできょとんとした顔をして立ち止まり、また走り出した。付き添いのおじいさんが少し遅れて少年を追いかける。老人と孫。

少年とおじいさんが仲良く通り過ぎていく後ろ姿を眺めていたら、勝俣邸の中からおばあさんが出てきて、ヘルメット片手にさっきの少年に駆け寄る。そしてヘルメットを少年の頭にかぶらせた。

「!?」

おばあさんは少年が元々かぶっていた帽子を頭に乗せて、ヒョコヒョコと軽快に歩きながら勝俣邸の中に戻っていく。ということは、さっきのおじいさんが勝俣なのか？　おじいさんはベージュのハット、白いポロシャツ、灰色のスラックスという、老人会のゲートボールみたいな格好をしていたのでまったく気がつかなかった。ダボダボしたスラックスの下でお尻がぽってり垂れていて背中も丸い。記者会見なんかでのイメージだと、シャッキリピッシリと引き締まったシャープな印象だったので確信に欠ける。まあ七十二歳なら妥当な風貌か。なんだかんだと回想を巡らせていたら、二人の後ろ姿が芥子粒くらいにはるか遠くの角を曲がって見えなくなってしまった。あわてて追いかける。うしろから早足で近寄る。背後から見る老人と少年は、日曜日の穏やかさの象徴と呼びたいほどに微笑ましい。老人は車が通る際には安全を確保するために少年の肩に手を添える。二〇メートルくらいの距離まで追いついたら、老人は少年の脱げた靴を履かせようとしゃがみこんだ。隣りに並んで追い抜く瞬間に老人の顔を覗き込もうとするが、帽子のツバがさえぎって人相が確認できない。コメカミに浮かんでいる濃褐色のシミが人生の年輪をうかがわせる。少し行き過ぎてから振り向いて声をかけてみる。

「勝俣さんですね？」

老人は黙ったままこちらを見上げた。記者会見の鋭い眼光とは違う、まん丸のキラッキラした目がこちらを見つめている。

「はい、おたくさんはどなた？」

別人だったらどうしようかと思ったが、勝俣恒久本人だった。きょとんとした顔をしている。あまり警戒したり動

揺したりする素振りはない。可愛いお孫さんと一緒にいるので大変やりづらい。サングラスをはずして遠慮気味に話しかけた。

「Hと申します。きょうはお渡ししたいものがあってまいりました」

そう言ってかばんからあるものを取り出した。突然接近してきたチンピラみたいな男が、懐から何か取り出す瞬間なんて、なかなか得体が知れなくておっかないだろうに、勝俣は物怖じせずに待っている。

「このチラシなんです。お時間が合えばぜひともいらしてください。たくさんのいろいろな人たちの想いが込められていますよ」

手渡したのは首都圏反原発連合（※）が主催する「7・29脱原発国会大包囲」のチラシだ。この日の昼過ぎに日比谷公園を出発して、東京電力本店前を通り、夕方に国会議事堂を包囲して霞ヶ関に脱原発のメッセージを届けることを目的としたデモの案内が書かれている。続けて話す。

「一度ご自身の目と耳で国民の生の声を確認してみていただけませんか」

「私はもう東電の人間ではないし、一線を退いたから関係ありませんよ」

何をおっしゃるうさぎさん。東電を引退したあとの天下り先は日本原電（日本原子力発電株式会社）ではないか。社外取締役だろうと老人だろうと業界に籍を置いてるんだから十分に現役じゃないか。

「あなたの会社の発電所が起こした事故で大量の放射能がばら

まかれ、今この時もたくさんの人たちに多大な影響を与えているじゃないですか。何も責任は感じないんですか？　辞めたら無関係ですか？」

勝俣はけむたそうに顔をしかめて、孫の背中を押して足早に歩き始めた。質問に対する回答はない。ぶらさがり取材よろしく逃げ去ろうとする勝俣にへばりついて話しかける。

「きょうの昼過ぎに、暑い中たくさんの人が集まるんですよ。それこそお孫さんくらいの年齢の子どもを連れてこられる若いお母さんなんかもいっぱいいるんですよ。可愛いお孫さんの未来に危険な原発を残すのが勝俣さんの誇りですか？　いいからデモに遊びにきてくださいよ。原発やめましょうよ。ねー、勝俣さんお願いしますよ」

むずむずした顔の勝俣は少し間をおいて答える。

「そういうことは政府に言ってください」

「毎週金曜に官邸前で抗議活動やってますよ、それくらいご存知でしょ？　勝俣さんは電力業界に影響力持ってるんじゃないですか？」

「私は引退してるから影響力なんてないよ」

こんな応酬をしている間にもキックボードの少年は、おじいちゃんに向かって何か話しかけている。地球上の生物を代表して罵詈雑言の一つも勝俣には浴びせたいところではあるが、少年の日曜散歩の楽しみをこれ以上侵害したくないので最後にお願いごとを一つした。

「差し上げたチラシにはたくさんの人々の祈りがつまっていま

す。一部始終見逃さずに目を通していただけませんか。興味があったら現場に来てください」

「はい、ちゃんと全部読ませてもらいます」

「日曜の早朝に失礼しました。では国会議事堂でお会いしましょう。さようなら」

ずいぶん南に向かって歩いてきていたみたいだ。老人と孫は自宅の方向に向かって歩いていった。私は悪名高き東電病院を横目に、信濃町駅から電車に乗って帰った。


（※）首都圏反原発連合（通称・反原連）は脱原発・反原発デモを主催するグループや個人が力を合わせるべく二〇一一年九月に立ち上げたネットワーク。ツイッターなどのSNSを通じて広く告知し、お年寄りから子どもまでだれでも参加できるデモを開催してきた。二〇一二年四月からは毎週金曜日の首相官邸前抗議を継続的に主催している。野田首相が福井県にある関西電力の大飯原発再稼働を発表した二〇一二年六月十六日以降、金曜日の抗議活動は多くの国民の行き場のない怒りの受け皿となり、急激な盛り上がりをみせて爆発的に参加者が増えた。ふくれ上がる参加者のエネルギーに圧倒されて、それまでほとんど沈黙状態だったテレビや新聞などの大手マスコミ各社が重い腰を上げて脱原発・反原発運動の積極的な報道を開始するようになったと述べても過言ではない。二〇一二年八月現在、最も認知度の高い市民運動の一つに数えられる。

清水正孝《しみずまさたか》 (1944～)

東京都港区赤坂4-14-14　パークコート赤坂　ザ　タワー

肝心な時に雲隠れでも、ちゃっかり天下りで悠々生活

福島第一原発事故当時の東電の社長が、清水正孝。本来であれば、今は監獄にあって裁きを受ける立場であるはずだ。関越自動車道で七人が死亡した高速ツアーバス事故（二〇一二年四月）で、運行会社「陸援隊」の社長は道路運送法違反容疑で逮捕された。それとは比較にならないほどの事故を引き起こした東電の社長である清水が、逮捕されていない。

よく、福島原発事故で死亡した人はいない、といわれる。それはウソだ。福島第一原発から五キロにあった双葉病院は、津波の被害を逃れたにもかかわらず、原発事故によって避難を余儀なくされ、その過程で寝たきりだった老人など五十人が死亡している。

福島原発がまき散らした放射能は、近隣の農家や酪農家を襲った。「原発で手足ちぎられ酪農家」という辞世の言葉を残して、酪農家が自殺した。故郷を奪われ「私はお墓にひなんします」という辞世の言葉を残して自殺した高齢の女性もいた。

そして、低線量被曝の蓄積による人体への影響は、数年後、数十年後に現れる。成長期の子どもたちを中心に、数十万人が病に苦しむことになる。

これだけの事態を引き起こしながら、清水はなんの咎も受けていない。社長を辞任したあとは東電の社友となり、富士石油の社外取締役に天下りしている。赤坂の一等地にたたずむ二億円はするという高級マンションで、悠々と暮らしている。

清水正孝は一九四四年六月に横浜市で生まれた。

「父親も東電の社員です。大学は慶應義塾大学経済学部に進みましたが、学生時代は家庭教師のアルバイトに明け暮れていて、学生運動には参加していません。ちょっと風来坊みたいなところもあり、学生時代に全国を貧乏旅行しています」（慶応大学ＯＢ）

普段の講義やゼミも、福祉政策とか公益事業といった分野に関心があった育ちのいい青年。それがどうして「原発事故を呼び込む悪魔」へと〝変節〟していったのだろうか。

清水正孝は、二〇〇七年七月に発生した新潟県中越沖地震で被災した柏崎刈羽原子力発電所の事故隠蔽で引責辞任した勝俣恒久社長の後任として、皷《つづみ》紀男副社長と社長ポストを争い勝利した。これには、「清水の妻が勝俣会長の娘だったから」と見るむきが多いが、内実は少し違う。

「それまで東電の社長といえば、コワモテで、強引に周囲を説得するタイプが多かったのですが、政財界に強いパイプを持つ外交的な清水を社長に据えることで、愛される東電を目指したのです」（経済雑誌記者）

一九六八年に、東京電力に入社した清水が、最初に配属されたのは池袋支社だった。品川支社を経て千葉支店柏営業所へ。「検針、集金、お客様窓口対応、工事手配、資材の仕入れなどに強い印象が残りました。顧客があって、初めて成り立つのが東電の仕事なのだと」と当時、本人が語っている。

「とても現場が好きな人でしたね。工事現場には、よく現地調査に赴いていました。品川支社時代に街路灯の設置場所や本数が社内図面と不一致だった際には地元の町内会長と共に一本ずつ歩いて確認していったこともあります」（電気工事技術者）

検針・集金などの仕事を四年間担当後、横浜火力発電所に配属された。原子力発電所にも勤務しＥＣＣＳ（非常用炉心冷却装置）の作動試験立会いの仕事に参加し、テクニカルな「原子力運転」の研究を重ねる。

「清水が変節したとすれば一九七二年、本店の資材部配給課に異動し、資材畑のキャリアが始まったころからでしょうね」（元東電社員）

当時は芝浦、千住、越中島にあった配給所のほか、各支店、営業所にも資材倉庫が点在していたので、期末の棚卸の際には現地に出向いて変圧器や電線の管理状況も確認した。当時先輩から叩き込まれたのは「取引先企業は、電気事業の設備や業務を共に支えるパートナーであって発注者論理だけを押し出して応対してはならない」という戒めであった

また資材部門に十五年在籍した経験として「およそ資材取引の姿勢を見れば、その企業の健全性や公正性を読み取ることができる」と語るなど、社内では一目置かれていた。

順調に大理石の階段を駆け上がる清水。一九八三年には、福島第二原子力発電所の総務担当として赴任する。

「五年間、総務を担当していました。とりわけ、資材調達には、独自の目利きでいい仕事をしていました。原発そのものへの関心はあまりなかったように思います」（事情通）

一九八八年、「スーパーネットワークユー」に出向する。まったく別分野の仕事にカルチャーショックの連続であった。一九九五年、資材部長に就任する。これこそ利権が集中するポストで、「接待漬け」となった。

「このころから、電気工事業者の接待を受けて、清水の感覚が狂っていきます。まるで殿様のごとく、周囲を動かすリーダーとなりました。分岐点があるとすれば、ここでしょうね」（元東電社員）

取締役副社長就任後は企画・広報を担当した。〇四年、常務取締役に就任し、関連事業部と資材部を担当。常務就

任後のインタビューでは「グループ全体でのコストダウンの推進や生産性の向上については、これからが本番だと思います」と話をしていた。

二〇〇八年に鼓と争い、見事に社長に就任したが、柏崎の原発について、地震後運転再開のめどが立たないままの人事には、批判が殺到した。

「柏崎の事故隠蔽にはかなり批判が集まっていたので、前年から続けている役員報酬一〇～二〇％カットは継続しています。また東通原子力発電所の計画を引き続き推進した罪も重いと言えるでしょう」（エネルギー団体職員）

社長交代を発表する記者会見で、勝俣恒久は言った。

「清水を後任に選んだのは馬力があるから。脚に重りを付けて歩き回っている」

実際に清水は、筋肉を鍛えるために、脚に一キロの重りを付けていたのだという。

社長就任のインタビューでは、「三現主義」の考えを語っている。「現場で、現物を、現実的に見る」ことからすべてが始まる、というのだ。

周知のとおり、「御父様」である勝俣会長の庇護下、経団連をはじめとする財界との外交にうつつを抜かすことになったこの御仁は、どちらかというと東電内部の管理よりも財界とのパイプ作りに長けていた。

震災の二日前の三月九日、経団連と四国経済連合会との定例の会合となっている「四国地域経済懇談会」が香川県の高松市で予定されており、同会の副会長である清水は同会長の米倉弘昌住友化学会長や副会長の渡文明ＪＸホールディングス相談役ら十二人とともに四国・高松に出張した。

「清水は、高松で同行者たちと別れて単独行動で別の場所に行きました。関西での別会合があったと東電では発表していますが、どこのだれと会っていたのかは判明していなかったのです」（東電元社員）

どこにいたのかを暴いたのは毎日新聞だった。高松で経団連の面々と別れたのちに清水は、妻と秘書を連れて三人で奈良ホテルにチェックインしている。

奈良ホテルは、「関西の迎賓館」と呼ばれる、一九〇九（明治四十二）年創業の和風高級ホテルであり、奈良公園の一角にたたずむ。木曜と金曜の二日間、奈良に観光旅行としゃれ込んでいたのである。

清水は運命の三月十一日、午前中は奈良市内を観光、午後は東大寺のお水取り「修二会」の見物に興じるはずだった。

午後二時四十六分、震災が発生してあわてた清水は、「修二会」の見物を中止、ホテルが用意したタクシーに乗り込んで奈良を出た。この時、福島第一原発には、津波が大挙しており、すべての電源を喪失しようとしていたのである。

地震発生と同時に、東海道新幹線は運転を見合わせた。空港は成田も羽田も閉鎖された。ヘリコプターで東京に向かうことを考えた清水が名古屋空港に着いたのは、午後七時過ぎだった。そこには、送電線の監視のために東京電力と中部電力が共同出資した新日本ヘリコプターの十四機があった。だがどれも、昼間のパトロールが主業務で、夜間飛行に必要な装備も許可も得ていなかった。

名古屋空港は航空自衛隊小牧基地と滑走路を共有している。清水は、自衛隊機に乗せてもらうことを考えた。連絡を受けた東電本店が経産省の原子力安全・保安院に事情を説明。経産省から防衛省に清水を輸送機に乗せることを要請した。

清水は「ハーキュリーズ」と呼ばれる四発プロペラのＣ‐１３０に乗り込み、午後十一時三〇分、小牧から飛び立った。しかし、この報告を受けた北澤俊美防衛相は、「まず被災者の救助を最優先にしてくれ」と告げ、清水の輸送の必要を認めなかった。Ｃ‐１３０は小牧にＵターンした。清水は名古屋で一夜を過ごし、翌朝ヘリコプターで東京に入った。

自衛隊に対して原子力災害派遣命令を出していたにも関わらず北澤防衛相は、清水社長を東京に運ぶ意味を理解していなかった。しかしあとから清水の行動を振り返ってみれば、この時に清水がどこにいようが、事態には大きな変化はなかった。北澤防衛相は判断ミスを問われることはなかった。

１号機、３号機が爆発したあとの十四日、東電が現場を撤退しようとしている、との情報が官邸に入った。のちに「全面撤退」か「一部を残して撤退」だったのかと問題になる事案だ。

清水は官邸に呼ばれ、菅総理と向き合った。

のちの、菅への朝日新聞のインタビューによれば、やり取りは次のようだった。

「清水社長、撤退なんてありえませんよ」と菅が言うと、「はい」とだけ答えて、清水はもじもじしているだけだった。撤退するのかしないのか、これでははっきりしないと感じた菅が、東電に細野補佐官を常駐させる対策本部を作ることを命じたのだ。

清水はその後、一人言を言うようになり、十六日には倒れ、二十一日まで社内で横になっていた。一時復帰したが、二十九日には入院してしまった。馬力があるから社長になったのではなかったか。

四月二日、東電の広報は、入院中の清水正孝社長について発表した。

「高血圧やめまいの症状が続いており、退院や職務復帰のめどなどは立っていない」

その後、東電の陣頭指揮は勝俣恒久会長が当たった。

三月二十九日、ワシントンポストは「責任者が雲隠れ」と報じた。

復帰した清水は、四月十一日、事故発生後初めて福島県を訪れた。驚くべきことが起こる。佐藤雄平福島県知事とは、連絡の不徹底で面会ができなかった。

「佐藤知事の近くにいたが、『もう二度と会いたくない』と憤っていた。本来であれば、何時間でも待たなくてはいけないのに、清水は『おれの日程に合わせろ』というトーンで来ていました」（地方紙記者）

四月十八日午後の参議院予算委員会で、大門実紀史議員（共産党）の質問に対して「一四〜一五メートルという今回の津波の大きさは想定ができなかった。残念ながら、そのような意味での想定は甘かったと言わざるをえない」と語り、事前の想定が不可能であったと主張して世間のブーイングを浴びる。清水を代表とする東京電力は、民事裁判において「対応できるような対策を講じる義務があったとまでは言えない」と言い張った。

五月二十日、清水は原発事故の責任を取り、六月二十八日付で代表取締役社長を退任、取締役を退き顧問（無報酬）に就任した。後任社長には常務の西澤俊夫が昇格した。

「これ以降、清水は二〇一二年六月に行われる国会事故調まで雲隠れするのです。東電病院や、四国の親戚、慶応病院や順天堂病院などを転々としていたとされていますが、定かではありません。ずっと赤坂の高級マンションにこもっていたとも言われています」（週刊誌記者）

赤坂の一等地にそびえる高級マンション「パークコート赤坂 ザ タワー」。地上四十三階、地下二階。三井不動産住宅サービスが管理する。

「最低でも二億円します。駐車場にはポーター、半年分の食糧が備蓄された防災センター、買い物を手配したり、面倒を見てくれるコンシュエルジュが二十四時間稼働して、ゲストルームやバーラウンジまで備えてある高級マンションです。食糧や生活用品を手配してくれるので、こもろうと思えば、何ヵ月もここで暮らせますよ」（元住民）

出かける時は、地下駐車場からそのまま車で出られる。人目を避けて暮らすには、最適の場所だ。清水は入院中に、ローンの残高を一括繰り上げ返済している。神奈川県の実家はとっくに売却している。

二〇一二年六月八日、清水はほぼ一年ぶりに、公の場に姿を見せた。国会の原発事故調査委員会に現れたのである。

冒頭、「全国のみなさまに原発事故で放射能を放出する事態を巻き起こし、まことに申し訳ありません」と深く頭を下げた。

顔は能面のようで表情が読めない。消化試合とでも思っているのか。語り口調は淡々としている。

質問に、清水は答えた。

「原子炉を冷やすことが最優先だと考えていた。（廃炉につながる）海水注入をためらってはいない」

「官邸に詰めていた武黒（一郎）から国の了解がないままに進めることはいかがかと連絡が来た。それ（一時中断）を是認した」

ほぼ三時間、ぶっ通しで行われた事故調の聴取で、清水はやや疲れ気味で言う。

「全員撤退は念頭にない。注水やベントに現場は立ち向かっていた。当時、現場には七〇〇人ほどいた。女性や事務の人もいたので、全員がいる必要はないという認識だった」

「最悪のシナリオの考えもあったが、全員撤退ということはない」

と「全員撤退」を何度も否定した。さらに、当時官房長官であった枝野幸男が事故調で「全員撤退の申し出を受けた」と証言したことについて聞かれると、

「どうも記憶がよみがえってこない」

と話し、肝心なところは記憶を失う。

「菅首相が東電に来られ、『撤退すれば、東電は一〇〇％つぶれる』『六十（歳）を超した幹部は現地へ行って死んでもいい』と。（首相の言動を見て）発電所で死力を尽くしている社員が打ちのめされた印象だ」

と、他人の批判になると記憶が鮮明になるのだから、驚かされる。

「三現主義」は、どこに行ったのだ。清水よ！　あなたが福島原発の現場に行って、指揮を執るべきではなかったのか⁉

黒川清委員長は、呆れ顔で言った。

「東電という会社は、現場は頑張っているのに上に行けば行くほどだらしがない。情けがないことです」

清水の表情は変わらない。こうした侮蔑さえも、何度も乗り越えてきたのだろう。清水は、裏口から来て、裏口から車で逃げるようにして去っていった。

清水は、六月二十七日の東電の株主総会でも、形だけの陳謝を行い、罵声を浴びた。

「あれはだれだ、という感じでした。まったく印象に残っていません。見事に親戚の勝俣会長が逃がしたというイメージです」（出席した株主）

そして清水は六月二十五日、富士石油の社外取締役に就任した。天下りである。富士石油の親会社である「ＡＯＣホールディングス」の、東電は八・七％所有する筆頭株主である。

ＡＯＣ広報に聞くと、「清水は社外取締役なので、出勤はしません」とのこと。それで報酬は、月額二十万円だという。仕事をしないとしても、月額二十万円というのは東電社長の天下りとしては、あまりにも低い金額だ。福島原発事故後の肝心な時に役立たずとなった罰だとでも言うのだろうか。

被災者たちが仮設住宅で不自由な生活をしているのをよそに、清水は東電の企業年金も受け取り、高級マンションで何不自由ない生活をしている。清水は本来、刑事罰を受けるべき人間なのだ。東電の常識と社会の常識は、あまりにもかけ離れている。

西澤俊夫《にしざわとしお》

（1951〜）

東京都大田区東雪谷5‐31‐1　パークハイム東雪谷101号

値上げを権利と勘違いした勝俣のポチ

「西澤が社長に就任した時、だれもが驚いた。副社長を飛び越して常務からいきなり社長に抜擢されたからだ。で、その後、いろいろ事情が分かるにつれ、勝俣体制を維持するために社長はだれでもよかった。つまり勝俣が扱いやすい人物が社長ということになったのだなと得心した」と東電関係者。

ここでいう「勝俣」とはほかでもない勝俣恒久前会長だ。東電執行部は従来、政界と太いパイプを持った総務畑が主流だった。だが、ここ十年ほどは、霞ヶ関にも政界にも両面に強い企画部が主流を占めるようになった。勝俣も西澤も企画部出身だ。つまり勝俣の弟子で動かしやすい西澤を社長に据えたということだ。

震災当時、清水正孝東電社長は「出張」と称して妻と観光旅行に行っていた。そのため東電の原発事故対応は後手後手にまわった。それらが複合的に重なり社長の責任を問う声が強くなった。加えて前代未聞のこの事故に清水は心身ともに疲弊しすぎてしまった。そこで清水に代わる社長人事が急浮上したのだ。

「当初、読売新聞がスクープとして清水の後任として築舘《ちくだて》勝利常任監査役の社長就任を報じた。だが、これは結果として大誤報になった。しかし、これは誤報ではなく東電内部では実際あった話だったという。最終的に、政府、当時の菅首相周辺、東電内部からも反対の声が挙がり、結局幻の社長人事となった」（霞ヶ関担当記者）

なぜ幻となったのか？

東電では二〇〇二年に二度、大規模な「データ改ざん・隠蔽事件」が発覚している。

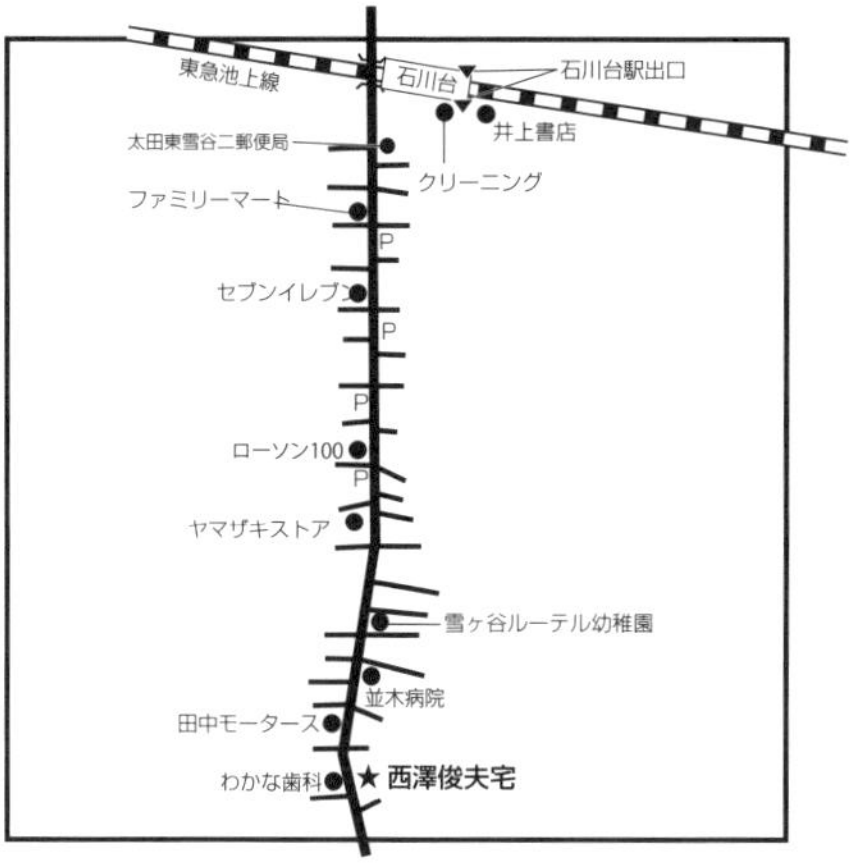

一度目は、福島第一・第二、柏崎刈羽原発の計十三基の点検作業を行ったGE（ゼネラル・エレクトリック）社の技術者が点検産業を行った結果をふまえ、東電データに改ざん不正があると内部告発したもの。沸騰型原子炉にひび割れ六つだったのが改ざんされ三つとなっていた。原子炉内に忘れていたレンチが炉心隔壁の交換時に出てきたが、それも伏せられていた。

「東電は最初は、この問題を徹底して隠そうとした。だが、とうとう隠し切れず社内でも内部調査を開始、しぶしぶ隠蔽を認めた。この当時、常務だったのが築舘。彼は緊急記者会見を行い、『なお未修理のものが現存するが、安全上問題ないことを確認した』と強気の発言をしていた。しかし、後日、当時社長だった南直哉が『このような疑惑を生じたのは誠に残念で、社会に深くおわびを申し上げる』と陳謝。そして福島第一3号機、柏崎刈羽3号機で予定していたプルサーマル計画を無期限凍結という事態になった」（経産省関係者）

この不詳事で南社長はじめ、社長経験者五人が引責辞任という事態に発展したのだ。

二度めの「データ改ざん」は原発の法定検査関連で延べ一九九件のデータ改ざん。不正な改ざんがあったのは福島第一と福島第二、柏崎刈羽の三つの原子力発電所の計十三基。この二度の「大規模改ざん」のうち築舘は一度目には原子力副本部長。そして二度目の事故隠しでは事故調査委員会のメンバーとして副社長の立場で調査し頭を下げ続けていた。

つまり、築舘は〇二年と〇七年、双方の「データ改ざん」に当事者、あるいは調査する側として深くかかわっていたのだ。そうした過去を持つ人物が一一年の未曾有の原発事故収拾に社長として取り組むことが適切かどうかと「異論」を唱えられ、最後は幻の社長となった可能性が濃厚なのだ。

そこでピンチヒッターとして登場したのが西澤だという見方が強い。ところで歴代東電の社長といえば経団連の中でも重きを置かれるきわめて重いポスト。しかし、この一連の「データ隠し」以降で本命クラスの人物が次々と引責辞任に追い込まれ苦しい幹部人事が続いていた。

「でも勝俣になってやっと落ち着きつつあった。しかも社長よりむしろ東電は会長が最も力を持つというものに徐々に変わりつつあり、勝俣はここ数年、東電内で最大の実力者となった。そして築舘が駄目ならだれがいるかとなった時勝俣の腹心、西澤に白羽の矢が立ったということだろう」（全国紙経済部記者）

東電の歴代の社長は、過去を振り返っても前社長の清水（慶応大学）を除きほとんどが東大出身。勝俣も東大経済学部。だが西澤は違った。長野県立松本深志高校を卒業後、京都大学経済学部に入学。卒業と同時に東電入社という、学歴でも異例の抜擢となった。

「九四年企画課長になってから〇〇年に一度調布支社長になった以外はほとんど企画部一筋。そして〇八年常務に昇格。しかも勝俣会長の腹心中の腹心といわれてきた。温厚な人柄だが、上から命令されるとテコでも動かない頑固さもあった。悪くいえば融通がきかない典型的なイエスマン。そしてなんといってもそれまでに霞ヶ関、つまり経産省や財界とのパイプも太かった。だから、勝俣は一度は自らも退任の意向を見せていたが、西澤の社長就任が決まると再び自らも陣頭指揮に立つ決意を見せた。それだけ西澤を信頼していたのだろう」と東電関係者。

二〇一一年五月、株主総会が開かれ清水から西澤にバトンタッチがなされた。西澤は社長就任に際しこうあいさつした。

「当社創設以来の未曾有の危機にある中で社長の大役を仰せつかり、とてつもない責任の重さに身のすくむ思いがしたことも事実です。しかしながら、この難局に立ち向かい先頭に立って取り組むことが天命と思い、社長就任の要請をお受けすることとしました」

そして西澤は就任にあたり三つのことを最優先に取り組むと言明した。一つは福島第一原発事故の収束。二つめは福島第一原発事故により迷惑をかけている人たちへの対応と補償を迅速､公平に進める。三つめは電気の安定供給だった。

しかし、東電にとって史上最も困難な時期に、よりによって社長に抜擢されたことは青天の霹靂だったのだろう。

一時、あのふくよかな顔や体がだいぶ「やせた」と話題になった。確かに東電は苦しんだ。

原発事故で巨額の賠償責任を負う一方で電力の安定供給もしなければならない。国の賠償支援と引き換えに資産売却、経費削減で数兆円規模の合理化、経費削減策も打ち出さなければならない。しかし、それもほとんど焼け石に水。賠償金や除染費用、さらに三十年から五十年かかるという廃炉費用も見出していかなければならない。その額は二十兆円とも三十兆円ともいわれる天文学的数値。そのままでは破綻は間違いないという困難に直面したのだ。

だが西澤は勝俣とともに、その困難さを乗り切り、二〇一一年八月原子力損害賠償支援機構法が整備され当面の賠償資金の原資のメドがつき、やっと一息ついた。

西澤はその前後に『週刊東洋経済』のインタビューで、こう語っていた。

「原発に何かあった時に民間企業が運営していくことは原子力発電のあり方を考えて議論すべきだ。技術は発展進歩して今後も進歩していく。それには企業と国とどちらがやればいいのか。資金も人材も、そして安全面も踏まえて総合的に判断すべき時だ。ただ民間が原発のリスクを全部背負うというのは限界に達している。みんなシュリンク（萎縮する）することは確か。民間としては無理な世界に入らざるをえない」

そして「東京電力はただ賠償金を払っていくだけの会社にはならないということか？」と質されると、西澤は胸を張ってこう答えていた。

「そのとおり。それだけではなんのために会社があるのかという話になる。賠償は当然しなければいけないが、それだけが目的ではモチベーションも上がらない。企業が生き生きとするには、それ以外のことも目指さなければならない。今、目の前の危機を乗り越えることに全精力を注ぐが、これを乗り越えられれば、より強靭で筋肉質な東京電力になれると考えている」

こうした西澤の考えは、じつは西澤を社長にした勝俣の考えでもあった（九〇ジペー、勝俣の項参照）。

「ただ、どれだけ経費を削減しても、それから国の支援を受けても、東電だけの損害賠償には限度があると思っていたのは勝俣も西澤も同じ。だから彼らは密かに原子力損害賠償法第三条の免責事項の適用を模索したこともあった」（電力事業関係者）

原子力損害賠償法では原発事故が起きた場合には電力会社が全責任を負うことを課している。ただし第三条には「巨大な天災地変、またはクーデターやテロなどの社会的動乱によって原発事故が起きた場合」に限っては免責適用が認められていた。勝俣や清水、西澤はこの手法で「今回は地震による巨大な天災地変」を主張しようとした。

だが、当時の菅直人首相、枝野幸男官房長官らはこれに猛反対した。そして東電の勝俣や清水、西澤らも「津波対策の不備」「政治の危機管理能力不足」など、裁判に持ち込まれたら最終的には負けると判断、免責事項の適用を降りた。

そして原子力損害賠償支援機構法が整備されることになる。その仕組みはこうだ。つまり、国が国債を発行したりして賠償資金を東電に貸し付け、それを東電が賠償費用や除染、廃炉費用などに充てていく。借りた金は国に返済するというスキームだ。

「最初枝野は東電の完全国営化などを唱えたが、国が賠償負担を無制限に負うことを避けた。東電の尻拭いを国が直接行い国民の批判を受けることに腰が引けたのだろう。その代わり、資金援助をするが東電は生かさず殺さず無限に続く賠償金を支払うだけの会社にするというのが国の腹。実質的な国営化だ」（自民党関係者）

だから西澤が一一年の夏前後に「単に賠償金を支払うだけの会社になっては企業は生き生きできないしモチベーションも上がらない」とマスコミインタビューに答えていたのは国の腹が読めてきたからだ。そして絶対に「天下の東電」が国の軍門には下らない、なんとしてでも栄光の東電を取り戻すという野望があった。

しかしその強気だった西澤の言葉もむなしく東電は徐々に「賠償金を支払う」だけの会社になりつつある。そして事故後それを察知した東電内部の人材の流出も止まらなくなったという。

そうしたイラダチを反映するかのように西澤は一一年十二月、記者会見を開き「電力料金の値上げ」を突然打ち出した。東電改革を柱とする総合特別事業計画の策定を東電と共同で進める政府の原子力損害賠償支援機構も値上げ話を発表当日まで知らされなかった突飛な行動だった。さらに西澤は「値上げは事業者としての当然の権利」とも発言、企業や国民から猛反発を食らったのだ。

これまで財界天皇として君臨してきた東電の、最後のあがきのようにも見えた。

しかし強気の行動と発言に打って出た西澤を、古川元久国家戦略経済担当相は「値上げが経済に及ぼす影響をどう考えているのか」と厳しく叱責、さらに枝野経産相も「値上げは権利と勘違いしている。東電は電力の安定供給の主体として適切ではない！」と激しく批判。追加の公的資金も含める総合計画の認定の可否をも「東電次第だ！」と突っぱねられると、打つ手はすでになかった。

そして二〇一二年五月。東電と政府の激しい綱引きもカネを左右する政府の意向にはそむけず、ついに東電は政府の軍門に屈した。その結果、新経営計画「総合特別事業計画」が認定され、国からの一兆円の資本注入と損害賠償費用二・五兆円の合わせて三・五兆円の税金投入が決まった。そして国への最後の抵抗と「財界天皇」の意地を見せようとした西澤は、次の会長と決まった賠償支援機構の下河辺《しもこうべ》和彦運営委員長から解任宣言を受けたのだ。

「下河辺が西澤を切ったのは自分が会長になったあと、東電を運営するにはやはり値上げをしなければならないからだ。企業向け予測一七％、家庭向け八％台。だからまずは唐突で不用意値上げ発言で世論の反発を買った西澤をバッサリとクビ。それで世論の支持を回復させてもう一度、値上げをお願いしなければならないと踏んだわけだ。西澤のクビには勝俣が猛反発したがあとの祭りだった」と電力会社関係者。新社長には東電常務の広瀬直己を充てる人事が発令された。勝俣と西澤が強く推薦した人事だ。

「これらの一連の人事で裏で動いたのは仙谷由人元官房長官だといわれている。下河辺とは弁護士仲間。それまで会長人事には枝野が中心になりさまざまな財界人に依頼したが、本音の部分で値上げ反対で原発再稼働にも慎重な枝野の下では引き受け手はいなかった。そこで仙谷が動いて下河辺だ。つまり第三者機関、東電チェックをする機構の委員長を横滑りさせる強引手法という批判も強い」（霞ヶ関関係者）

さて下河辺たち新布陣とも東電の値上げは必須事項だと記したが、この値上げ幅も複雑だ。というのは今（二〇一二年七月段階）の値上げ幅はあくまでも柏崎刈羽原発の再稼働が大前提だという。当然、この原発の再稼働には新潟県知事はじめ世論はきわめて慎重で早くも暗雲がたちこめる。柏崎刈羽が再稼働できない場合、下河辺たちはどう動くのか。西澤から広瀬にバトンタッチされた東電の行く先は依然いばらの道が続く。

あんたん家《ち》の電気代は百倍値上げでお願いします！

西澤俊夫突撃インタビュー

東急電鉄池上線・石川台駅からは、希望ヶ丘商店街が真っ直ぐに伸びている。八百屋やクリーニング屋などの小さな個人商店が軒を連ねる商店街には、生活感のある昔懐かしさが漂っている。地元の買い物客で賑わっている。駅から商店街を真っ直ぐに歩いて十二分。駅前の賑わいも薄れて落ち着いた雰囲気の住宅街の一角に、東京電力社長（当時）西澤俊夫の住むマンション「パークハイム東雪谷」がある。

雲一つない五月晴れの清々しい天気だ。レンタカーを借りてＭ氏と共に現場に到着する。何時間も路上で待機するのに、ずっと同じ場所に立っているのも座っているのも、周辺住民に不審がられてしまう。車だと思いのほか警戒されないのと、悪天候を気にしないで張込みを続行できることが利点だ。

マンションは外壁工事の足場が組まれており、建物は仮囲いのシートに覆われている。エントランスからは現場作業員や工事の警備員が頻繁に出入りしており、施工業者のワゴンやトラックが何台か停まっている。木の葉を隠すなら森。人っ子一人いない静寂よりも多少人通りがある方が気が楽だ。

西澤のマンション前の通りは一方通行だが、大きな車が二台楽に通れる道幅。入口前を少し行き過ぎたところで、道路脇に車を寄せてエンジンを止める。サイドミラーとバックミラーの角度を調節し、鏡越しにマンション正面入口が常に視界に入るようにする。建物の出入口は一箇所だけなので、監視するのも簡単だ。

休日の昼前で、住民の出入りはほとんどない。たまに人影が見えたかと思うと、工事の業者か郵便配達員だ。もし西澤が現れても顔が分からなければ意味がないので、ｉＰｈｏｎｅで「西澤俊夫」の肖像写真を検索して待受画像に設定する。

本当に西澤俊夫がここに住んでいるかどうかも分からない。東京電力の社長ともあろう者が、こんなに平凡なマンションに住んでいるのか。社長解任を目前に控えて海外旅行にでも出ていたら？　会社の近くのマンションを根城にしているのではないか？　待ち伏せは徒労に終わるのではないか？　茫漠とした虚無感との戦いだ。刑事、探偵、記者というのは立派な職業軍人なのだなと得心する。

晴天の土曜という行楽日和の真昼間に、レンタカーの車内でシートを倒してぼーっとしている男二人というのはなんとも侘びしい。正午になり出入りの施工業者も休憩に入り工事の音が鳴りやむと、なんだか不審な車両の存在が一際目立つような気がして、そわそわする。近所の小学校では運動会が催されている。

西澤に子どもがいたら何歳くらいだろうか？　孫はいるだろうか？　一緒に住んでるか？　今時三世帯同居の拡大家族なんてあるか？　サザエさんじゃあるまいし。お弁当は昆布のオニギリと卵焼きと唐揚げがいいな、なんて考えていたら無性に腹が減ってきた。

Ｍ氏に見張りを任せて近所のコンビニに行き、弁当とお茶を二つずつ買う。車に戻って飯を食う。人間というのは因果なもので、食欲が満たされたら矢継ぎ早に排泄欲が顔を出す。食べ終わった弁当のゴミをさっきのコンビニに捨てるついでに、トイレを借り用をたす。車に戻って一息つくと猛烈に眠くなってきた。食欲と排泄と睡眠欲の三角関係をコントロールするのは、今後の諜報活動の課題だ。

だいぶ時間が経っただろうと何度も時計を確認するが、毎度十五分しか進まない。闇雲に張込みを敢行しても時間と労力の無駄だと、Ｍ氏と二人でひたすら取材方法の代替案を話し合う。自宅より会社の張込みがいいだの、名探偵コナンのようなスパイグッズが欲しいだの、自宅前に隠しカメラを仕掛けるのはどうかだの、郵便配達を装って自宅に突入するかだのと、あれこれ話すが名案は浮かばない。

Ｍ氏との話し合いの結果「十六時になったら現場を去って、鹿砦社には夜中まで待ったけど収穫なしでしたと報告しよう」という行動方針が打ち出された。モチベーションを下方修正して消化試合が始まった。敗戦処理の奴隷労働のようで、陰鬱な気分だ。西澤もフクイチ事故のあとに社長に就任したわけだから、負け戦の矢面に立たされたスケープゴートなんじゃないかと、同情さえ湧いてくる。

だが西澤は電気料金値上げの主犯格である上に、六ヶ所村核燃料再処理工場で有名な日本原燃の取締役でもあるのだ。プルトニウム製造などという黒魔術を推進するような輩は地球上の全生物の敵だ。やはり許してはならない。気を引き締めて監視を続行する。

もうすぐ帰ろうとウキウキしていた十五時二十七分、西澤自宅マンションの入口階段前に、一台の白いセダンが停

車した。にわかに緊張感が走る。業者以外の車が停まるのは初めてだ。制服を着用したドライバーが運転席から降り、車両前方を歩いて横切り、後部座席の左ドアを開ける。車中から目当ての人物西澤俊夫が現れた。まさか逢えると思っていなかったターゲットとの邂逅に胸が高鳴る。

黒のブレザーに白いＹシャツを着て、ベージュのスラックスをはいている。流行りのクールビズを意識してか、ノーネクタイでシャツの第一ボタンは外している。

西澤は運転手と簡単なあいさつを交わして、玄関に向かって歩き出した。

あわてて撮影用のカメラを手に取り、西澤に駆け寄る。西澤はマンションの正面入口階段を上がり始めている。

「西澤さん！　西澤俊夫さんですね⁉」

カメラのシャッターを押しながら大きな声で西澤に問いかける。西澤は訝しげに振り向くが、取り立てて動揺する様子はない。自宅前で待ち伏せされて、どこの馬の骨とも知れない若者に呼び止められても落ち着いている西澤。肚のすわった貫禄や威厳、もしくはふてぶてしさを感じる。

「福島の原発事故について責任を感じますか⁉」

用意した質問を投げかけようと思っていたのだが、まさかのご対面に高揚して頭が真っ白になっていた。

「いや、無理です。いや、無理です」

西澤は背を向けながら、小さな声で問答無用の意図を込めた言葉を連呼する。この類の取材には慣れっこで、いい加減辟易しているような印象もあり、問いかけにいちいち答えようというような姿勢は一切うかがえない。

「西澤さん！　電気料金値上げについて！」

「いや、無理です」

西澤はこちらに背を向けたまま目もくれず、マンションのエントランスドアを解錠する。

送迎車のドライバーは、気にせず白のセダンに乗り込み走り去っていく。こういうゲリラ的突撃取材はよくあるシチュエーションなのだろうか。

「西澤さん、社長を退任されるようですが！」

「無理です。無理です」

西澤は門前払いの「無理です」を連呼し、そのまま自宅マンションに消えていった。時間にして、わずか十数秒のやり取りだったが、なんにせよ張込み初日で早くも突撃取材に成功した。

近くにいるのは危険との判断で「パークハイム東雪谷」をあとにする。途中、自転車に乗った若い警官二人が、西澤のマンションに急行する様子が見えた。恐らく西澤が通報したのだろう。お巡りさん、あなたが向かっている場所が、刑事告訴されて法的制裁を受けるべき東京電力の社長の自宅ですよ。

武《たけ》黒《くろ》一《いち》郎《ろう》

(1946～)

神奈川県川崎市麻生区上麻生4-33-1

「フェロー」なる肩書きが泣く自称「原発のプロ」

明らかに人災である原発事故、そのA級戦犯を認定するなら、この武黒一郎が筆頭となるだろう。国家を揺るがす緊急時、東電本社も現場も官邸も、この技術者上がりの元副社長こそ最適な指揮者として認識していたが、じつのところ関係者間で最もうろたえていたのが、この男だった。

「おまえ、うるせえ、官邸がグジグジ言ってんだよ！」

三月十一日、メルトダウンを防ぐために海水投入を実行した吉田昌郎所長に対し、電話で中止するように要請した張本人が武黒だ。

国会事故調査委員会の最終報告書、菅直人首相の介入の有無が問題になった「海水注入問題」に関しては、当時のやり取りが現場にいた吉田昌郎所長により明かされた。

武黒「おまえ、海水注入は……」

吉田「やってますよ」

武黒「ええっ⁉」

吉田「もう始まってますから」

武黒「おいおい、やってんのかよ！　今すぐ止めろ！」

吉田「なんでですか？」

武黒「おまえ、うるせえ。官邸がグジグジ言ってんだよ！」

吉田「なんて言ってんですか？」

ここで武黒はガチャ切り。そこには技術論での判断は一切なかった。このやり取りはテレビ会議として映像データに残っており、国会事故調は提出を求めたが「プライバシー保護」などというふざけた理由で拒否されている。

当時、東電は官邸に四人の駐在を置いており、そのトップが武黒。元原子力担当副社長で、技術名誉職である「フェロー」の肩書きを持った、政府との橋渡し役として技術的な助言をしてきた原発のプロ……のはずだった。

震災数日後、枝野幸男官房長官から「プラントはどういう状況ですか？」と聞かれて答えられず、ベント実施に必要な準備の時間を「二時間」と答えたが、なんの根拠もなく時間が過ぎていった。官邸周辺では「あの人、本当に原発の専門家なのか」とささやかれた。

海水注入ストップの指示も、当初は「官邸で検討中なので、海水注入は待ってほしい」と柔らかいニュアンスで伝えたことになっていたが、実際は脅しのような電話。武黒がいかにうろたえていたかが分かる。

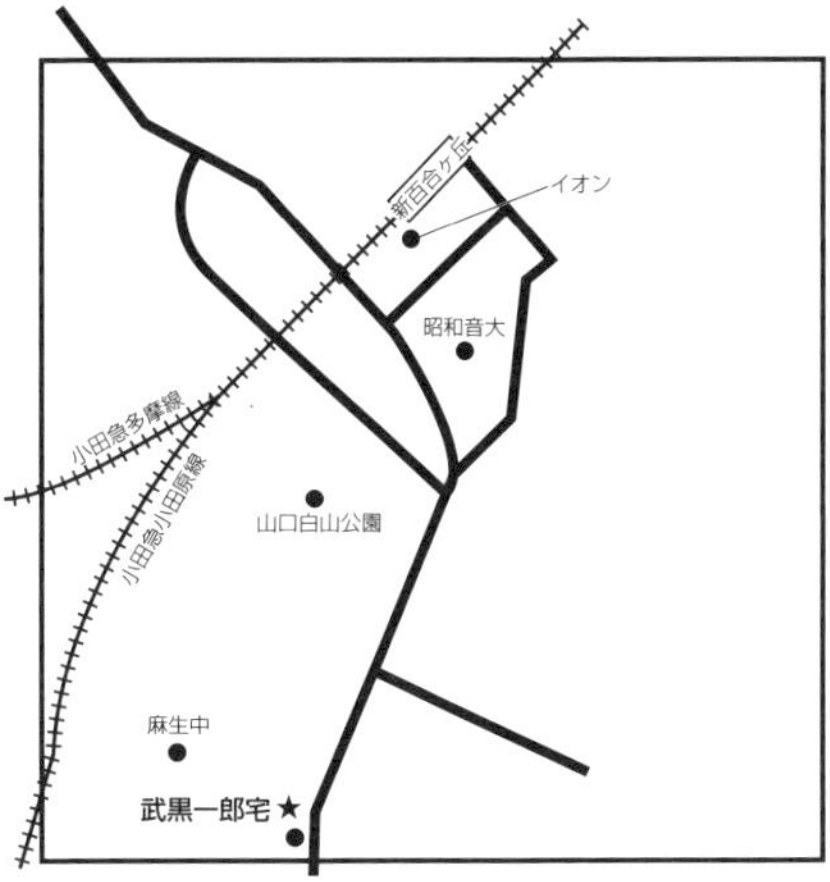

この点においては「官邸がグジグジ……」の〝官邸〟に武黒が含まれていたとする菅直人首相の主張はうなずける。この男より原発に理解の深い人物はほかにいないという認識だったのだから。

のちの事故調で武黒は「十分総理へのご説明が終わっていない段階で現場の方が先行してしまっていることが、将来の妨げになっても困るという中で、いったん注水を止め、了解をいただいてすぐ再開するということで進めてはどうかということを申し上げた」としている。要するに周囲の空気を読んだだけの〝とりあえず論〟しかなかったということだ。

この男のテキトーな場当たり対応は今に始まったことではない。過去を振り返れば、原発トラブルにこの男アリというトンデモない人物だったことが分かる。

六九年に東京大学工学部を卒業し、東電に入社。八七年には原発部門の課長となっており、確かに原発キャリアの中心人物だ。九四年には原子力研究所の研究室長、主席研究員となり、さらに二年後には柏崎刈羽の副所長に就任。〇一年には取締役として所長にも昇格。当時、所長が取締役となったのは初めてのことだった。しかし、武黒がここで力を入れたのは安全対策よりも広報体制だった。広報部員を二割増員して、それまでの五グループから八グループに拡大、その狙いはウランにプルトニウムを混ぜた特殊な燃料を使うプルサーマル計画の推進だった。以降、反原発封じがこの男のライフワークとなった。

武黒が取締役となった年、刈羽村の住民投票で計画への反対が多数を占めたが、この投票日翌日には推進本部を設置。住民の説得工作を開始した。マスコミ対策以外に、地域総括グループと称して住民の全戸訪問を決めた。

「当時、あらゆる住民からの対応や質問を想定した個別訪問マニュアルがあったことが分かったんですが、武黒はそれを社員個人が勝手にやったもののように装わせた」（朝刊紙記者）

投票を受け住民からは計画撤回を求められたが武黒は、記者会見で「できるだけ早期に実施したい」とサラリ。さらに「村民と東電を身近にさせるため」と原発内の見学を実施するというジョークのようなプランを述べた。

結論ありきのプルサーマル計画は次々に燃料が運び込まれていったが、柏崎刈羽では故障トラブルが相次ぎ住民を不安に陥れていた。５号機では制御棒の装置が故障し操作不能になり、１号機からは出火。１、６号機では水漏れ。５号機の操作不能は再び起こり、１号機では原子炉建屋からも放射能を含む漏水があった。７号機で燃料漏えい、６号機でも操作不能……。これがわずか三ヵ月の間に発生。武黒はこれに対し、市に公園事業を寄付する〝実弾〟対応で逃げ切ろうとしたが、数々のトラブルでは原因などが隠蔽されたことが発覚。原子力安全・保安院の立ち入り検査となった。

「この時、武黒は〝全容解明に精いっぱい対応していく〟と言いながら、保安院以外の第三者の介入は絶対許さないという内輪の調査ごっこを演じさせた」（同記者）という。結果、その二ヵ月後には「安全上の問題はない」と根拠なく断言、プルサーマル計画についても「必要性は変わっていない」と推し進めた。

トラブル隠しは二十九件のうち十六件を東電が認め、担当者三十五人が処分された。他人事のように〝全容解明〟と言っていた武黒だが、隠蔽工作に関わった人物として名を連ねた。ただし、処分内容は減給一〇％をわずか一ヵ月という軽いものだった。

〇三年六月、懲りない武黒にスキャンダルが発覚する。統一地方選で当選した原発推進派の議員らに、当選祝いのビール券を贈っていたことが発覚。停止した原発の再開を後押ししてもらう魂胆はミエミエだった。トラブル隠しから一年、マスコミがこれに触れることを見越した武黒は所員を集め「過ちを忘れない日」との横断幕を掲げるパフォーマンス。下請け従業員たちに「安全　企業倫理遵守　安心」などと書かれたハンドタオルを手渡したが、本来なら武黒自身が「隠蔽を反省」とでも書かれたタオルを渡されなければならない立場。隠蔽と無関係な作業員を利用した安全対策に置き換えたのは呆れるほかない。

その姿勢に反省がなかったことは、〇四年の大ウソで露呈した。放射線区域から出た廃棄物を、敷地外に持ち出され焼却された問題が持ち上がった時、当初は「一切持ち出していない」と繰り返していたが、最後は「実態と異なる説明をしてきたことをお詫びします」と頭を下げている。しかし、この大ウソについてはペナルティもなく、停止していた原発の再開を見届ける形で、武黒はまるでスター扱いのように所長を退き、常務取締役に昇格したのである。

しかし、同時にまたトラブル隠しが発覚。福島県内十基の原発が止まる事態となったが、武黒は自ら県庁を訪ね再発防止策を説明していた。一年前に隠蔽で処分を受けた者に対応に当たられても説得力は皆無。それも「説明が不十分だった」などとごまかしたのだから、その面の皮の厚さは想像以上だ。東電は〇六年にも検査データの改ざんなど不正工作が発覚しているが、武黒は記者会見で「仕事が縦割りだった」などとトンチンカンな言い訳をしている。その要旨は「問題があっても社員や下請けが言い出せないという仕組みのせい」だというわけだが、トップに立つ武黒が隠蔽しなければ一連のトラブル隠しは起こっていない。

〇七年には新潟県中越沖地震で原発が停止。この時、武黒は対策不足の批判にこう語っている。「以前は地層のズレがないことから活断層ではないと判断した。当時の知見としてはやむをえなかった。最近の考え方を取り入れて活断層だと評価していかなければならない」

しかし、東日本大震災での安全・保安院による緊急再調査では、〇三年に新たな活断層がある可能性を認識しながら公表していなかったことが発覚した。武黒は「経営陣も存在を知らなかった」などと弁明したが、こんな重要な地質調査のデータが部下どまりだったとは笑わせる。

また、武黒は「地震は設計を大きく上回るものだった」「情報伝達、広報のあり方など体制に不足するところがあった」などとしているが、本当にそれを実感していたならば、現在の問題は起こっていないのである。要するに後になって「想定外だった」「甘かった」とすればなんでも済まされる、というのはこの人物の得意手法だ。

柏崎市の会田洋市長にも「トラブル隠し以降、信頼回復や体質改善の努力を続けてきたと一定の評価をしていたが、取り組みは本物ではなかった」と叩かれた武黒。結局「活断層の可能性が高いと認識していながら、みなさんに伝えなかった」と部下どまりの話もウソだったと認めているのだが、そんな中でも副社長に昇格しているのだから、東電という会社は社内トラブルを隠蔽すればするほど評価されるという会社なのだろうか。

こんな人物が所員を集めて「困難にひるまない勇気と、物事をきちんとなすにはどうすればいいのかを考え、実践すること」などとあいさつするのだから、脳内を開いてどういう構造なのか見てみたくなる。

〇九年、防火対策強化の特別委員会のトップに就任したが、これもただのパフォーマンスにすぎないことは明白だった。直後、柏崎刈羽の敷地内にある予備品倉庫で火災が発生。武黒が指揮してきた防災対策がまるで機能していなかったことが露呈している。同所で火災が発生したのはこれで九件目、三ヵ月の減俸一〇％処分としたが、これで済ませるような話ではないことは言うまでもない。

こんないいかげんな男が、翌年に重要なポストを与えられる。海外での原発受注を目指し、政府と電力会社、原発メーカーが設立した「国際原子力開発株式会社」の社長に就任した。


「原子力発電所を海外へ売り込め！」


民主党政権による官民一体での原発ビジネス。ヨルダンやベトナムに原子力発電所が建設されることになり、参入をめぐって他国のメーカーと争うためにあった。一基当たり数千億円にもなる原発建設だけに、海外セールスが国の成長戦略と位置付けられたわけだ。

出資を表明したのは、東京、中部、関西の三電力会社と東芝、日立製作所、三菱重工の原発メーカー三社。これに政府も出資。皮肉にもトラブルメーカーの武黒が「オールジャパン」の顔になった。この時、武黒は取材を受けた記者に対しこんな話をしている。

「これから造る原発はきちんと設計、製造、管理すれば、八十年間運転することも不可能ではない。日本は五十年にわたる原発の歴史があり、そうした課題をすべて解決してきた。造るだけでなく、変化に対応して解決していく能力がある」

どの口がそんなことを言えるのかと、こちらが恥ずかしくなるようなコメントだ。そんな発言から一年も経たずに起こったのが東日本大震災だ。官邸で指揮をしていたのはこの武黒。吉田所長の判断に恫喝でストップをかけたことも自主的判断という調査結果が出ている。

しかし、武黒は三月二十一日の会見で「この時点で（注水が）行われていることは存じませんでした。すみやかに海水注入をしたいと思っていた」などと大嘘をついていた。どこまでテキトーなのか、武黒の人物像について元東電幹部がこう話す。

「原発については専門性が強いので、その世界にいる人間が社長より偉いという空気があるんです。武黒さんはミスター原発というような経歴を歩んでいるので、その経歴が積み重なれば重なるほど〝専門家〟として見られてきました。でも、実際は見てのとおり大雑把な指揮をしてきただけで、現場を知る技術者ではない人。大震災での対応を見ても分かるとおり、注水判断ですら自分の言葉では命令できなかった。要するに肩書きだけのシロウトと言われても仕方ないでしょう」

当初、武黒の「おまえうるせえ」発言が「首相の了解が得られていない」などという柔らかいものに変換されていたのは、当の武黒自身の指示だったという話もある。三十年以上、原発に関わっていても武黒のやって来たことはトラブル隠しとウソ、都合のいい言い訳と恫喝、これしかないと言われても反論できないだろう。

〇八年、福島第一原発が想定を超える高さ一〇メートル超の津波に見舞われる恐れがあるという試算結果を、武黒は把握していた。公表も対策もできなかったこの男を「原発のプロ」などと祭り上げたこと自体が大間違いだったのだ。

南 直哉《みなみのぶや》

（1935～）

神奈川県川崎市宮前区柚木1-7-18

電力独占護持を貫いた東電・悪の権化

「原発を動かせば料金も下がる」

そう言い放ったのが、東京電力元社長、現在は顧問の南直哉だ。

東京電力は、二〇一二年九月より家庭向けの電気料金を値上げした。ここには福島の原発関連予算も算入されている。

原発の発電コストが安いというウソは、すでに暴かれている。二〇一一年十二月、国家戦略室のエネルギー・環境会議コスト等検証委員会が行った試算では、最も安い場合でも八・九円／一キロワットと、二〇〇四年の五・九円を大幅に上回った。日本経済研究センターの試算では、事故リスク費用を含めると、二〇円を超えるという。

「原発を動かせば料金も下がる」というのは、「動かさなければ電力不足」というのと、同じウソである。

南は、二〇一一年十月にこんなことも言っているのだ。

「全部（原発が）止まったままだと、この冬が心配。春までもつかどうか、分かりませんよ」

原発事故を引き起こして放射能を撒き散らした上に、電気料金を値上げする。まったく理不尽なことだが、消費者にはこれを拒否する術はない。東京電力が独占企業だからだ。

この独占体制を護持するために社長に抜擢されたのが、南だった。

一九九〇年代の後半あたりから、旧通産省で、電力の自由化を求める動きがあった。そもそも日本の電気料金は世界一高い。規制緩和で電力会社を締め上げ料金の引き下げを図ろうとした、村田成二という剛腕官僚が、その中心だった。九五年には、電力会社に電力を売る「卸」発電事業者の設立解禁、九七年には電力の小売り部門の自由化を仕掛けた。発送電分離まで、村田は構想していた。

東電の社長には、それまでは政界との関係を重視し、総務部門の出身者が就くことが多かった。だが、電力自由化という流れを止めるために、霞ヶ関への関係が深い企画部門から南が選ばれ、九九年社長に就任した。

南直哉は、三重県出身。東京大学法学部を卒業後、五八年に東京電力入社。企画部署を歩み、杉並支社長を経て、八五年には企画部長。八九年に取締役となり、企画・広報を担当する。その後、九一年に常務取締役、九六年副社長を経て社長の座に就いた。

社長就任後、二〇〇一年六月に電気事業連合会会長に就任。また同八月には、郵政事業の公社化に関する研究会の座長に起用される。そして、電力業界擁護派の自民党議員たちと連携し、旧通産省内の人脈を使って反電力自由化の鉄のトライアングルを築き、発送電分離の実現を打ち砕いた。電力会社の利益独占を継続させることに成功したのだ。自由化が実現していれば、原発の発電コストが安いなどというウソも、とうに見破られていたはずだ。

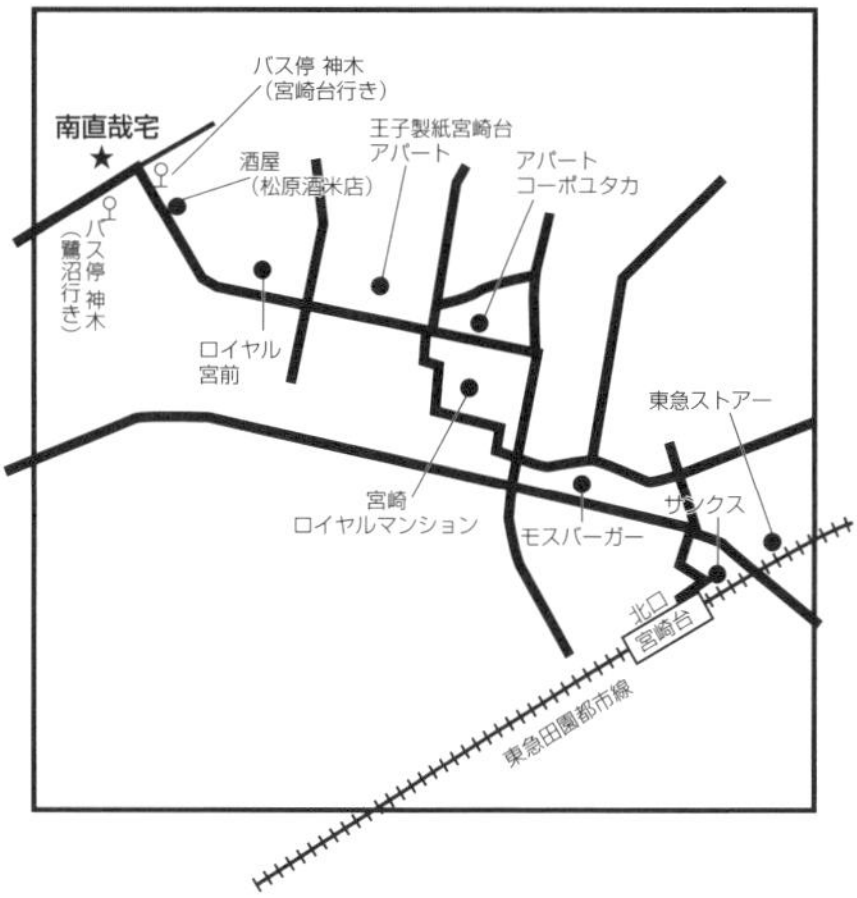

独占体制を護持した東電で、前代未聞の不祥事が発覚する。西澤の項でも触れた（一一一ページ）二〇〇二年に発覚した原発自主点検作業記録の改ざん問題だ。データについては、八〇年代後半から九〇年代の長年にわたって修理に関する記録が改ざんされ、不正な記載が続けられていたことが、経済産業省原子力安全・保安院の発表で明らかとなった。記録の改ざんは二十九件にも及び、そのうち五件はかなり悪質だ。

その概要は、原発で実施されていた自主点検について、実際に点検を請け負っていたGE（ゼネラル・エレクトリック）社の技術者によって原子炉の部品のひび割れなどが報告されていたにもかかわらず、東電はその事実を隠し、異常がないかのように改ざんしていたというものである。

この事件を受けて、南は福島第一3号機と柏崎刈羽3号機で予定していたプルサーマル計画を延期することを記者会見で明言。さらに、改ざん発覚四日後の〇二年九月二日、南は自らを含む東電の経営幹部五人の退陣を正式に発表した。

退任の記者会見の中で、南は「原子力施設にはどんな小さな傷もあってはいけない、というプレッシャーの中で、『安全に影響がなければ公表は避けたい』との甘えた判断をしてしまったと思う」などと述べた。これに対して「現場の社員をかばう発言」などとコメントした報道もあった。

社長を辞任すると、南は福島第一および第二原発などが立地する四町などへ謝罪する「おわび行脚」を行った。その際、南は「徹底的に調査してウミを出し切る」などと自治体首長らに明言した。また、十月に顧問へと退いた南は、『日経ビジネス』（二〇〇二年）の「敗軍の将、兵を語る」のコーナーに登場し、一連の記録改ざん事件と自らの辞任について語っている。記事の最初で「広く国民に対して大変申し訳ない気持ちです」「痛恨、痛哭の極みという思いです」などと述べているものの、事態を引き起こした原因については、じつにあいまいなことしか言っていない。

まず、「原子力の現場を見てみれば、彼らの仕事はじつに綿密なものです」と自社の社員たちを持ち上げてから、独占企業の驕りがあったのではないかと言及する。だが、それを南は、全社的な体質や経営陣の責任としては語らない。「原子力現場では、先輩のまねをしながら仕事をしていく。とりわけ当社が『保修部門』と呼ぶ部署は、入った時はある種の徒弟奉公に近いと言われる」「国への報告をする、しないといった判断を先輩社員がする。この指示を受けた後輩社員は、それを習い覚えるような形で、言ってみれば伝統的に継承されてしまったのではないでしょうか」などと、まるで他人事のように言ってのける。現場の人間が勝手にやったこと、と言っているに等しい。

経営者たちの責任については、南は何一つ触れていないし、反省の弁もひと言もない。「現場も、さぞ悩み苦しみながら判断を続けたことでしょう」などと、まるで他人事である。読むほどに、南の最高経営者としての無責任さ、現場にすべての責任を押し付ける醜悪さを感じざるをえない。

そして南は続けて、「われわれ、東京電力は、もっともっと謙虚でなくてはいけない。（中略）実質的な独占企業であればなおのこと、謙虚さが大切なのです」と述べ、「とにかく正直に、ありのままの東京電力を見せることを大前提とする」と締め括っている。

南は引責辞任したものの、東電を辞めたわけではない。顧問という名目で東電の経営陣に名を連ね、年間九八〇〇万円の報酬もきっちりと受け取っているのである。東日本大震災後も南は同社顧問の地位に居座り続けている。被災者への補償や電気料金値上げ問題などで、各方面から「東電の経営リストラは不十分」とさんざん指摘されているが、南が顧問を辞任するとか、報酬を返上するとか、そういう話はどこからも聞えてこない。

さらに、南はもう一つの「天下り」をしている。二〇〇八年、南はフジテレビや産経新聞をたばねるフジ・メディア・ホールディングス（フジＨＤ）の監査役に就任した。

東電関係者がメディアに天下りするケースはほかにもある。東電で社長や会長を経験した荒木浩は、テレビ東京の監査役に就任している。こうしたメディアに東電関係者が天下りする「意図」は明らかだ。メディア側は東電の莫大な広告費を引っ張りやすくなる。また、東電側は都合の悪い報道を押さえ込みやすくなる。

そして、震災以後、東電からの広告費が見込めなくなったあとも、南はフジＨＤの監査役に居座り続けている。つまり、東電顧問としての報酬と、フジＨＤ監査役としての報酬を、ろくな仕事もせずに受け取っていることになる。南がフジＨＤ監査役に就いている限り、フジテレビ系列や産経新聞で、公正な原発報道がなされるかはかなり疑問だ。

二〇一二年六月二十八日に行われたフジＨＤの株主総会においては、株主から「福島第一原発事故を引き起こした東電の南元社長が監査役に居座り続けているのはおかしい。即刻、辞任すべきだ」との発言が飛び出した。「原発データ隠しで、東電社長を辞めた南が監査役など、泥棒に警察官をやらせているようなものだ」という声もあった。

議長である日枝久会長に指名された太田英昭専務が答えた。

「南氏が東電社長を引責辞任したことも含めて、その長い経験、識見を評価して監査役をやってもらっている。大きな失敗をしたことが一度もない経営者などいるだろうか。原発事故やその後の状況と、南氏に当社監査役として期待していることとは関係がない。南氏が監査役にとどまっていることで、フジテレビの報道が萎縮している事実もない」

このような居直りの言葉を聞けば、彼らに真実の報道を求めるのは、どだい無理であることが分かるだろう。

独占体制の護持、データ改ざん、反省なき顧問居座り、メディアコントロール……。南の罪は数え上げればきりがない。

広瀬《ひろせ》直己《なおみ》

(1953～)

東京都渋谷区元代々木町38－1
ライオンズマンション元代々木グランフォート106号

刷新はルックスだけ、中身は相変わらずの新社長

東京電力の新社長・広瀬直己は二〇一二年七月十九日、東京・有楽町の日本外国特派員協会で会見した。最近、福島を訪問した時の様子を広瀬はこう語った。

「ビルの八階で地元住民との集会に臨んだ時、地震が起きた。マグニチュード五～六程度の大して大きくない地震だったが、揺れを感じた。その揺れのすぐあと、地元の方から『4号機の使用済み燃料プールは大丈夫か？』とたずねられ、びっくりした。地元の方がこんなに真剣に心配しているのかと思った」

福島原発事故で思いもよらない災厄をこうむった福島の人々は、野田総理の「収束」宣言など信じていない。いつまた事故が拡大するのか心配するのが当たり前だ。

「社長がびっくりしたことにびっくりした」との声が、記者からは挙がった。

官邸前や東電前、代々木公園や日比谷公園で、脱原発のデモが拡がっていることについては、こう語った。

「正直に言って、たくさんの方が月曜日に公園に集まったこと、毎週金曜日に、けっこうたくさんの方が東電周辺に集まっていることに驚いている」

何にでも驚く広瀬だが、一般市民との感覚のズレを会見では感じさせられた。

学生時代はバンドマン、出社時の服装はベージュのスーツ、シティボーイがそのまま大人になったという印象の広瀬だが、中身はやはり、いまだ殿様気分の東電なのだ。

二〇一二年六月二十七日、株主総会後の取締役会で東京電力の社長に選出されたのが広瀬直己（五十九歳）だ。

３・11時点で社長だったのは清水正孝だったが、二〇一一年六月二十八日付で原発事故の責任を取り、社長を退任し、その後、社長に就任したのが西澤俊夫だ。西澤は企画畑のエリートで、会長の勝俣恒久の懐刀といわれていた。

勝俣・西澤体制は長くは続かなかった。まず、二〇一二年四月、政府の要請で、政府の原子力損害賠償支援機構運営委員長だった下河辺和彦が、次期会長に就任することが、五月八日の東電取締役会で決まった。

下河辺は内定直後、「社長も交代させる」と明言した。旧体制を引き継いだ西澤が社長のままでは、東電を再生させるのは難しいと判断したからだった。

支援機構には東電の中堅や若手の一部から、「内向き」や「縦割り」などといわれる社風について改革を求める訴えが相次いでいた。そのため、政府や支援機構には「思い切った若返り」を求める意見もあったという。そこで支援機構は五十代前半の部長級の社員など数人に目を付けていたという。下河辺もはじめは広瀬より若い執行役員などへの若返りを検討していた。

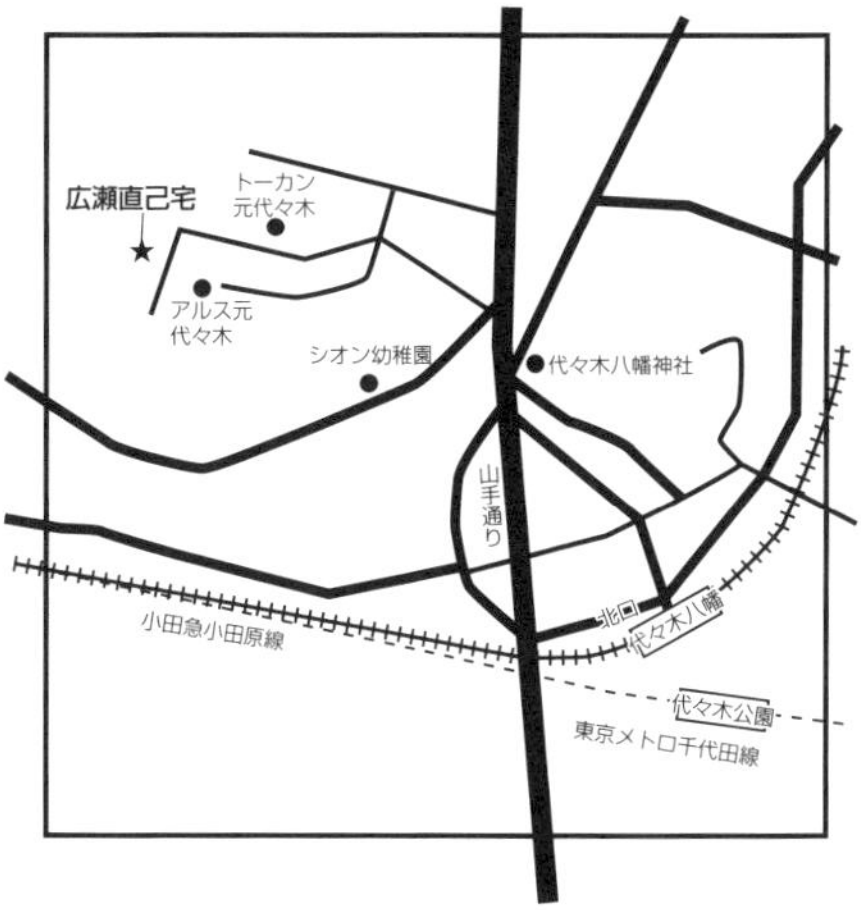

だが、東電の経営陣は「社長も代えられては業務に支障が出る」と猛反発。金融機関からも西澤続投を求めた。

こうした社内外の牽制の中で生まれたのが広瀬社長だった。下河辺としては東電刷新を印象づけたいが、あまりに経験不足では不安が残る。広瀬は神奈川支店長など大きな組織を指揮したこともあるベテランだ。社長候補の中で、唯一、勝俣から遠かったことも、イメージ刷新のポイントだった。東電刷新を目指す政府、支援機構、下河辺と東電旧体制の妥協の産物が広瀬社長。「社内傍流からの生贄」

という声もある。広瀬には従来の東電のしきたりからすると、異例の経歴を持っている。東電の社長は代々企画部門の出身だったが、広瀬は営業部出身で、利用者と直接関わった経験が長い。

では、広瀬は東電改革に期待のできる人物なのだろうか？　略歴をざっと見てみよう。

出身は東京都。新宿高校では軽音楽部に所属していて、一つ上の学年に坂本龍一がいた。オイルショックの時期だった一九七六年に一橋大学社会学部を卒業、東京電力に入社した。早くから将来を期待され、八三年にはイェール大学経営大学院に留学して経営学修士（ＭＢＡ）を取得。九〇年前後、経団連会長などを務めていた東電会長の平岩外四の秘書役を務めた。その後、企画部の課長を経て、営業部門に配属された。

二〇〇三年からの営業部長時代には、ヒートポンプ技術を利用し空気の熱で湯を沸かすエコキュートやオール電化の事業を手がけ、ヒットに結びつけた。

そして、一〇年、常務に就任。翌一一年三月に福島第一原発の事故が発生。これを受け、新設された福島原子力被災者支援対策本部の副本部長に就任。清水正孝初代本部長や後任の皷紀男本部長の下で、賠償や広報を担当した。

社長になるだけあって、経歴は華々しい。だが、広瀬は賠償対応で大きな批判を受ける。

一一年九月に入ってから、損害賠償請求の受付が本格的に始まったが、東電から郵送される請求用の書類は異常に分厚いものだった。「補償金ご請求のご案内」が一六〇㌻。加えて「ご請求書類」が六〇㌻。被害者たちはその分量を見てげんなりさせられた。

東電が示した賠償基準では、たとえば避難のために使ったホテルなどの宿泊費は実費が基本。上限の一泊八千円を越えると、なぜ必要だったか説明が求められる。その他、避難、帰宅、一時立ち入り費用や、生命・身体的損害、就労不能損害、精神的損害、検査費用、営業損害など、賠償の対象となるものはこと細かく規定されている。目安となる標準額は示されているが、基本的には領収書などの証明書が必要。だが、避難の最中に領収書などいちいち保存できるはずがない。

日付や金額を書き込む欄が多く、計算も必要。さらに書かれている用語は分かりにくく、どこに記入してよいのか迷う箇所が多かったりと、賠償をしてもらおうにも、内容を理解するのも一苦労というシロモノだった。書かれている言葉が難しすぎて、東電に話を聞かなければ申請ができない。東電が設けた各地の相談窓口には、被害者たちが押し寄せ、何時間も待たされ、事故と震災、避難生活の疲れに上積みされた。

ある被害者は申請書についてこう語った。

「大量で理解しにくく、まるで請求をあきらめさせようとしているようだ。記入には一週間はかかる」

広瀬は記者会見で「書くのにけっこうな手間と時間をかけさせてしまう」「資料の記載方法が非常に分かりにくい、分量が多いというお叱りをたくさんいただいている。本当に申し訳ない」と認めているが、東電は基本的に書式を変更せず、被害者たちに理不尽を押しつけた。

そもそも、福島原発事故を引き起こした「加害者である東電」が、郷里を破壊され、自宅や農地を失い、職を失い苦しんでいる被災者に、補償金の請求書類を送りつけ、「この書式に従って請求しろ」などと要求すること自体が、考えられることのできない非常識だ。

たとえば自動車事故であれ、暴行傷害であれ、加害者が被害者に、自分が勝手に作った書類を送りつけ、それに従って請求をしろと求めることなど、世間的に考えられるだろうか？　被災者が東電に対して、「これとこれを補償しろ！」と要求するのが世間的な常識である。加害者であるという自覚もなく、苦しむ被災者を踏みつけているという点で、広瀬はすでに許すことのできない戦犯である。

東電社内ではコミュニケーション能力の高さに定評があったという広瀬だが、一一年五月八日、社長就任が内定した時の記者会見の場で、さっそく舌禍を起こした。

「(原発は)全然だめだという議論にするのは、エネルギー政策上もったいないと思っている」

被害者の賠償担当常務として、何度となく福島に足を運び、原発事故の惨状を目の当たりにし、被害者たちと向き合ってきた。その広瀬が社長就任のお披露目会見で原発推進を標榜したのだ。しかも、その理由が「もったいない」という一言である。

同じ会見で広瀬は「われわれが一番よく知っていてベストの解(答え)を提供できるから黙って従いなさい、という姿勢が一番悪かった」などと語っているが、民主主義の日本において脱原発が「エネルギー政策上もったいない」かどうかを判断するのは国民なのだ。「エネルギー政策上もったいない」という発言こそが、「われわれが一番よく知っていてベストな解(答え)を提供できるから従いなさいという姿勢」によるものなのではないか。

当然、広瀬のこの発言は多くの批判にさらされた。

広瀬の会見の二日後には、予定されている柏崎刈羽原発の再稼働に反発している新潟県の泉田裕彦知事が「安全を軽視した発言は看過できない」と批判。

広瀬が社長に起用されたのは、東電の社風の刷新だった。だが、「もったいない」発言に見られるように東電の体質は改まらなかったようだ。新経営陣の人事からもそれはうかがえた。

東電は一二年六月二十七日に行われる原子力損害賠償支援機構を割り当て先とする優先株式の発行で実質国有化されることとなっていたが、五月十四日、それに先だって新経営陣が発表された。

十一人の取締役のうち過半数の六人が社外取締役となることとなったが、そのうちの一人に元ＪＦＥホールディングス社長の数土文夫ＮＨＫ経営委員長が入っていたのだ。原発事故発生以降、東電が大きく批判されたのが、マスコミを広告漬けにして飼い慣らし、原発や原発を推進する東電への批判をシャットアウトしてきたことだった。

大手メディアの記者や社員の多くが電力会社の広報部や総務部から接待を受けたり、原発視察ツアーに誘われ、原発の視察ついでに高級旅館に宿泊してコンパニオンを伴った宴会が深夜まで行われ、翌日にはゴルフに行ったりするなど、ただれた癒着関係が明らかとなっている。

報道する側と報道される側は一定の距離感を保っていなければならない。もちろん報道される側は、大きな影響力を持つメディアに便宜供与をして報道に手心を加えてほしいと願うこともあるだろう。だが、公益性のある言論活動を求められるメディアは、そのような甘言に乗せられてはならない、というのがメディアの世界の常識である。

ＮＨＫといえば公共放送として日本で最も高い見識を求められるメディアだ。そのＮＨＫの経営者がさんざん、メディアとの関係を批判されてきた東電に乗り込んでくるなどという話は、まったく世間をバカにしたものだ。

ＮＨＫのトップが経営を兼職している東電に対して現場の記者たちは萎縮しないだろうか。東電はこれからも料金値上げや賠償、原発再稼働などさまざまな問題を控えているのだ。言葉で公正な報道をしていると言っても国民は信用しない。

その五月十四日、常務だった広瀬は記者会見で社外取締役をどう選んだのか問われると「（下河辺）新会長が選んだので、われわれはあずかり知らない」とにべもなく答えた。

結局は、数土は批判を受けて、東電入りする前にＮＨＫ経営委員長の辞任を発表したが、それでも元ＮＨＫ経営委員長という肩書きは、さまざまな局面で意味を持つことになるだろう。

さて、首だけすげ替えられたものの、体質がそのまま残った新生東電の新社長、広瀬はこれから会社をどう引っ張ってゆくのか。広瀬に科せられた任務は重大だ。

東電は最終損益で、二〇一一年三月期に一兆二四七三億円、二〇一二年三月期に七八一六億円、さらに二〇一二年四～六月期でも二八八三億円の赤字を出している。このままでは会社は成り立たない。

東電の再建計画によれば、二〇一四年三月期に黒字決算にすることを目標としている。

そこで東電が求めているのが料金の値上げだ。五月に家庭向け電気料金を一〇・二八％値上げしたいと申請を枝野幸男経済産業相に出していた。だが、東電社員の給料やボーナスが高すぎるなどの意見があり、却下された。六七六三億円の値上げ原価のうち五〇〇億円前後が減額され、値上げ幅は一％近く縮まり、平均八％台になることになった。

黒字化という目標を掲げる広瀬は、どうにかして政府に抵抗して、さらなる電気料金の値上げを目指すだろう。

そして、黒字化のために必要なのが、原発の再稼働だ。すでに関西電力が世論の強い抵抗に遭いながらも大飯原発の再稼働を果たしたが、東電が目指しているのが、柏崎刈羽原発の再稼働だ。

東電の再建計画では、二〇一三年四月にも柏崎刈羽原発を再稼働する予定だという。下河辺も就任直後の記者会見で、柏崎刈羽原発の再稼働が、経営再建の「根幹だ」と発言した。新生東電は柏崎刈羽の再稼働ありきでスタートしたのだ。柏崎刈羽の再稼働は東電だけでなく、政府の意向でもある。

もちろん、この動きには地元新潟県の反発が強い。二〇〇七年に起きた中越沖地震で、柏崎刈羽原発は想定を上回る揺れに見舞われ、原発内で火災が発生し、危険性が実証されている。

新生東電の再稼働ありきの姿勢に対する新潟県の反発の強さを見た東電は、一転して再稼働計画について沈黙した。だが、再稼働の話が立ち消えになったのではなく、地元を刺激しないことが目的だ。地元から反発されれば、かえって再稼働が遅れてしまう。着実に再稼働を実現するために、水面下で計画を進めているのだ。

就任後に発せられた言葉を見ても、広瀬によって東電刷新が図られるとは、とうてい思えない。東電の罪科は、これからも続いていくのだろう。

かっこいい広瀬さん、方向を間違えないでね。

広瀬直己突撃インタビュー

広瀬の張込み初日は七月十九日だった。ニコニコ動画で生中継されていた日本外国特派員協会主催の広瀬直己の記者会見を見てから家を出た。会見での、イェール大学仕込みの英語が発言の端々に混じった変な日本語での質疑応答は、ルー大柴のようでおかしかった。途中何度か通訳の女性と意思疎通が取れなくなる瞬間が見られた。記者陣からの質問に対して答えになっていない応答もあったが、東電側として話せるギリギリのところまで真摯に話していたようにも思える。これまでの勝俣、清水、西澤なんかの朴念仁ぶりと比べると、にわかではあるが期待が持てそうな印象だ。なんにしても、広瀬社長の顔がかっこいい。

新宿から小田急線に乗り込み、三駅目の代々木八幡駅で降りる。山手通りに出て、代々木八幡神社前交差点から西側に坂を上ぼる。「ライオンズマンション、この先私有地につき駐車禁止」と書かれた石碑が簡易的な門のように設置されており、そこを通過して一〇〇メートル歩く。私有地の袋小路にあるライオンズマンションが広瀬の自宅だ。

さすが高級マンションだけあって、建物の周囲を計五台の監視カメラで見張っている。セキュリティー対策は万全である。敷地に入るとセンサーでライトが点灯する。エントランスの郵便受けには広瀬の表札はない。私有地の行き止まりの場所でずっと待ち伏せをするのは、なんとも気が引けるので、先ほどの私有地入口を示す石碑の前で座って待つことにした。一本道なので徒歩でも車でも間違いなくここを通るはずだ。

ひっそりとした住宅街だが、一方通行出口のため常に車通りが絶えない。金持ちタウン代々木上原と代々木八幡の中間に位置する立地だけあって通り過ぎる車も小洒落た外車が目立つ。ベンツ、ＢＭＷ、アウディ、オペル、ポルシェと、なぜだかやたらとドイツ車が多い。ベンツのマクラーレンなんかも走り去るもんだからびっくりする。大使館の青ナンバーも頻繁に見かける。すぐ裏にはヴェトナム大使館もある。

夕方は晩飯の買い物を済ませて家路を急ぐ親子連れの姿が多く見られる。地域のコミュニティーがしっかりつながっているらしく、行きかう人たちのあいさつがさかんに交わされる。あちらこちらで世間話に花が咲く。広瀬の帰りを待つ私に「暑いですねー」なんて話しかけてくる住人も多い。いい街に住んでるじゃないの。

広瀬宅から東に少し行けば、すぐに代々木公園だ。二〇一一年から幾度となく催されている原発反対デモの声も届かない距離ではない。あの数万人規模の抗議を横目に広瀬は何を思うのか？　ニコ生の会見では「毎週金曜日（エブリフライデーナイト）の官邸前抗議に関しても、（一二年）七月十六日月曜日に代々木公園で開催された十万人集会のことも認知している」と言っていた。当然、近所にもアンチ原発・アンチ東電の人はいっぱいいるだろう。近隣住民が日常的に原発の是非について議論していたら身近なユーザーの声を拾ってくれるかしら。「原発いらない地域工作員」なんてものを組織して近隣の世論を後押しするのも手だな。

これまでの経験から、東電社長の場合は国産車のハイヤーで送迎されることが多いようだ。黒塗りの場合が多いが西澤前社長の場合は白塗りのクラウンだった。とにかく品川「3ナンバー」のトヨタに注目して待つことにした。もし本書片手に〈東電原発おっかけ〉を実行するならば、覚えておいてほしいのは、奴らのほとんどが国産車で移動していることだ。準国営電力企業と国産車メーカーは相性抜群なのだ。

広瀬社長に関しては個人的に顔ファンなので、帰宅のタイミングで酒でも飲みに誘おうと思いながら待った。うまく挑発しておかしな言動を引っ張り出せば記事として面白くはなるが、どんな人物が東電社長を務めているのか素朴な興味として会って話してみたいという好奇心が勝っている。

しかし、私は夏の風物詩・食あたりに見事当選してお腹をくだしていた。これでは仕事にならない。坂を下った先にある代々木八幡神社の公衆便所には大変お世話になった。常駐していられないので、待てど暮らせど広瀬社長には会えずじまいで四日経過した。

にっちもさっちもいかないので帰り際を狙うのはあきらめて、朝の出勤時間に的を絞ることにした。朝の短い時間であれば近隣の目もあまり気にならないので、ライオンズマンション前の植え込みの石段に座って待つ午前七時。ジョギング帰りの男性が朝日に汗を光らせて体操をしている。見るからに記者っぽい女性が少し距離をおいて立っている。しきりに時計を確認している（あとでNHKの記者さんと判明）。予感に胸踊る。それにしても起き抜けの蚊の群れに足首を襲撃されて大変かゆい。じたばたしていたら日本交通のトヨタのプリウスの黒塗りのハイヤーがマンションの車止めに停車した。すかさずメモを取る。一連の突撃取材のせいで車のナンバーを覚える癖がついてしまった。

七時十五分、短髪の白髪の男性がマンションのエントランスから表われた。広瀬社長は背広に青いネクタイでびしっと決めていてとてもダンディーだ。不覚にもカメラの操作ミスで写真が撮れなかったのが非常に残念である。

「広瀬社長、おはようございます。朝早く失礼します！　社長職頑張ってください！」

「あ、はい、ありがとうございます」

「おれ、原発なくても大丈夫だと思います。いろんなユーザーの声に耳を傾けてしっかりやってください」

「はい！　ありがとうございます、頑張ります」

「広瀬社長応援してますよ、おれ、広瀬さん（の顔）好きなんですよ」

「あ、そうですか（笑）。ありがとうございます」

「原発以外にも電気はいろいろあるし、電気料金値上げも、除染の問題も、賠償に関しても、広瀬社長ならもっとうまくやれるんじゃないですか、応援してますよ」

「ありがとうございます、頑張ります」

「いろんなデモとか抗議にも一度足を運んでみてください。ユーザーの声がたくさん転がってますよ」

「はい、分かりました。頑張ります。」

暑苦しい応援激励メッセージでしゃべりすぎてしまった。こっちが話しまくるもんだから、まともなコメントを引き出すこともできなかった。だが、怨念や苦情ばっかり投げかけられたら、人間だれでもダークサイドに堕ちてしまうものだろう。なので今回送った熱いエールに対して「頑張ります」と言った広瀬社長を信頼してみようと思う。すぐに車を出すこともできたのに、逃げずに受け答えをしてくれたし、しっかりこっちの目を見て話してくれた。何よりも強くて穏やかな眼力には底知れない説得力がある。そこらへんを歩いてたら、どこからどう見ても「かっこいいおっさん」なのだ。

社長就任した時点から世間の矢面に立たされることを分かっていながらも、「東電が好きですので、この状態のままでほっぽり出すのは耐えがたいという思いがあった」と舵取りの名乗りを挙げた広瀬社長には頑張ってもらいたい。そして、頑張るべきところを間違えないでいただきたい。これまでの間違いを認めて、社会が望む公益を提供するのが東電復興の残された道だ。

第2章

今でも「安全神話」に固執する御用学者

多くの放射脳を輩（排）出している象牙の塔

国立大学法人東京大学工学部

〒113-8656　東京都文京区本郷７丁目３番１号

Tel：03 - 5841 - 6009

小宮山宏《こみやまひろし》

東京都世田谷区北沢3－28－16

（1944～）

エコを旗印に原発擁護の御用学者のボス

御用学者のボスにして、東電の社外監査役。長年にわたって、エコを旗印にしながら「原発は環境保持のために必要」という、人々を欺く論調を振りまいてきたのが、小宮山宏である。

原発事故で、徹底的に環境が破壊されたのを目の当たりにしても、その主張は変わらない。それだけでなく、東電社外監査役という、事故の当事者の立場にありながら、「関係者の刑事責任を問わない、という免責制度を新たに導入してもいい」などと発言しているのだ。

小宮山は一九四四年十二月、栃木県宇都宮市出身。父親や叔父などが東大出身という家系に生まれ、自らも東大に入学。工学部化学工学科に籍を置く。一九六七年に東大を卒業し、七二年三月には同大学院工学系研究科化学工学専門課程博士課程を修了、工学博士の学位を取得する。八一年一月には同工学部助教授、八八年七月に工学部教授に昇格。二〇〇〇年四月に大学院工学系研究科長ならびに工学部長に就任と、出世街道をひた走る。そして二〇〇三年四月に副学長に就任。二〇〇五年四月には、ついに日本最高学府の頂点である第二十八代目の東大総長にまで昇りつめる。

その後、四年間の任期を終えたのち、二〇〇九年四月には三菱総合研究所理事長に就任。続いて同年六月には新日本石油（現・JXホールディングス）社外取締役ならびに東京電力社外監査役の職にも就く。

ところで、小宮山が三菱総研や新日本石油、東電などの要職に就いたことと、小宮山の研究者としての業績との間には、微妙な力関係がある。

まず、企業が研究者を役員などに迎える際、必ずしも学術的業績によるものばかりではない。むしろ、発言力やネームバリューなど、付随要素によってポストが得られるケースが珍しくない。小宮山も、東大総長という経歴や、半導体研究などによって、それなりの実績があることで、企業側から迎え入れられたと考えられよう。

また、小宮山の専門の研究分野は、化学システム工学、機能性材料工学、地球環境工学などであり、研究者としてエネルギー関係に専門的に取り組んだことはなさそうだが、地球環境について研究を進める過程で、地球温暖化問題に熱心に取り組むようになっていったらしい。

小宮山が環境問題に熱心なことはよく知られていた。たとえば、二〇〇二年に自宅を新築した際に、窓には熱などを遮断し冷暖房効果を高める複層ガラスを使用し、屋根には太陽光発電パネルをはめ込んで電力供給を補った。さらにヒートポンプ給湯機、商品名エコキュートなどを採り入れる。この自宅は「小宮山エコハウス」などと呼ばれ、自らエコロジーを実践しているとして話題を呼んだ。

近年、こうしたエコロジー志向は多くの支持を集めている。だが、太陽光発電など代替エネルギーばかりを推奨されたり、省エネ推進によって電力需要が減ったりしたら、電力会社としてあまり好ましくない。

そこで目をつけたのが、「地球温暖化防止」であり、具体的には「CO_2排出削減」だった。温暖化は地球規模の危機であり、その防止策として有効なのがCO_2の排出を減らすことという図式だった。そこから原発推進派が導き出したのが、「原発はCO_2を排出しない。したがって、原発は環境に優しいエコでクリーンなエネルギー」という論法だった。

東大総長経験者で、自然科学分野での研究実績があり、自宅に太陽光発電パネルなどを設置しているエコロジー実践者という小宮山氏は、原発を「クリーンなエネルギー」と宣伝するには格好の人材だったといえよう。

小宮山は、震災前は地球温暖化の脅威とその防止策としてのCO_2排出削減を、講演などでさかんに強調した。その一方で、東電はテレビＣＭはじめ、あらゆるメディアを使って「原子力はクリーンなエネルギー」というイメージキャンペーンを猛烈に繰り返していたわけである。それは結局、「地球温暖化から環境を守るためには、原発のようなCO_2を出さないシステムが不可欠」と主張してきたことに等しい。

冒頭に述べたように、小宮山は御用学者のボスである。ということは、原子力ムラのボスでもある、ということだ。原子力ムラのヒエラルキーで最も上にいるのが、東大大学院工学系研究科出身の成績優秀な研究者なのだ。二番目が、日本原子力研究開発機構のような政府系研究機関、三番目が日立、東芝、三菱といった原子力プラントメーカー、四番目が電力会社、五番目が経産省や文科省の役人ということになる。

小宮山の子分にあたる、東大大学院工学系研究科の関村直人教授は、二〇一〇年八月、福島第一原発１号機に立ち入り検査し、「必要な事項を確認した」と安全だと太鼓判を押している。当時から、あまりにも老朽化した原発のさまざまな危険性を指摘する専門家は多かったというのに、いったいどこを見てきたのか。事故後も、「メルトダウンはありえない」「冷却水が漏れている可能性は低い」などと言い張っていたのだから恐れ入る。

東大大学院工学系研究科には、東電から「寄付講座」名目で約十年にわたり合計五億円ほどが流れ込んでいることが、明らかになっている。文字どおり金に目がくらんで、何も見えなくなったのか。関村は、経産省の原子炉安全小委員会の委員を務めるなど、経産省との関わりも深い。「歩く原子力ムラ」と呼びたいくらいだ。

小宮山自身の震災以後の行動と発言も問題だ。二〇一一年四月十日、フジテレビ系列の番組『新報道２００１』に出演した小宮山は、震災後の対処や今後の展望などについてあれこれと意見を並べたてた。ところが、それらは「研究者」という域を出なかった。ただ、自らの専門知識の中での発言にすぎなかった。

もし、小宮山が単純に学識経験者として発言するのであれば、それでもよかったのであろう。だが、この時点でも小宮山は社外監査役という責任ある職に就いていた。にもかかわらず、小宮山からは福島第一原発の事故についての謝罪などはただの一言もなかったのである。

いったい、小宮山は社外監査役なる役職について、どのように認識しているのか。もし、その責任を理解してなお謝罪も弁明もしないのであれば、無責任と傲慢の極みであるし、あるいは責任などないと考えているのであれば、実社会における無知そのものを自ずから示していると言わざるをえない。

震災後の小宮山は、こうした無責任発言あるいは的外れな言動を今日まで何度も繰り返している。

たとえば、『サンデー毎日』（二〇一一年六月二十六日号）には、小宮山と元首相・中曽根康弘の対談が掲載されている。この中でも小宮山はまるで他人事のような口調で原発事故を語っている。

まず「日本の原発は事故を起こさないと思っていました」と、安全神話そのものの発言をしたすぐあとで、原発を「とても人間にコントロールできない」と発言。東大総長経験者というのは、自らの発言の矛盾にまったく気がつかないものなのであろうか。

次にエコロジストらしく「原子力は二十一世紀後半までのつなぎ」などとして、ゆくゆくは太陽光や風力発電などの自然エネルギーへと移行していくとの、これまでの主張を繰り返した。「人間にはコントロールできない」原発を、これからも続けていく、というのだ。肝心のエネルギー政策についてはお粗末そのものである。

ここで科学者であれば、発電能力や電力消費のデータを提示して、具体的な電力供給や需要の分析を行ってもおかしくはない。小宮山は何より科学者であり、しかも東電の社外監査役というポストにあるのだから、科学的な分析も、そしてそれに必要なデータの入手も可能なはずである。

しかし、小宮山がそうした実証的、科学的な分析をした事例は、ほとんどない。せいぜい、震災直後に発行された『プレジデント』（二〇一一年五月三十日号）で、「『プラチナ社会』へ。電力、高齢化問題を一挙解決」という記事を掲載、今後のエネルギー対策について持論を展開しているくらいだ。

ところが、その中で小宮山は、今後のエネルギー政策で重要なこととして、「最も簡単なのは家電の買い替え」と強調する。家庭の冷蔵庫やエアコンを最新式の製品に替えたり、オフィスで使われている蛍光灯をＬＥＤに、エアコンを新型に替えるだけで、膨大な電力が削減できると具体的な数字を挙げて豪語する。さらに太陽電池パネルや二重ガラスについて触れ、それらの効果についても説明している。

こうした「家電買い替えによる省エネが日本を救う」といった論調を、震災後から現在に至るまで、小宮山は延々と繰り返している。先に挙げた『サンデー毎日』の対談でも、さらに『新潮45』（二〇一一年八月号）などでも、まったく同じ主張を繰り返しているのだ。

これら小宮山の発言を見ていると、学者によく見られる世間知らずの能天気を通り越して、現実に対する認識が唖然とするほど抜け落ちていることに気づかざるをえない。

まず、東日本大震災と福島第一原発事故によって、国民生活は深刻な打撃を受けており、その事態はまだ収拾がついていない。にもかかわらず、東電社外監査役という立場にありながら、「日本の原発は事故を起こさないと思っていた」などとして、なんら自らや東電の責任について触れることのない小宮山に、今後のエネルギー政策や国民生活に言及する資格や能力があるのだろうか。

それに、国内産業や消費が低迷する中で、「家電を買い換えればよい」などと発言すること自体が、現実に対する認識能力について大いに疑問であると言わざるをえない。気楽に「冷蔵庫とエアコンを買い換えて、太陽光パネルを屋根に設置すればいい」などと言うが、それほどの出費をどこの家庭や事業所でも簡単にできるとでも思っているのだろうか。震災ですべての財産を失った被災地住民も少なくないのだ。

さらに、小宮山は東電の社外監査役でありながら、東電がどのように震災に関して利用者に与えた損害や不都合をフォローしていくかについては、ほとんど言及していない。公共性のきわめて高い東京電力という企業の立場や役割については、なんの説明もしていない。それでいて、利用者である消費者に対しては「省エネで努力しろ」などと、一方的に指図することに熱心だ。そして、ことあるごとにエコを実践しているとご自慢の自宅「小宮山エコハウス」を引き合いに出して宣伝する。まるで、時代の指導者か何かになったつもりなのだろうか。

自らは三つも重要ポストに就いて、ありあまるカネを手にしている身であるから好き勝手なことができるのであろうが、庶民はそうはいかない。「省エネは世の中のためになる。お前ら民衆、しっかり努力せよ」などと言い放つのは、じつに無責任極まりない話ではなかろうか。

さらに小宮山は、朝日新聞（二〇一一年四月一日）で、福島の事故に触れ、「関係者の刑事責任を問わない、という免責制度を新たに導入してもいい」などと発言しているから驚きである。繰り返すが、小宮山は事故を起こした福島第一原発を抱える東電の社外監査役である。つまり、「関係者」とは小宮山自身も当然ながら含まれるわけである。経営陣というものは、そういう責任を必然的に背負っているものであることは常識である。その当事者の一人である小宮山が、「免責」などと口にすること自体が、常識的なものの考え方からすれば仰天するとしか言いようがない。

つまり、「おれの責任はないものと考えろ」と言っていることと同じだからである。

たとえば、強盗殺人犯が自分の犯行に直接かかわる被害者や遺族に対して、「死んでしまった人や失われたお金のことを言ってもはじまらない。前向きに生きましょう」などと笑いながら言ったとして、だれが納得するだろうか。この小宮山という人物は、似たようなことをだれはばかることなく堂々と公言しているのである。

また、小宮山が政策参与を務める国家戦略室が、原発事故の事故調査・検証委員会を経産省の影響下に置くことを狙った構想を提示していたことが、二〇一一年六月十一日付朝日新聞で明らかになっている。

当時の菅内閣は、五月二十四日の閣議で、事故調は内閣官房に置いて独立性と中立性を確保するよう、方針を決定していた。東電の監督官庁である経産省から離れた形で設置するというのは、独立性と中立性を保つためには当然のことであろう。

ところが国家戦略室は六月六日、「革新的エネルギー・環境戦略について」と題し、同室が事務局となる新成長戦略実現会議の分科会「エネルギー・環境会議」の指揮下に事故調や原子力委員会を位置付ける、という内容の文書を首相に提出した。同会議の副議長に海江田万里経産相、メンバーに直嶋正行元経産相、近藤洋介前経産政務官らを起用し、経産省から出向した幹部職員が事務局を仕切るという構想であった。

全トヨタ労働組合連合会出身の労働貴族、直嶋正行は、経産相時代には原発輸出を推し進めてきた人物であり、戦犯予備軍といっていい。こんな人物がメンバーに加わって、とても中立性など保てるわけがない。

翌日、首相はこの提案を拒否。「エネルギー・環境会議」のメンバーから、直嶋、近藤を外した。

構想は頓挫したわけだが、東電の罪を軽くする方向での事故調の設置を、国家戦略室の政策参与である小宮山はもくろんでいたものと思われる。

こんな人物が、現在もなお高額の報酬を得ながら、なんら生活に不安のない安全な場所でのうのうと暮らしているのである。果たして、経営者の責任とは、そして相応の地位を持った者の責任とは、いったい何なのだろうか。

小宮山先生ありがとう！勉強してまた来ます。

小宮山宏突撃インタビュー

小田急・京王井の頭線、下北沢駅北口から十分も歩くと、閑静な住宅街の中に小宮山宏の自宅が見えた。二〇〇二年に建てられた、通称「小宮山エコハウス」。外見からはよく分からないが、断熱材と二重窓サッシによって冷暖房効率が非常によく、未来の省エネモデルハウスとして、菅直人が視察に来たこともある。また太陽光発電、オール電化、エコキュート、省エネ家電、ハイブリッドカーを導入して、とにかく地球温暖化のCO_2対策の実験も兼ねて自宅で研究しているそうだ。

小宮山エコハウスから一五メートル離れた、小さな公園で待ち伏せを開始する。

エコハウスの庭に咲く真っ赤な薔薇が、前の通りに溢れ出してとても綺麗だ。通行人の多くが、立ち止まって写真を撮ったり見惚れている。近所のおじいさんが枝切りバサミ片手に歩いてきて、花泥棒を働く姿も微笑ましい。下北沢ということもあって、住宅街にも関わらず若者が散策していることも多い。待ち伏せには都合がいい。

張込み開始から三日目の十九時。黒塗りのハイヤーが、小宮山ハウス前に停まった（念のため、ハイブリッドカーではない）。

降りてくる小宮山に、カメラを片手に駆け寄る。

「小宮山先生すいません、ちょっといいですか」

声をかけると、小宮山は少し驚いてはいるが、逃げる様子はない。ダークスーツを着てしっかりとネクタイを締め、髪はオールバックに固めて堂々としている。

「東京電力に刑事責任はないとおっしゃいましたね？」

「はい。善良管理義務違反とは言えない」

返事があった。法律用語にうとい私は、びびってしまった。「それってなんですか？」ぐらい聞ける勇気があれば

よかったのだが、すぐに逃げられることを想定していた私は、逆に困った。今回が三回目の突撃取材なのだが、逃げずに対応されるのは初めてで、〝想定外〟のシナリオに機転を効かせられずまいった。

しばらく黙って考えていると、小宮山が目をパチパチさせて「用がすんだなら私はこれで」とでも言い出しそうな雰囲気になってきた。なんでもいいからと、咄嗟の質問をした。

「原発推進なんですか？」

なんとも具体性を欠いた問いに、自ら情けない気分だったが小宮山は話し始める。

「あのねー。そういう一問一答みたいなのはね、レベルがおかしい。ぼくの論文あるいは本を読んでください。あのー、一九九五年に『地球温暖化問題に答える』（東大出版会）って本を書いてます。そのあとは一九九九年くらいかな、岩波新書に書いてます。最近では『「課題先進国」日本』（中央公論社新社）って本に書いてます。私が今まで何を言ってきたかってのをよく読んでから言ってください。よく読んでみてください。岩波新書、こんなうすい本ですよ」

親指と人差し指で本のうすさを示すジェスチャーで、自著の宣伝を始める。しかし私の間抜けな質問に対する答えにはなっていない。

「その内容をざっくり話してもらえませんか？」

小宮山はうんざりという表情を浮かべて、一度深呼吸をしてから仕方なさそうにではあるが答えてくれた。

「（原子力は）過渡期のエネルギーだと終始一貫して書いている。三〇％のあれ（電力比率）を持ってたものをいきなり減らすのは大変だと思う。ぼくは前から二〇五〇年には自然エネルギーの時代にすべきで、もってそうなるだろうって書いてある。それがぼくの終始一貫の主張ですよ」

「東電を擁護する原発推進論者だ、御用学者だという批判がありますね。東電から金もらって刑事責任免除を主張しているんじゃないかって」

「そんなわけないじゃない。だれが言ってるのそんなこと。そんなこと言うよりもまともな本読んでみなよ。そういうこと言ってる人も一部いるってことでしょ？　そんなことはおかしい、ぼくはまともな本を書いているつもり。突撃取材するんだったら、一つや二つまともな本を読んでから来いよ。二つくらい読んでみろよ。その一つは岩波新書だよ。まあまあなレベルだろ。読んでなおかつ聞きたかったらまた来なさい」

言い捨てて、小宮山宏はエコハウスに消えていった。

これまでの突撃取材ではターゲットに逃げられるパターンしかなかったので、まさかここまで堂々と真剣に、こちらの目を見て話してくれるとは思っていなかった。

なんにしても、逃げずに向き合うなんてかっこいいじゃないか、小宮山宏。

帰り道に書店で〝岩波新書のうすい本〟『地球持続の技術』と〝幻冬舎新書のうすい本〟『低炭素社会』という二冊を買った。

サスティナビリティ（持続性）という観点から、原発は過渡期のエネルギーであると言っていることは間違いない。再生可能エネルギーを提案して実践する先見性の高さや、地球環境問題を包括的に憂慮してのエネルギー効率改善や、循環型社会などのドラスティックな提案の数々はよく分かった。しかし小宮山先生の掲げる地球温暖化脅威論が、二酸化炭素を出さないということだけを理由に暫定的な原発稼働を擁護するための材料になっていることは、まぎれもない事実だ。二酸化炭素と放射性物質とどちらが地球環境にとって脅威だというのか。

福島第一原発のように大規模な事故が起こることを想定していた人間が、世界中にどれだけいたか。国民のほとんどがエネルギー問題など無自覚に電気を浪費していた時代から、一所懸命啓蒙活動を行ってきたことは評価する。

しかし『低炭素社会』では、

「日本の原発では点検作業が一年に一回義務づけられていますが、ほとんどの国では、点検作業は二年に一回です。

原発の点検には約一カ月かかります。（略）原子力については安全性をめぐってさまざまな議論がありますが、CO_2削減のためには有効な発電手法の一つであることは間違いありません」

と書いている。

この本が出版された二〇一〇年時点で、原発の安全性に対する配慮が欠けていたことは間違いない。そのような人間が監査役として、東電に対する善良な管理を行っていたとは思えない。

薦められた〝うすい本〟は読んだ。「読んでなおかつ聞きたかったら、また来なさい」と約束してくださった小宮山先生ですから、今度は待ち伏せなどせず、小宮山エコハウスを訪ねていこう。読者のみなさまも、よければご一緒に。

斑目春樹《まだらめはるき》

東京都文京区小日向１-16-３

(1948～)

「爆発はない」と断言した、デタラメ安全委員会委員長

斑目春樹が、〝デタラメハルキ〟と呼ばれるのは単なる語呂合わせではない。

「非常用ディーゼルが二台同時に壊れて、いろいろな問題が起こるためには、そのほかにもあれも起こる、これも起こる、あれも起こる、これも起こると、仮定の上に何個も重ねて初めて大事故に至るわけです。なんでもかんでも、これも可能性ちょっとある、これはちょっと可能性がある、そういうものを全部組み合わせていったら、物なんて絶対造れません。だからどっかでは割り切るんです」

○七年、住民から浜岡原発運転差し止め訴訟が起こされ、中部電力側の証人として出廷した斑目が放ったのがこの証言である。

福島原発事故では、斑目が「割り切る」と言った事故の大半が起きた。通常の電源を失った上に、津波を被って非常用ディーゼルまで使用不能になり、全電源喪失に至った。それ以前に、４号機は地震で傾いてしまった。

可能性を「割り切った」ために起きたのが、福島原発事故である。

斑目は、電力会社の人間ではない。原子力安全委員会の委員長なのだ。

日本の原子力安全システムは、業者に対して直接安全規制する規制行政庁に経産省原子力安全・保安院、文科省などがある。原子力安全委員会は、規制行政庁から独立し、専門的・中立的な立場から、原子炉設置許可申請などに関わる二次審査（ダブルチェック）、規制調査その他の手段により、規制行政庁を監視、監査する立場だ。

委員長である斑目は、原発の安全性を司る役割としては、日本で最高の位置にいたのだ。それが安全性について「割り切る」と言っていたのだ。

斑目が自らの役割に忠実に行動し、安全性を追求し、審査で福島原発の稼働を認めていなければ、事故はありえなかった。斑目は事故の直接の責任者であり、第一級の戦犯である。

一九四八年生まれで東大工学部から同大大学院を経て、東京芝浦電気（現東芝）に入社、同研究所で働く。七五年東大に戻り、八九年東大原子力工学研究施設そして助教授、教授と出世。さらに東大大学院の工学研究科教授。そして二〇一〇年に原子力安全委員会委員長に就任した。斑目を、日本の原子力界最高の知性である、と少なくとも官邸は見なしていた。

震災の翌日の三月十二日早朝、福島原発の現地視察に向かう菅首相に、斑目は同行した。要人輸送ヘリコプター「スーパーピューマ」の中で、菅は斑目に聞いた。

「このままの状態だとどういうことが起きるのか？」

「燃料被覆管のジルコニウムが溶けて水と反応して水素が発生している恐れはあります」と斑目は答えた。

「爆発する危険性はないのか？」

「水素は格納容器の中に逃げますが、格納容器の中は窒素が充満しており酸素はないので爆発することはありません」

「爆発はない」と断言していたのだ。

その日の午後三時三十六分、1号機が爆発した。菅と斑目がそれを見たのは、官邸の総理執務室のテレビでだった。

下村健一内閣審議官が斑目に問うた。

「斑目さん、今のはなんですか？　爆発

が起きているじゃないですか」

斑目は、アチャーという顔をし、両手で頭をおおって「ウワーっ」とうめき、そのまま動かなくなった。自分が、安全性を「割り切る」と言っていた結果が目の前で起きたのだ。

続いて午後五時、淡水が入れられなくなったので、一号機に海水を入れることが官邸で検討された。

菅が斑目に聞いた。

「海水を入れて再臨界をしないのか？」

「再臨界の可能性はゼロとはいえない」

斑目がそう答えたために、海水注入に問題があるか調べることになり、判断は先送りされた。

しかしすでに、海水の注入は始まっていた。

官邸にいた東電の武黒一郎フェローは、首相が了承する前に海水を注入するのはまずいとおもんばかり、本店に連絡した。清水正孝社長は現場の吉田昌郎所長に、午後七時二十五分、海水注入を中止するよう指示した。

しかし、吉田所長は自身の判断でこの指示を無視し、注水を続けた。この時、吉田所長は、だれに言うともなく怒鳴った。

「最後に責任を取るのは、総理じゃない。所長のおれなんだ」

この言葉は覚えておく必要があるだろう。大飯原発を再稼働させた野田総理は、「自分の責任で」と言ったが、総理などには責任の取りようはないのだ。

のちに、斑目が「海水注入を続ければ再臨界」と言ったかどうか、国会の事故調査委員会でも斑目は追及された。

二〇一二年二月、事故調でのやり取りは以下のとおりだ。

委員「総理に対し、海水注入をすると再臨界の可能性はゼロとはいえないと発言したと報道されているが、真相は？」

斑目「記憶がまったくない。ただ再臨界の可能性は水より塩水のほうが低くなるので私から言ったとは思えない。第二点め。再臨界の可能性があるかと聞かれたらゼロではないと答えたと思う。記憶はないがそれは確かだ」

委員「海水注入が行われていた時、委員長自身は海水注入すべきという考えだったか、それともすべきではないという考え、どちらですか？」

斑目「海水でもなんでもいいから水を入れるべきと言い続けたと思う」
その「ゼロではない」について、斑目は他のところで、こういうニュアンスで言い訳した。
「私は『海水注入をした場合、そのために再臨界爆発が発生する恐れがある』などと言ってない。私は『海水注入をした場合、そのために再臨界爆発が発生する可能性はゼロではない』と言った。専門家的立場から言えば『可能性がゼロではない』ということは『ほとんど可能性がゼロである』を意味する」
つまり彼は「可能性がゼロではない」というのを何も起きなければ「文字どおりゼロに近い」つもりで言ったとする腹づもりだったとも思える。一方で仮に何か起きれば「自分はゼロではないと言った」と。要はどちらにも逃げられる、言質《げんち》を与えない方法を取ったのだ。
また一説では、最初は「ありうる」と言ったのを、あとで説明に困った斑目が、両方の意味に取れる「可能性がゼロではない」と言ったことにしてほしいと周囲に懇願して統一した、という話も根強い。
二〇一一年三月二十二日の参議院予算委員会では、社民党党首の福島瑞穂の質疑に、斑目は答えている。
福島「十二日朝、水素爆発はないと言ったそうだが、本当か？」
斑目「水素爆発の恐れはないと言いました。格納容器の中の話であって建屋のことを言ったわけではない」
福島「二〇〇七年浜岡原発の裁判で、あなたは『非常用ディーゼル発電機が二機とも起動しなくなったら大変なことになるんじゃないか』と質問され、『そういう事態は想定しない。想定したら原発は造れない。割り切らなければ設計はできませんね』と答えていますね。割り切った結果が今回の事故ではないか」
斑目「割り切り方が正しくなかったことは反省している。今後の原子力安全規制行政においては抜本的な見直しが行われなければならないと考えている」
福島「裁判ではいつも、非常用発電機が起動しないということが争われてきた。あなたはそんなことを想定していたら原発は出来ないと言ってきた。責任はどうなるんだ」
斑目「責任という意味がよく分からないが、今回の事象は想定を超えたものであった。想定が悪かった。想定について世界的な見直しがなければならないと考えている」

福島「裁判ではこういうことが想定されると言われ、あなたはそんな想定していたら出来ないよと言ってきた。その責任はどうする？」
斑目「私だけではなく、意見を交換している原子力の専門家の大多数の意見を総合して申し上げた。私個人としてなら責任の取りようはあると思うが、原子力をやってきた者全体として考え直さなければいけない問題だと思う」
福島「裁判でこれは争点だったんですよ。想定されていたんです。それをないと言ったあなたに責任はある」
斑目「私は原子力をやってきた専門家の意見を代表して申し上げた」
福島「委員長は責任を取るべきです。原子力をやってきた人たちは反省、謝罪をするべき。斑目さん、あなたは謝罪をする気はありますか？」
斑目「原子力をやってきた者の一人として、私個人として謝罪する気はあります」

斑目は言葉ばかりの謝罪を口にしたが、故郷を追われた福島の人々の前で頭を垂れたこともなければ、彼らを少しでも救うために私財を投げ打つこともしていない。

斑目のデタラメ発言はまだまだある。二〇一一年三月二十八日の記者会見で高い放射能汚染水問題を質されると、

「われわれ安全委員会では汚染水の対応については知識を持ち合わせていません」

と言い放ったのだ。原子力安全委員会の存在意義さえ問われかねない杜撰回答だ。

斑目は、行動もデタラメだ。

原発事故から一年近く経ち当時経産相として事故対応の最前線に立っていた海江田万里が、自ら取っていたメモ帳の存在を一部報道関係者に開示した。原発事故パニックの中で何が起きていたかを知る貴重なメモだ。

震災翌日、海江田がベント成功に喜びながらも、１号機に注入している真水が切れたらどうしよう、と懸念していた矢先だった。どうして炉心を冷やせばいいか斑目に相談しようとした。が、その姿がない。周囲に消息を聞くと、首相と福島原発の視察に行き帰京後、自宅に帰ってしまったらしいと判明。

当時、官邸は、だれもが命懸けで着の身着のままで闘っていた最中だった。当然だれもが家などに帰れる状況ではなかった。そんな中、最も原子力の専門知識を持ち陣頭指揮に立つはずの斑目が遁走していたのだった。海江田は至急呼び戻すよう指示。やがて明らかに一風呂浴び、こざっぱりした斑目が、何食わぬ顔で悪びれもせず官邸に姿を現

したのだ。

斑目のデタラメ発言行動は福島原発事故に限ったことではない。遡ればデタラメ発言は数限りなくある。

その第一。安倍晋三内閣時代の二〇〇七年七月、新潟県などを中心にして発生した中越沖地震。M六・八で震度六強の揺れが柏崎刈羽で起きた。この地震で死者十五名、重軽傷者約二三五〇名、建物の全半壊約七千棟という大きな被害が出た。

東電の柏崎刈羽原発の周辺の被害もすさまじかった。施設の至るところで道路が波打って寸断。6号機建屋前のろ過水タンクはボロボロ。6号機天井のクレーン駆動機構軸のジョイントが折れた。また小規模な火災と、かすかな放射能漏れも起きていた。

原子力安全・保安院では、ただちにこの地震の原子力施設に関する調査対策委員会を設置、その委員に選任されたのが斑目だった。

「ところが斑目は想定外の揺れに、B、Cクラスの施設はある程度壊れても仕方がない。だが本丸の一番大事なところ、Aクラスの部分は被害がなかったと、徹底調査する前から安全宣言。さらに格納容器内部を見ていない段階で運転再開に一年以上はかかるだろうと発言、周囲をアゼンとさせた」（新潟県関係者）

それだけではない。当時の揺れは形が歪んで元に戻れない弾性変形の上限である塑性変形S2の四五〇ガルにまで達したと見られた。そうなると、つまり外見上は影響がないように見えても建屋やほかのさまざまな部分に安全を脅かす歪みが残った可能性が高いだけに徹底して検査し、それを確認しなければならなかった。ところが斑目は、その検査以前に勝手に安全宣言を出したことになる。

「これが当時問題になり『そうした発言は東電サイドに沿った発言』と批判されたものでした」（地元住民）

第二に、〇六年三月に公開された六ヶ所村核燃料再処理施設問題を追いかけたドキュメンタリー映画『六ヶ所村ラプソディー』（鎌中ひとみ監督）の中でも、斑目は東大教授の立場だったがビックリ発言をしていた。

「技術の方はですね、とにかく分かんないけれどもやってみようが、どうしてもあります。で、だめ、危ない、となったら、ちょっとでもその兆候があったら、そこで手を打とうと。おそるおそるですよ。原子力もそういうところ絶対あります。だって、例えばですね、原子力発電所を設計した時にはSCCなんてのは知らなかった。だけど、あの、まだいろんなそういう分かんないことがあるから、あの、えーと、安全率っていうかですね、余裕をたーくさんもって、でその余裕に収まるだろうなーと思って始めてるわけですよ。そしたら、ＳＣＣが出てきちゃった」

ここで斑目が語るＳＣＣ（応力腐食割れ）ほど、原発を長年にわたって悩ませている現象はない。

七〇年代に運転を開始した原発では、ステンレス鋼製配管や蒸気発生器伝熱管などでＳＣＣに伴う水漏れが多発し、その点検や補修で長期間の運転停止を余儀なくされた。九〇年代に入っても、加圧水型軽水炉の原子炉容器上蓋や、沸騰水型軽水炉の炉心隔壁（シュラウド）での発生報告が国内外で相次いだ。

「で、チェックしてみたら、まあこれはこのへんなんか収まってよかった、よかった。今まで、よかったよかったで、来てます。ただし、よかったじゃないシナリオもあるでしょうねって言われると思うんですよ。その時は、原子力発電所止まっちゃいますね。原子力発電に対して、安心する日なんか来ませんよ。せめて信頼してほしいと思いますけど。安心なんかできるわけないじゃないですか、あんな無気味なの」

使用済み核燃料の問題に関しては、こんなことも言っている。

「最後の処分地の話は、最後は結局お金でしょ。どうしてもみんなが受け入れてくれないっていうんだったら、おたくには二倍払いましょ。それでも手を挙げないんだったら五倍払いましょ。十倍払いましょ」

これが科学者の言葉だろうか。自身が、東電マネーを注ぎ込まれて「原発は安全だ」と言ってきたことの何よりの証左ではないのだろうか。

二〇一二年三月二十三日、関西電力大飯原発３、４号機のストレステスト（耐性検査）の一次評価について原子力安全委員会委員長として斑目が記者会見した。

会見を聞いてだれもが呆れた。斑目は、安全委員会は運転再開を判断するところではない、それは保安院と政治判断がするもの、自分たち委員会は「ここはこうしてほしい」「この部分はＯＫ」と進言するのみ、と最初から逃げ腰。記者から「一次評価だけでいいのか？」と問われると「二次評価までやってほしい」と科学者としての良心を垣間見せたものの、もう一度一次評価だけでいいのかと質されると「政治判断でなされることで安全委として何かを申し上げることはできない」と述べるにとどまった。

さらに記者から「責任逃れに聞こえる」と再度突っ込まれても「確認したのは保安院」「限界がある」と徹底して逃げるのみ。自身が不安で二次調査までやったほうがいいと思うなら、斑目は「安全委員会では認められないという結論だ！」と宣言すべきだ。不満足、不安としながら保安院と政治の判断に任せて責任を回避したのだ。

「原子力をやってきた者の一人として、私個人として謝罪する気はあります」

と斑目は、国会で答弁した。謝罪の意志が本心であるならば、「割り切らなければ原発は出来ないが、割り切ったことで福島原発事故は起きてしまった。今後一切、原発はやめましょう」と言うべきだろう。論理上は、そうなるはずだ。

科学者としてもデタラメ。人間としてもデタラメ。それが斑目春樹である。

取材があるんなら、事務局を通してくださーい。

斑目春樹突撃インタビュー

班目春樹の自宅は、東京メトロ丸の内線茗荷谷駅の線路沿いの住宅街にある。街道からも駅からもさほど離れてはいないが、複雑怪奇に入り組んで不規則に曲がりくねった地形と、車一台がギリギリ通れる狭い一方通行の道とで非常にややこしい。国道二五四号の春日通りと班目邸の間をさえぎって、ぶった斬るように地上に現れた丸の内線の地下鉄線路と電車庫によって、大きく迂回しなければ近寄ることができない。訪問する際には、地図だけでなく、ＧＰＳで現在地を確認できるカーナビなどの機械を頼りにすることを推奨する。

幾多の紆余曲折を経て到着した班目邸は住宅街の中ではあるが、隣接する建物がなく、孤立して四方を狭い道路に囲まれた島になっている。緑豊かな生垣に囲まれた庭は、テニスコート一面くらいの広さ。さまざまな植物が生い茂っている。隣りの建物前に切支丹屋敷跡地という石碑があり、自宅前の坂道はかつて切支丹坂と呼ばれていた。作家の石川啄木、安部公房、横溝正史はかつてこの近所に居を構えていたこともあるそうな。

張込み初日は、車で現地に到着した。迷路のような道で迷子になりながら、昼過ぎに班目邸前に到着する。出入口は表玄関一ヵ所のみなので監視は簡単なのだが、道をふさいでしまっては長時間の待機はできない。三〇メートル離れたところにようやく道幅が少し膨らんでいる場所があり、車を停めることができた。だが、この距離だと家に出入りする人間の顔が分からない。今回は相棒のＳ氏と共にバックミラー越しに玄関を監視する。シリトリをして退屈をまぎらすが、暇すぎてタバコの吸殻が増える一方だ。

シリトリにも飽きたので班目春樹について検索していたら趣味で描いているという自作のマンガを見つけた。「モラル発達」をテーマにした六コママンガになっている。線が可愛いが内容が強引だ。東京大学ホームページで教員紹介のページを見つけた。

「座右の銘：挑戦すること。生来は慎重すぎる性格だと自己分析しています。そこで『迷った時はやってみる』ことを自分に課しています」

とある。

失言癖の根源はここにあったのか。しかし、こと原子力の運用に関しては慎重すぎても文句は言わないから、安全を最優先してほしいものだ。

十五時、背後からパトカーが現れた。われわれを目当てに接近してくるかどうか分からないが、面倒を避けていったん現場を離れることにした。少し時間を置いてから再び現場に戻ったが、その際ももちろん道に迷った。同じ場所に車を停めてじっと待ち続ける。

十八時三十分、黒のハイヤー（トヨタクラウン）が班目邸前に停まった。これはもしやと思い、ビデオカメラを握って運転席から降り、班目邸前に駆け寄る。Ｓ氏は壁が邪魔をして助手席のドアが開けられず、運転席側から外に出ようとじたばたしている。ハイヤーの後部座席からだれか降りるのが見えて、すぐにハイヤーは走り出した。生い茂る生垣に阻まれて、班目本人かどうか確認できなかった。張込み車両から三〇メートル走って玄関前に着いてちょうど、玄関ドアの中に消えていく背広の後ろ姿が見えた。もう少し粘れば、また外に出てくるかもしれないとＳ氏と相談するが、再びパトカーが背後から現れたのでその日の張込みは終了にした。

翌日は班目の帰宅時間のめどがついたので、夕方十八時以降のピンポイントで張込みを開始する。車での張込みは待機には便利だが、いざという時の機動性に欠けるので歩きで単身現地入りした。ターゲットの行動にだいたいの予測がつくだけでも、ここまで具体的に対策を考案できるのだから、情報は重要だ。

薄暗くなった人通りのほとんどない住宅街で待機するのも、けっこうしんどいものだ。部活帰りの中学生と目が合ってしまった。あまり地域住民と顔を合わせたくないので、丸の内線電車庫横の雑草だらけの空き地を眺めながら待つことにする。カーブミラーと目視確認で、五本の道を同時に監視できる場所なのでちょうどいい。

昨日の帰宅時刻十八時三十分を過ぎて、ポツポツと雨が降ってきた。傘を持っていなかったので十九時には切り上げようという方針を立てる。

十八時四十五分。黒のハイヤーが目の前を通り過ぎて班目邸前で徐行している。間違いない。カメラをスタンバイして駆け寄る。車から班目春樹が降りてきた。かばんなどの荷物はなく、手ぶらでスタスタと玄関目掛けて歩いていく。中年男性にありがちなダボダボのスーツでなく、びしっと体にフィットしたスーツを着て、背筋がピンと真っ直ぐで

とても若々しくフレッシュな印象だ。

「班目先生！」

声を掛けるがこちらを振り向くことはなく、黙って歩きながら右手を耳の高さまで上げてすぐに下ろした。ハイヤーに何か合図を出したのか、厄介払いのためにしっしっとやったのかはよく分からない。班目は玄関のドアに差し掛かった。

「班目先生、東電からいくら金もらってたんですか？　二倍、五倍、十倍ですか？　最後は結局お金でしょ？」

使用済み核燃料の処分地の解決は結局は金だ、と言った時の、斑目の言葉をそのままぶつける。

ドアの鍵穴に鍵を差し込んで、小さく開いたドアの狭い隙間に木の葉のように体を滑り込ませてながら、初めて返事をした。

「取材があるんなら」

語気を強めて不愉快そうに怪訝そうに言い、少し間を置いて、

「事務局を通してくださーい」

と打って変わって語気を緩めて、冗談めかした調子で言い放った直後にドアを閉めた。

班目先生は〝想定外〟は苦手なはずなのだが、冷静沈着に突撃取材を回避した。事故当時もこれだけの危機管理能力を発揮してくれれば、原子炉建屋が吹っ飛ぶこともなかったかもしれない。私が帰り道でも迷ったのはいうまでもない。

やましたしゅんいち
山下俊一

長崎県長崎市城山台２-２-20

（1952 ～）

ナガサキから来た「安心安全」の宣教師

平気でウソをつく大人といえば、今なら野田総理がその筆頭格だが、３・11直後の被曝者対応において、取り返しのつかない悪質なウソをばら撒いた学者の中では、山下俊一の右に出る者はそうはいない。

山下のウソは単純で分かりやすい。本来、被曝由来の疾病はガンのみならず、白血病、免疫不全、心筋梗塞など多岐にわたるはずだ。にもかかわらず、山下は自らの専門領域である外部被曝による甲状腺ガンの知見を被曝全体の基準にすり替え、被曝実態の矮小化を図り、ひたすら「安心安全」を喧伝《けんでん》し続けるやり方だ。しかし、ウソも百万遍繰り返せば力を帯びる。山下の妄言は、国と県によって迅速大量に流布され、福島の被曝対応をミスリードしていった。

☠ 座右の銘は「生命への畏敬」

山下は生まれも育ちも長崎市、「隠れキリシタンの末裔」を自認する被爆二世のカトリック信者だ。一九五二年生まれの山下は、長崎原爆投下直後、自ら被曝しながら多数の被曝者の診療を献身的に行った永井隆博士に感銘を受け、医学の道を志す。長崎大学医学部に学び、九〇年に母校の教授に就任。翌年九一年にはチェルノブイリでの国際医療協力に関与し始め、セミパラチンスク核実験場周辺への医療協力（九五年）、ＪＩＣＡ（国際協力機構）セミパラチンスク地域医療改善計画（〇〇年から五年間）を主導した。

このころから日本の原発政策にも関わりを深め、〇〇年には原子力委員会第五分科会（原子力の研究、開発及び利用に関する長期計画）の構成員、〇二年には原子力安全委員会（原子力施設等防災専門部会）が作成したマニュアル「原子力災害時における安定ヨウ素剤予防服用の考え方について」の主査を務めた。〇九年には原子力委員会の原子力安全研究専門部会・環境放射能安全研究分科会の構成員となり、日本甲状腺学会の理事長にも選出された。

文部科学省、厚生労働省、経済産業省、外務省など「官」との密な交流の賜物で、山下が率いる長崎大学の原爆後障害医療研究施設国際保健医療福祉学研究分野（原研国際）は、文科省の研究拠点形成等補助金事業であるＣＯＥプロジェクトに〇二年、〇七年と二度にわたり採択された。

座右の銘は「生命への畏敬」と「如己愛人」。ナガサキ「被曝ムラ」の首領である。

「安全幻想」流布の軌跡

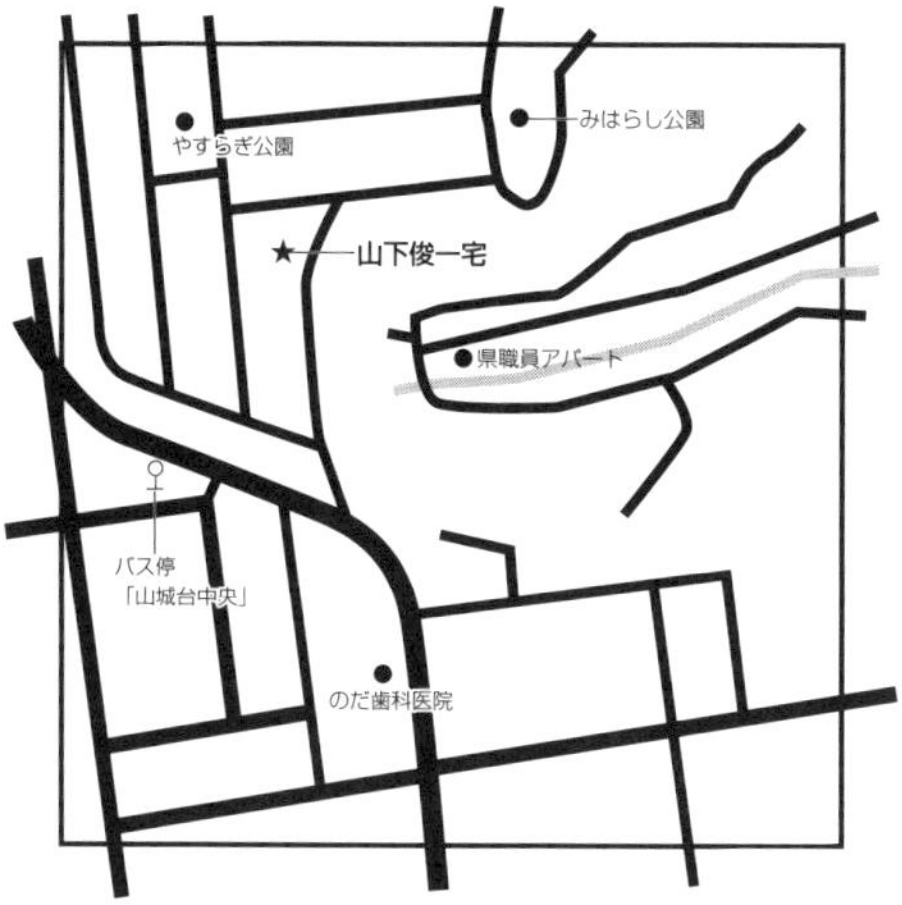

山下の言説は単純だが、事故当初からの彼の行動を時系列で見てゆくと、その稚拙な虚言とは裏腹に、国策に沿って被曝者対策を誘導する狡猾な策士の顔が見えてくる。

3・11直後、山下の初動は迅速だった。福島県知事佐藤雄平の要請を受け、事故発生から六日後の三月十七日には福島に入り、十九日には広島大学の神谷研二（広島大学原爆放射線医科学研究所長）、子飼いの高村昇（長崎大教授）と共に福島県の放射線健康リスク管理アドバイザーに就任した。

就任当日、山下は福島県災害対策本部で記者会見を行い、「放射能のリスクが正しく伝わっていないが、今の（放射線）レベルならば、ヨウ素剤の投与は不要だ」と断言する。同じ日の夜、原子力安全・保安院（西山英彦審議官、当時）は事故直後にヨウ素剤の投与を行わなかった背景を釈明した。

保安院によれば、三月十六日朝に二〇キロメートル圏内からの避難者にヨウ素剤を投与するように国は県に指示したが、十五日昼過ぎには避難が完了していたため、福島県の担当課長が今更服用させても効果がないと判断し、投与が見送られたのだという。

日本での安定ヨウ素剤の予防服用基準値は、推定被曝量一〇〇ミリシーベルト。一一年三月二十四日に公開されたSPEEDIによれば、被曝積算量が一〇〇ミリシーベルト超だった地域は飯舘村、川俣町、南相馬市など多数あった。少なくともこれらの地域住民にヨウ素剤を投与することは法的義務だったわけだ。飯舘村での山下の発言は、ヨウ素剤投与をめぐる保安院の釈明を事前に正当化したともいえる。

事故直後から四月にかけて、山下は「安全幻想」普及のために福島で三十回超の講演をこなしていく。三月二十日のいわき市を皮切りに、福島市（二十一日）、川俣町（二十二日）、会津若松市（二十三日）、大玉村（二十四日）、飯舘村（二十五日）、郡山市（二十六日）と講演は連日開催され、山下は各会場で放言し続けた。三月二十一日の福島市講演は、福島県のホームページなどに動画で掲載され、他所での講演音源も地元のFMラジオ局で繰り返し放送された。

「これから福島という名前は世界中に知れ渡ります。フクシマ、フクシマ、なんでもフクシマ。これはすごいですよ。もうヒロシマとナガサキは（フクシマに）負けた。フクシマの名前の方が世界に冠たる響きを持ちます。ピンチはチャンス。最大のチャンスです。何もしないのにフクシマ、有名になっちゃったぞ。これを使わない手はない」（一一年三月二十一日福島市講演）

「放射線の影響は、じつはニコニコ笑っている人には来ません。クヨクヨしている人に来ます。これは明確な動物実験で分かっています。酒飲みの方が、幸か不幸か、放射線の影響、少ないんですね」（一一年三月二十一日福島市講演）

極め付けのプロパガンダは、「（空間放射線量が）毎時一〇〇マイクロシーベルトを超さなければ（安全だ）」という発言だ。その後、福島県の公式サイトで「毎時一〇マイクロシーベルト」の誤りと訂正されたにもかかわらず、山下の発言で一部の福島県民の間に「多少の放射線量ならば安全」という根拠のない気分が少なからず醸成されたのも事実である。

事故直後の様子は、山下本人が長崎大の広報誌でこう語っている。
「われわれの出番はもっと後だろうと思っていました。実際原発事故で蒸気を調整する弁を触ると言っていたので環境汚染は間違いなかった。ところが三月十五日に状況は一変しました。原発から六〇キロ離れた福島市の雪に放射線測定器がガーガー反応した。これはまずいなと。実際、現地の大学の医療職もパニックになっていたし、国をはじめかなり混乱していました。それで要請を受けて自衛隊のヘリで現地入りしたのです。放射線に関しては、ずっと研究してきた長崎や広島が出ていかないと収まらない。状況は刻々と変わっているし、平時のマニュアルは通用しない。長崎大学の意思決定も早かったので助かりました。『私は闘うよ』と言うと、学長が『じゃあ全面的に支えよう』と言ってくれました」（長崎大学広報誌『ＣＨＯＨＯ』一一年七月夏季号）
　これを読む限り、山下は事故直後の危機状況を冷静に分析できている。しかし、彼が福島で闘った相手は、放射能をまき散らした東電や国ではなく、被曝の不安に苛まれていた福島県民たちだった。

詭弁の告白――「安全」と「安心」は違う

　一一年四月一日付けで山下は福島県立医科大学特命教授（この時点では非常勤）に就任した。同じ日、飯舘村へ向かい、村議会議員と村職員向けのセミナーを開いている。そこでも山下は「今の濃度であれば、放射能に汚染された水や食べものを一ヵ月くらい食べたり、飲んだりしても健康にはまったく影響ない」と安全性を強調した。しかし、その三週間後の四月二十二日、飯舘村は「計画的避難区域」に指定され、一二年七月十七日には、南部の長泥地区が年間五〇ミリシーベルト超の「帰還困難区域」に指定された。

　四月六日には原子力安全委員会・原子力災害専門家グループの一員として官邸に招聘された。山下いわく、「すでに福島県の放射線健康リスク管理アドバイザーでしたから、お断りしたのですが、強い依頼があり、お引き受けした」とあくまで地元重視を強調しているが、四月十一日から六月八日までの約二ヵ月間、山下は文科省（研究開発局原子力損害賠償対策室）原子力損害賠償紛争審査会の委員も務めていた。同審査会は原発事故で発生したさまざまな損害に関する賠償原則を検討する会だ。その議事録で被曝の晩発的影響とその補償について山下はこう意見している。

「身体的な影響というのは、まさに（他の委員の）ご指摘のとおりで、ないとは言えませんので、どこをもって損害賠償の対象にするか、非常に難しいと思います。特に一般住民、これは二〇キロ、三〇キロ圏に限らないということで、子どもであればあるほど、その影響は、感受性が高いわけですから、その辺についての身体的損害が直ちに出ないとした場合に、どこまで賠償の範囲とするのかということの指針は必要かと思います」（第二回議事録、一一年四月二十二日）

この審査会に山下は第一回から六回まで参加し、福島での「被害」の枠組みのみならず、国の「補償」の枠組み策定にも当初から深く関与していたわけだ。

事故から一ヵ月余り過ぎた四月十九日、文科省は福島県内の学校等の利用可否を決める空間放射線量の目標基準を「年間二〇ミリシーベルト以下」と発表した。当時、数値策定に関わっていた東大の小佐古《こさこ》敏荘教授が「容認すれば私の学者生命は終わり」と涙ながらに語り、内閣官房参与を辞任した。

多数の批判を浴びた文科省はこの四ヵ月後（一一年八月二十八日）に、目標基準を「年間一ミリシーベルト以下」に訂正したが、山下の持論は当時もその後も「年間一〇〇ミリシーベルト以下」で一貫している。

山下いわく、事故直後から一一年四月までの混乱期は「（放射線の恐怖を取り除く）クライシス・コミュニケーション」に徹し、その後は「リスク・コミュニケーション」を重視したという。前者は白黒はっきり伝えること、すなわち「安全安心」の流布・浸透で、事故直後から一ヵ月ほどはこれを集中的に展開した。その後は、後者の「リスク管理」に重点を移し、グレーゾーン（科学的に不確定な数値）に対する異論の封印・統制に力を注ぎ始めていく。

一一年五月三日の講演（二本松市）では、こんな詭弁を弄している。質疑応答で「五年後、十年後に子どもたちの健康に影響があったら、あなたは責任を取れますか？　イエスかノーで答えてください」と質問者から問われた山下は、「将来のことはだれも予測できない。その質問に答えるには福島県民全員に協力してもらって何十年にもわたる疫学調査が必要です。だから、その質問への答えはノー」と開き直った。「安全」でなく「安心」を提供してきただけというこの弁は、山下を少なからず信じた被災者にとって絶望的な言い訳だった。

「県民健康管理調査」の欺瞞

同年五月二十七日、福島県は全県民二〇二万人を対象とした「県民健康管理調査」の実施を発表した。この詳細策定を行う検討委員会の座長にも山下が選出された。また、県から調査の問診票の配布、収集、分析業務は、山下がその後副学長となる福島県立医科大に委託された。

調査は「基本調査」と「詳細調査」に分けられた。基本調査は事故当日の三月十一日から七月十一日までの四ヵ月間、「いつ」「どこに」「どのくらいいたか」などを記入することで、各人の外部被曝線量を推計するものだ。これを基に追跡調査が必要と判断された県民に対して、福島県は詳細調査を行う方針だ。基本調査は一一年九月に開始されたものの、回収率はいまだ二割程度にとどまっている（一二年六月時）。地元経済誌『政経東北』（一二年二月号）によれば、「当時の記憶が完全でない中で行動記録を記しても、正確な数値は出ないのではないか」「そもそも『推計』にどれだけの意味があるのか」といった声が多く、調査そのものに疑問を持つ県民が多いという。福島県議会では「検討委員会の座長に山下がいる限り、（基本調査が）県民から信用されるはずはない」と発言した県議もいる。

一二年二月二十日には、調査結果の一部（一万四六八人分）が発表された。福島県立医大は「一〇〇ミリシーベルト以下での明らかな健康影響は確認されていない。放射線による健康影響は考えにくい」と山下とまったく同じ見解で、調査対象全員の被曝線量は「安全」と断定した。山下自身も「今回の成形結果から放射線の被曝による健康影響悪化は考えにくい」と語っている。

この調査結果で最大外部被曝線量だった一般人は飯舘村の女性で、二三ミリシーベルト（事故後四ヵ月間累計）だった。山下はこの線量を無視したが、京大原子炉実験所の小出裕章助教は同じ日のラジオ番組で問題視している。

「普通のみなさんは年間一ミリシーベルト以上は被曝してはいけないというのが法律です。放射線業務従事者は仕方がないので二〇ミリシーベルトまでは我慢しろと言われてきたのです。二三ミリシーベルトというのは、（放射線業務従事者である）私のような人間すらを超えてしまった。しかも一年ではなく四ヵ月で被曝。とてつもない量の被曝をさせられたということです」（一二年二月二十日毎日放送『種まきジャーナル』）

さらに小出助教は、「年間一〇〇ミリシーベルト以下の被曝では明確な発ガンリスクはない」と言い続ける山下を「不誠実な方」と批判した。

「疫学的に、統計的に確たる証拠がないというだけであって、疫学だけではなくて、生物学的な実験データとか、そういうことを総合的に考えれば、一〇〇ミリシーベルト以下であっても必ず影響があると考えるのが現在の学問の到達点です。当然、山下さんもそんなことは十分、ご存知のはずなのですけれど、いまだに証拠がないというような言い方をするというのは、私は不誠実な方だと思います」（一二年二月二十日毎日放送『種まきジャーナル』）

将来、国や東電の賠償責任に絡んでくる被曝者の数をどれだけ少なくできるか？——これも国が山下に託したミッションなのだろう。

批判も織り込みずみの「確信犯」

一一年六月に入ると山下への批判は、福島内外で抗議の行動となって表われる。

まず、山下の放射線リスク・アドバイザー解任を求める県民署名運動が始まった。「子どもたちを放射能から守る福島ネットワーク」、「グリーンピース・ジャパン」、福島大学の後藤忍准教授など有志が共同で行ったこの署名運動では、福島県内で六六〇七筆、全国からは四万筆超の署名数が集まった。

このころ山下は、これまでの言動に一部、反省の含みを持たせてくる。

「確かに表現に気をつけるようになりましたが、ぼくの主張は一貫して『一〇〇ミリ以上で発がんリスクが増える』で、以前も今も変わっていません。福島でも他の場所でも同じことを話しています。ぼくがぶれているのではなくて、周りの受け止め方が変わったのではないでしょうか。現場には専門家が少なく、さまざまな情報が飛び交っているため、住民の不安を煽る形になっているんです。ぼくは福島県や福島県民を応援し、その医療崩壊を防ぎたい。だから『正しく怖がろう』と説明して、落ち着きを取り戻してほしいと考えていました。実際、医学的根拠に基づいたぼくの説明で安心した方も多いはず」（『週刊現代』二〇一一年六月十八日号）

ただ、こうした批判は山下の描いた戦略に織り込みずみだった。一一年七月五日付のインタビュー（橋本佳子『m３ドットコム』編集長）では、「（事故当初から）火中の栗を拾う覚悟だった」と語り、「最初から、非難を受けることを覚悟されていた？」と問われると、山下は「はい」と答えているからだ。

一一年七月十五日にはジャーナリストの広瀬隆氏と明石昇二郎氏が、福島第一原発事故に関わった三十三名を刑事告発した。山下も「業務上過失致傷罪」の一人として訴えられた。一年以上経った一二年八月になって、東京地検特捜部はこれを受理した。東京地検がしっかり捜査することを願うが、いずれにしても時間を要するだろう。だから、山下は、異論や抗議をのらりくらりとかわしつつ、粛々と福島の被曝情報を一元化していける。しかも、その七月、広島大の神谷研二と共に福島県立医科大の副学長に就任したことで、福島の医師会などを通じてより組織的な「安全安心」布教を行えるようになっていく。

「医療関係者が診療の現場で『心配はいらない、もう大丈夫』と言ってあげれば、それだけで落ち着く。私は、これまで集団を対象にやってきたことを個別にやっていくようなネットワーク作りをやっていきます。県や大学を支援しながら、福島を支えていく。それが私のこれからの仕事です」（一一年七月八日付インタビュー、橋本佳子『m3ドットコム』編集長）

「邪教」一掃のための十六人の使徒

事故から時が経つにつれ、山下の「安全」情宣活動もより巧妙になっていく。山下が座長を務める「県民健康管理調査」検討委員会は一一年十二月五日、「福島県『放射線と健康』アドバイザリーグループ」を立ち上げた。

同グループの構成員は十六人。そのほとんどが当然ながら山下派（長崎大系）と神谷派（広島大系）で占められている。山下派は六人で山下、高村のほかに、大津留晶（福島県立医科大学教授、一一年十月就任。前職は長崎大学病院永井隆記念国際ヒバクシャ医療センター副所長）、松田尚樹（長崎大学先導生命科学研究支援センター教授）、鈴木啓司（長崎大学薬学部准教授）、熊谷敦史（長崎大学病院国際ヒバクシャ医療センター助教）がいる。一方、神谷派は三人で、神谷以下、細井義夫（広島大学放射線災害医療研究センター教授）、児玉和紀（放射線影響研究所主席研究員、広島大医卒）だ。

これに加えて原発推進医学の総本山である独立行政法人放射線医学総合研究所（放医研）から、杉浦紳之（緊急被ばく医療研究センター長）、立崎英夫（緊急被ばく医療研究センター被ばく医療部障害診断室長）の二人が名を連ねている。3・11以前から福島県立医科大に在籍していた者は宍戸文男（放射線医学講座教授、東北大医卒）、酒井晃（同大放射線生命科学講座教授）、宮崎真（同大助教、放射線科医師）の三人で、残りの二人は吉田光明（弘前大学被ばく医療総合研究所教授）と甲斐倫明（大分県立看護科学大学教授、ＮＨＫ『サイエンスＺＥＲＯ』が「低線量被ばく　人体への影響を探る」を採り上げた際の出演者）という面々だ。

この十六人が今始めていることは、福島の医療従事者、学校関係者、市町村職員などを対象とした研修会（勉強会）の講師となり、放射線に関する「適切な情報」の普及を図ることだ。アドバイザリーグループは、山下がこの間、主張しているグレーゾーン（低線量被曝の危険性など、科学的に不確定な数値議論）での異論の封印・統制をより効率的に進めていくためのタスクフォース。「邪教」一掃のための十六人の使徒だ。

フクシマを「日本一の長寿県」に！

二〇一二年一月十三日、山下は政府の広報インタビューで、新たな妄言を放った。

「（福島で）将来にわたって永続的に続いていくであろう、甲状腺検診、心のケア、集団検診と、がん検診の受診率の向上や地域がん登録の充実などの包括的な事業は、日本全体にも必要な『健康の見守り事業』の疫学モデルになると思います。たばこや酒などの放射線以外の発がんリスクも含めて、県全体で地域に密着した健康管理を行うことにより、『日本一の長寿県』つまり『世界一』を目指します。結果として、安心して住める『フクシマ』のイメージへとポジティブに変えることにつながるはずです。政府がしっかりと安全のガイドラインや対応策を示すと共に、医療現場は心身に対する適切なケアを行い、県民のいのちと健康問題をしっかりと見守る。現在の環境汚染問題の解決と健康増進事業はセットだと思います」（内閣府野口英世アフリカ賞担当室インタビュー）

　フクシマを「日本一の長寿県」にするのはよいことだ。しかし、その言葉とは真逆な施策を進めているのが山下だ。

たとえば、同月二十五日、浪江町、飯舘村、川俣町山木屋地区の十八歳以下の未成年を対象とした甲状腺検査が発表された。検査対象となった三七六五人中、二六人（〇・七％）に直径五・一ミリ以上の結節（しこり）や二〇・一ミリ以上の嚢胞などが確認された。さらに五・〇ミリ以下の結節もしくは二〇ミリ以下の嚢胞が見つかった未成年は一一一七人と全体の二九・七％を占めた。しかし、山下は「原発事故にともなう悪性の変化はみられない」と語り、全員が「良性結節」と診断された。

　この結果と前後して、山下は日本甲状腺学会を通じて、福島の専門医たちに「混乱を避けるため、健康調査以外の甲状腺検査を行わないように」との指示を出した。

　しかし、この強引な指示には、多くの福島県民が反発した。結果、線量の高い浪江町などは、県と山下の意向に従わず、二〇一二年七月から独自の甲状腺検査を事故当時十八歳以下だった町民（約三千人）に行うことを発表した（二〇一二年六月十三日付福島民報）。

　山下に対する県民や自治体の叛乱は、今後も続くだろう。しかし、山下はこれからも国と県の力を盾にして、自らのミッション（使命）を貫徹しようとするはずだ。そのミッションとは、情報統制を強化しながら、国策に沿って、被曝者の認定と補償の枠組みを整えることである。

☠ 旧ユーゴでの言い逃れをフクシマでも繰り返すのか？

二〇〇五年八月に広島ホームテレビが制作した『埋もれた警鐘――旧ユーゴ劣化ウラン弾被災地をゆく』というドキュメンタリー番組がある。九〇年代、旧ユーゴ紛争の際、ＮＡＴＯ軍が使用した劣化ウラン爆弾で被曝した人たちのその後を追った作品だ。

この番組では、劣化ウラン爆弾を落とされた工場付近に住んでいた住民で、ボスニア東部に移住した三千人超の人々のうち、三分の一にあたる千人がその後、ガンで死亡した事実を報じた。取材チームは当時（〇五年）、ＷＨＯ（世界保健機構）の放射能環境保険課専門科学官だった山下にこの事実に関するインタビューを行っていた。

「私はチェルノブイリに九一年から入りましたので、ちょうど子どもの甲状腺がんが増えつつある、その時だったので、正直言って（甲状腺がんの増加に）驚きましたね。まず、こういうことは長崎、広島の教科書からはありえない。劣化ウランについても、それは理論的には（影響が）小さい、（あるいは）ない、ということが公開されていますけれども、本当に（影響が）ないのか？ ということは、分からないわけです。やはり、われわれは少し、そういう意味では対応が遅いと言われても仕方がない。ただ、これは、国際社会の中における一つの限界だろうなと思います」

理論的にありえなかったことが、旧ユーゴでは十年後に起こってしまったわけだ。しかし、御用学者や役人は、事実を隠し、真相を先延ばしにする。その後、どんな悲劇が起きたとしても、責任を負おうとしない。今年還暦の山下が、十年後のフクシマで同じ台詞を言わないか？ そうさせないためにも、今真っ先にフクシマから切除すべき悪性腫瘍は、山下俊一なのである。

高村《たかむら》 昇《のぼる》

長崎県長崎市彦見町23‐5

（1968〜）

長崎大医学部の「闇」を継ぐ傀儡《くぐつ》

☠ 従順な下僕

「医師」と言われればそうも見えるが、「教授」と言われるとピンとこない。福島では山下を常に立て、師匠の秘書役に徹する高村昇は、どこかの市役所で見かける公務員のようだ。物腰柔らかく、口調は慇懃。だが、福島で被災者に語りかけた内容は、時に師匠山下を凌ぐほど短絡的で残酷な毒を持つ。

「現時点では、そしてこの先も、この原子力発電所の事故による健康リスクというのは、『非常に』と言ってはいけません、『まったく』考えられないと言ってよろしいかと思います」（二〇一一年三月二十一日、福島市講演会）。

高村は福島で毎回ほぼ同じ話をしていたのだろう。師匠山下が話し飽きた放射線の概要を繰り返し、話し続けるその姿は傀儡のようだ。その典型が、放射線のリスクとベネフィットの話だ。

「ある一定の線量は人間のためには害にならない、むしろベネフィットになる。例えば今言いましたような、X線を使うとか、胃の透視に使うとか、あるいはCTに使うとか、そういった量は、例えばもちろん、原爆の被曝する量、原爆によって被曝した量、あるいはそれよりも少なくなりますけれども、チェルノブイリで被曝した線量に比べればはるかに低い線量なわけです。

郵 便 は が き

料金受取人払郵便

神田支店
承認

5101

差出有効期間
平成26年7月
31日まで

101-8791

506

東京都千代田区三崎町3丁目3−3
太陽ビル701号

株式会社 鹿砦社 行

101−8791 506

◎読者の皆様へ

毎度ご購読ありがとうございます。小社の書籍をご注文の方はこのハガキにご記入の上、切手を貼らずにお送り下さるか、最寄りの書店にお持ち下さい。申込書には必ずご捺印をお願いします。

帖　合

この欄は記入しないで下さい。

鹿砦社 御購読申込書

下記の通り購入申込みます。

年　　月　　日

書　　名	定価(税込)	申込数
東電原発おっかけマップ	1,995円	
まだ、まにあう!	980円	
東電・原発副読本	800円	
原発と原爆	800円	
原発のカラクリ	1,680円	
鹿砦社刊→		
鹿砦社刊→		
鹿砦社刊→		
鹿砦社刊→		
鹿砦社刊→		
鹿砦社刊→		
鹿砦社刊→		
鹿砦社刊→		
鹿砦社刊→		
鹿砦社刊→		
鹿砦社刊→		

〒　　　　電話　　—　　—

御住所

フリガナ

御芳名　　　　㊞

そして、ニュースでよく説明がありますように、今回、例えばヨウ素131が一時間当たりに出ている量、あるいは一日当たりに出ている量、それも空気中にある量ですね、それは、そのCTであるとか胃の透視の検査よりもさらに少ない量であるとよく説明を受けられていると思います。
ですから、それを考えると、明らかにチェルノブイリやあるいはナガサキ、ヒロシマの原子爆弾とは、今回の一連の福島第一原発の事故というのはまったく性格の異なるものであろうということが言えます」(二〇一一年三月二十一日、福島市講演会)。

事故直後、フクイチの原子炉の状況など知りえたはずもない高村が、放射線疫学の学者として登壇し、こんな乱暴な楽観論を述べていたのは、師匠山下以上にぶざまである。

☠ もう一人の恩師、長瀧重信

一一年三月十九日、長崎大の山下、広島大の神谷という「被曝ムラ」悪の双壁と共に、一介の中堅学者である高村も、福島県の放射線健康リスク管理アドバイザーに就任した。この人事は師匠山下のご寵愛の賜物だろうが、同時に長崎大が戦後、脈々と引き継いできた「閥の系譜」の力もある。

一九六八年生まれの高村昇は、九三年に長崎大学医学部を卒業後、研修医、院生、助手として、幾人かの恩師に教えを受けてきた。多くの学者の世界がそうであるように、学者にとって恩師の思想

と言動は、弟子の言動の基本となる。とりわけ「象牙の巨塔」の医学部世界はそれが顕著だ。戦後史ジャーナリストの堀田伸永氏によれば、「大学なら教室の専任教授、医学部長や付属病院の院長に大きな影響を受けている。残念なことに患者の健康よりも自分の出世を大切に思う医学者は、十中八九、指導教授、上司から影響を受け、留学先、研修先、就職先まで世話になっている」という。

高村の学者人生を決めたのもこうした恩師との縁に尽きる。彼は研修医、助手時代に幾人の指導教官に「忠誠と服従」を生涯誓うことで、今の地位を築き上げてきた。その最も大切な恩師は山下俊一だが、山下と並ぶもう一人の恩師が、長崎大学名誉教授の長瀧重信《ながたきしげのぶ》（一九三二年生）である。

長瀧は、東大、ハーバード大医学部出身の内科医で、長崎大医学部長や放射線影響研究所（ＲＥＲＦ＝放影研）理事長を務めた原発御用学者の重鎮だ。九〇年代に山下や高村をチェルノブイリに連れていった長崎大被曝研究閥の長で、国際被ばく医療協会の名誉会長でもある。

長瀧の履歴で注目すべきは、ＲＥＲＦの第四代理事長（九七〜〇一年）だったことだ。ＲＥＲＦは、一九四七年に米国が原爆被爆者の調査研究機関として設立した米国原爆傷害調査委員会（ＡＢＣＣ）を組織の前身とする。ＡＢＣＣは米原子力委員会（ＡＥＣ）の資金供与で広島と長崎に立ち上げられた米国の機関だ。それが一九七五年に旧厚生省の国立予防衛生研究所（予研）と共に再編され、日米共同出資の研究機関として改組・設立されたのがＲＥＲＦだ。

広瀬隆氏によれば、ＡＢＣＣとは「ヒロシマ・ナガサキに原爆を投下した米軍が、被爆者をモルモットにして、原爆が人間にどのような影響を与えるかを調査した」機関であり、その継承組織であるＲＥＲＦには、「原爆・原子力被曝や薬害・公害の被害実態を意図的に過小評価してきた日米権力人脈による共謀の『何か』が存在するはず」と指摘している（『腐蝕の連鎖』一九九六年、集英社）。

同書で広瀬氏は、長瀧の先輩でＲＥＲＦの第二代理事長だった重松逸造《しげまついつぞう》（一九一七〜二〇一二年）の履歴を描いている。

「国際原子力機関（ＩＡＥＡ）が組織したチェルノブイリ原発事故の被害を調査する団長となった重松は、チェルノブイリ被曝現地を訪れながら、まったく放射能障害がないかのような結果を報告して、全世界からの怒りを買ったのである。安倍英《たけし》と同じ海軍出の重松は、国立公衆衛生院で慢性伝染病室の室長をつとめたあと、スモン病、イタイイタイ病、川崎病などの研究班長を歴任しながら、いずれもこれらの公害の発生原因である物質をあたかも『シロ』であるかのように判定した人間であった」（前掲書）

公害訴訟でもチェルノブイリの被曝でも、有害物質と健康被害には「因果関係なし」と断じてきたのが重松で、その後継者が長瀧だ。そして、この長瀧の薫陶を受け、日本財団（旧名、日本船舶振興会）の資金提供でチェルノブイリの被曝調査に派遣されていたのが山下、高村なのである（長崎大学としては九〇年から笹川記念保健協力財団の支援でチェルノブイリでの被曝検診プロジェクトを開始した）。

☠ 長崎大医学部の「闇」を継ぐ者

長崎大学は山下、高村の活動を全学的に支援している。二〇一一年六月には片峰茂学長が、名指しで二人の活動を絶賛するプレスリリースを発表したほどだ。

「原発事故が長期化、深刻化の様相を見せ出した三月中旬、長崎大学は支援を福島県に集中することを決定しました。それ以降、延べ百人を優に超す大学職員が現地に赴き活動を行ってきました。とくに、山下俊一教授や高村昇教授を中心とした放射線健康リスク管理チームは福島県の危機管理のリーダーとして、きわめて重要な役割を果たしてまいりました。（中略）福島県に赴き、現場が抱える問題に直接接しながら、専門家として福島の原発事故による健康影響について一貫して科学的に正しい発言をしているのが山下教授であると、私は思っています」（一一年六月二十三日、長崎大）。

震災直後の三月十二日、長崎大学はいち早くＤＭＡＴ（災害派遣医療チーム）を被災地に向け出発させたり、翌十四日に水産学部の練習船「長崎丸」を救援物資輸送で出港させたりと被災地支援の迅速さで、他の大学より優れていたことは確かだ。また、東電絡みでいえば、長崎大は二〇〇二年、東京電力からの寄付講座を学内の反対で取り止め、寄付金九〇〇〇万円を東電に突き返した自治独立の歴史も有している。

しかし、長崎大には、過去六十年以上にわたって被爆地ナガサキに根付いてきた被曝医療利権という宿痾がある。長瀧重信が種を撒き、山下俊一らが育ててきたこの悪性遺伝子のＤＮＡを、今後も末永く継承し、新たな被爆地フクシマに転移させるために不可欠な「入れ子」の一つが、高村昇という傀儡なのではないか。

大橋《おおはし》弘忠《ひろただ》

(1952 ～)

滋賀県草津市笠山５‐３　メゾンドール瀬田・公園都市

「プルトニウムは飲んでも大丈夫」のキング・オブ・御用学者

「プルトニウムは飲めるか。プルトニウムは水に溶けにくいので、仮に人体に入っても外へ出て行く、と述べたのが、それならプルトニウムは飲めるのか、飲んでみろ、となっているらしい。文脈を考えれば分かるのに、今時小学生でもこんな議論はしないだろう」

ずいぶん挑発的な言辞だ。これは東大大学院工学研究科の大橋弘忠教授のホームページに二〇一一年一月二十八日にアップされた内容だ。

一一年三月に起きた福島第一原発の一連の爆発で、多くの放射性物質が撒き散らされた。３号機からは、プルトニウムさえ外部に漏れ出したと言われている。そして今も原発周辺住民の大半は故郷を追われて帰還のめどさえ立っていない。そしてプルトニウムに怯える日々が、日本全体を覆ったままだ。

「プルトニウム」がなぜ怖いか。専門家によって意見の異なるところだ。「地球上で最も毒性の強い物質」「長崎の原子爆弾はプルトニウムで作られた」「プルトニウム角砂糖五個分で全人類が全滅」「一グラムで五十万人が死亡」という極端なもの。

一方では大橋教授のように、水に溶けにくいし体内に取り入れられても早く排泄しやすいので体内に留まることはほとんどない、ウランと比較してもさほど大きな毒性の違いはない、つまりしっかりと管理された中でプルトニウムを扱うなら、まったく問題はない、という論がある。

しかし、なぜもかくほどにプルトニウムが問題になり、そこで大橋教授がことさら注目されたのか。

日本の原発の歴史を簡単にトレースしてみよう。

原発の燃料ウランは世界で限られた量とされる。その量は石油、石炭と比較しても非常に少ないという。そのウランを日本で最も多い原発型、軽水炉の燃料として利用できるのはわずか〇・七％。残りは軽水炉では廃棄物となる。この限りある燃料をなんとか延長させる方法はないかと模索されてきた。プラス多くのプルトニウムを持つことは原子力の安全利用、国際公約からも逸脱する。

そこに浮上してきたのが、高速増殖炉だ。軽水炉では廃棄物となっていたプルトニウム２３９とウランを用い、消費する核燃料よりも新たに生成する核燃料のほうが多くすることができ、発電もできる。

日本は研究を積み重ね、高速増殖炉もんじゅ（福井県）を八三年に着工、九五年に発電に漕ぎ付けた。だが、このもんじゅ、冷却するナトリウム漏れ事故（九五年）、部分装置落下事故（二〇一〇年）など、思うようにコントロールできない事故が相次ぎ、十分に稼働できない時期が続いて、今日に至っている。

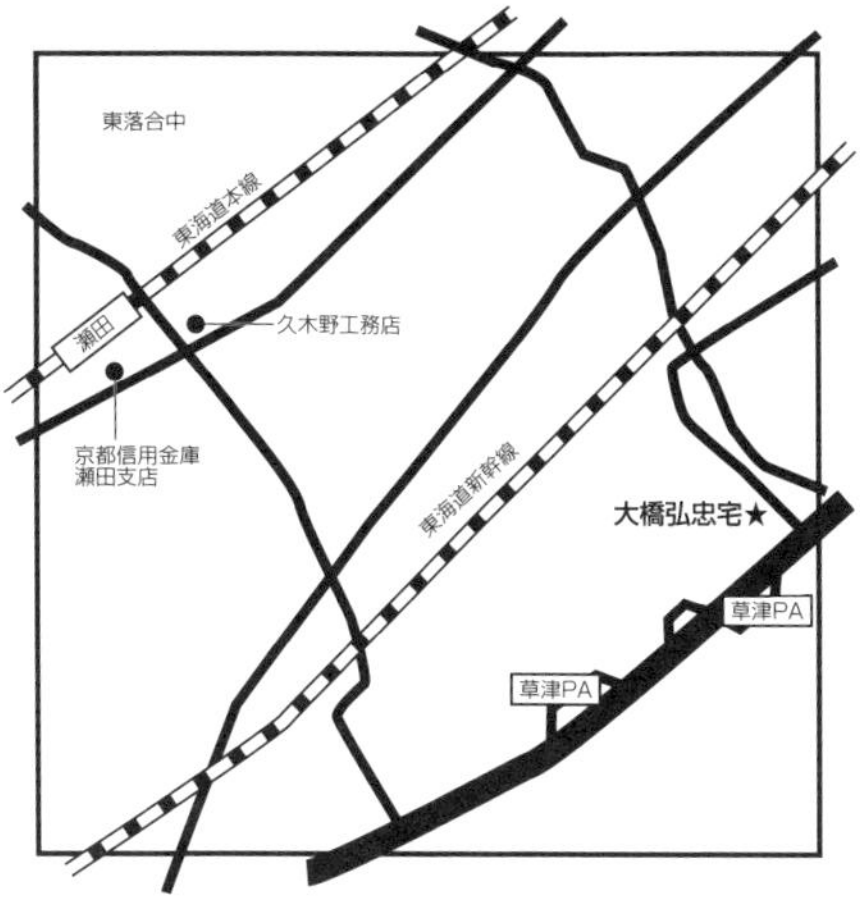

そのため、新たに出てきたのがプルサーマル計画だった（プルサーマル計画については二一二ページ、迎陽一の項も参照）。

日本のプルサーマルは一九六一年の第二回原子力開発長期計画から国の計画にあがっていた。しかし八〇年代末にごく少数体の試験を実施したがほとんど見向きもされなかった。ところが、九七年ごろから各電力会社が急にプルサーマル計画実施の動きを始めた。前述したように高速増殖炉もんじゅの事故が起きたためだ。

もんじゅが動けずプルトニウムの使用

目的がなくなってしまうとプルトニウムを取り出す資源のはずの使用済み核燃料がごみにすぎなくなる。再処理工場がある青森県の六ヶ所村や原発が建設されている地元は使用済み核燃料のごみ捨て場になりかねない。すると使用済みウラン燃料の受け入れや原発内貯蔵プールの増設を拒否する動きともなりかねない。使用済み核燃料の行き場がなくなれば、すべての原発を停止しなければならなくなる。

一方、プルトニウムは核兵器の材料だ。日本は核兵器開発の疑惑を抱かれないため余剰のプルトニウムを持たないと国際公約をしている。すでに取り出された四〇トン超ものプルトニウムが燃料として使用されないまま保管されると国際約束違反になる。

これを避け、原発を動かすためには、プルトニウム使用の実績が必要だ。国はプルトニウムの新たな使い道として、プルサーマル計画を立ち上げようとした。

「ところが最初は国産ＭＯＸ燃料（ウランにプルトニウムを混ぜた燃料）がなかった。そのため関電は英国ＢＮＦＬに作らせ輸入した。だが製造データの捏造が発覚し、九九年計画は中断に追い込まれた。また東電のプルサーマルは〇二年の東電原発の事故隠し事件によって福島県知事に拒否、新潟県では刈羽村住民投票によって拒否されたまま、再開のめどが立たなくなった」（プルサーマル反対関係者）

高速増殖炉のつまづきのためピンチヒッターとして満を持してバッターボックスに立とうとしたプルサーマルにも、にわかに暗雲が立ち込みだしたのだ。

さらに、プルサーマル計画には真夏の怪談にも匹敵することが行われようとしていることも、発覚した。プルサーマルは商業ベースで行う。そのため経済効率第一で安全性より経済性が優先される。つまり今、日本で最も多い軽水炉型原発を、プルトニウムを燃やすのに適した構造に変えることをしないまま、ＭＯＸ燃料を使うということが判明したのだ。

さらに、加工、輸送、貯蔵などの費用や手間を抑えるため、一度にできるだけ多くのプルトニウムを使おうと、プルトニウムの濃度（プルトニウム富化度）を高くする。推進側は各国に実績があるというが、日本のプルサーマルは世界で実績のない高含有率で始めようとしていたという。加えてウラン燃料と混ぜて使うことの問題には目をつぶり、試験過程抜きで、いきなり商業利用でスタートすることになり、専門家の間でも「大丈夫か」と異論が続出していた。

「今の原発はウラン燃料用に設計されたもの。推進側は『今の原発でもプルトニウムがあり、燃えているから、プルサーマルでも同じ』と主張するが疑問。今の原発ではプルトニウムの出来方、燃え方が炉心全体になめらか。だがプルサーマルでは燃え方にばらつきがあり、よく燃えた個所で燃料破壊が起こりやすくなる」（原子力工学研究者）

そうした数々の疑問の最中、佐賀県では〇五年十二月に九州電力が佐賀県の玄海原子力発電所3号機で日本初のプルサーマル発電を目指そうとした。

それにはまず、地元住民、県民が納得しなければならない。そこで安全性を県民に納得してもらうための公開討論会が複数の専門家を招いて行われた。

そこに招かれたパネラーが、大橋教授だった。ほかにも次のような人たちがパネラーとして招かれた。九州大学大学院教授・出光一哉《いでみつかずや》氏。京都大学原子炉実験所助手・小出裕章氏。美浜・大飯・高浜原発に反対する大阪の会代表・小山英之氏。そして現在防衛大臣を務める森本敏氏が、拓殖大学海外事情研究所長という肩書きで参加。さらに神戸大学海事科学部助教授・山内知也氏の計六名だ（いずれも当時の肩書き）。

「その時、色分けとしてはどちらかというとプルサーマルは安全という立場が出光教授と大橋教授、そして懐疑的立場が小出氏と小山氏。あとの二人、つまり森本氏はテロの危機という立場、そして山内氏は原発の耐震性をしっかりと見極めてから結論を出すべきという立場だ。ここで大橋教授の発言を巡って『プルトニウムは飲めるか、飲めないか』発言騒動になったのですよ。ただ当時、大橋教授は一貫して、こんな議論をするまでもなく、科学的に見たら安全性は確実なのに、なんで今さら、こんな馬鹿げた討論会をやっているの、という上から目線発言。それに対しては詰めかけた会場住民からも反発の声が起きたのです」（当時取材した全国紙科学部記者）

大橋教授がどんな発言をしていたか当時の佐賀県の議事録から追ってみよう。

大橋「プルサーマルは安全性が現行の軽水炉と変わることはない。プルサーマルの基本問題に戻ると、核的特性を正しく予想できるかどうか。その核的特性を予測したものから安全評価の入力を作って運転停止特性、過渡変化、事故の時どうなるかという検討をする。核的特性については、これまで軽水炉、プルサーマル、高速炉、実験炉、新型転換炉などで多様な条件の経験と実績を持っている。それと、核データベースの整備、解析手法の改良、計算機性能の向上とあいまって、基本的に一〇〇％の確率で正しく予測できるという技術は確立している。これに、プルサーマルに関しては臨界実験や装荷割合、原子力出力、燃焼度、プルトニウム含有率についての実績をベースに判断をしている。事故の影響範囲については技術的に想定しうる最大の放射能漏洩を仮定してＭＯＸを装荷した時に、よう素が一％弱増えるが希ガスは五％強減るという結果になっていて現行と同等だ」

大橋教授はプルサーマルの安全性をこのように強調した。そして返す刀で批判論をバッサリ切る。

大橋「どなたのオリジナルか分からないんですけど、原子力資料情報室のホームページに解析が貼ってあって、その解析の内容というのがちょっと言葉は過激ですけどもむちゃくちゃ。ラスムッセン報告の特別なシナリオを持ってきて、三〇年前のですね。プルトニウムとか他の元素がチェルノブイリよりさらに放出されるという想定をしている。これは、捏造ともいえる解析で技術的には発生しないシナリオ。確率的な議論を決定論的に置き換えているとか、軽水炉ではチェルノブイリのようなことは起きるわけがない。プルサーマルの安全性のまとめだがプルサーマルは現行の軽水炉とまったく同じ安全性と信頼性を持っている。安全余裕を食いつぶすとか、事故の影響が二倍四倍になるというようなことはまったくない」

理論的にも見える批判を強め、そして県民に訴える。

大橋「ここで是非申し上げておきたいのは、玄海町だとか佐賀県の地元の方々が不安を感じる必要はまったくありません。技術的に不誠実なのはだれでしょうか。技術的にまったく根拠がない話です。学会では全然発表なんかされたことがありません。都合のよいデータを使って都合のよい解釈をする。関係のない話を持ち出されます。チェルノブイリなんか、軽水炉と全然関係がないという結論が専門家の間で決まっているのに、チェルノブイリがどうだとか、今日も先ほどの資料で拝見したんですけど、地震の話が出されると思います。今日、われわれはプルサーマルの安全性、つまり玄海３号炉のウラン燃料のかわりにＭＯＸ燃料を入れた時に安全性が確保されるかどうかという議論に来ているのに、地震なんか全然別の話題ですけど、それも怖いですよ怖いですよと恐怖心を煽るような話になってると思う」

こう何度も安全性を強調、そして不安を煽る話は「捏造データ」とバッサリ。そして、「とんでも発言」が飛び出した。

大橋「事故の時どうなるかは、想定したシナリオに依存する。全部壊れ、全部環境に放出されたらどうなる。それは大隕石が落ちたらどうなるかと起きもしない確率についてやっているのと同じ。みなさんは原子炉で事故が起きたら大変だと思っているが、専門家は格納容器が壊れるとは思えない。ここがこうなって、こういう理論と技術で水蒸気爆発は起こらない。しかし反対派の人たちは、いや分からないという。だから議論はかみあわない。もう一つはプルトニウムの毒性。非常に誇張されている。テロリストがプルトニウムを盗って貯水池に投げ込んだ。何万人死ぬか。

一人も死なない。プルトニウムは水にも溶けないし仮に体内に入ってもすぐに排出されてしまう。小出さんが言っているようなことはプルトニウムの粒々を肺を切開手術して肺の奥深くに埋め込むのと同じ。そんなこと言ったら自動車にも電車にも乗れない」

この発言に小出裕章氏は、明快に反論した。

小出「毒物というのは、体への取り込み方でその毒性が変わります。例えば、口から食べる場合。食べたり飲んだりする場合、それから、呼吸で取り込む場合でまったく違います。今、大橋さんがおっしゃったのは貯水池を汚す、あるいは飲んだって大丈夫だということをおっしゃって、口から取り込む方のことをおっしゃったわけだけども、プルトニウムの場合に怖いのは、鼻から呼吸で吸入する場合です。その毒性は、ものすごく恐ろしいものです。（中略）マイクログラムというのは一〇〇万分の一なんです。ですから、手のひらに乗っけても感じない、こんなものが計れる天秤はほとんどのみなさんの家にはないし、大学にもほとんどないというぐらいの、それぐらいのほんの少量でも、もし吸い込むようなことになれば肺がんで死んでしまうという、プルトニウム研究者がみんなが合意している、そういう毒物なのです。ですから、貯水池に汚染して飲む場合とかいうのではなくて、事故の場合には原子力発電所から気体になったものが流れてくるのです。それを吸い込むことが危険なのです」

大橋教授はこれに、「どうして気体になるんですか？」と問うているが、これに対する小出氏の答えも明快だ。

小出「事故の場合にはもちろん微粒子になるわけですし、ものすごい高温になっていますので、エアロゾルにもなって出てくるわけです。ですから、近傍で落ちるというのは本当です。しかし、でも、粒子になって、粒子あるいはエアロゾルになって飛んでくるという成分も必ずあります」

まさにそのとおりのことが、福島原発の事故では起きたのだ。

大橋は、ある種の論争術の達人なのだ。スリーマイルの事故でも、その直後には「原子炉は溶けていない」といわれていたが、五年経って、ようやく原子炉の中をのぞけるようになって、初めて原子炉が溶けていたんだということが分かった、という事実を小出氏が出した後でも、「専門家は格納容器が壊れるとは思えない」と言い切ってしまう。

ある人々はそれを尊大だと見るが、東大教授があれだけ自信を持って発言しているのだから本当だろう、と信じてしまう人々も多いのではないか。

プルトニウムだけでなく、「事故の時どうなるかは想定したシナリオに依存する」という発言もめちゃくちゃだ。事故がシナリオどおりになど起きるものではないということは、福島原発事故を待つまでもなく、スリーマイルやチェルノブイリを見れば明らかだろう。

大橋教授は「私は水蒸気爆発の専門家です」と言って爆発の可能性を否定したのだが、彼の専攻は、システム創成学である。大橋研究室のホームページを見ると、「コンピュータ・シミュレーションの新しいモデルを作ること、そして、それを用いて複雑な自然、人間、人工のシステムを解明し、創造していくことを目標としています」と書かれている。専門家に聞くと、鍋でお湯を沸かす時の液体の動きでさえ、コンピュータ・シミュレーションで捉えきれないという。とても、水蒸気爆発の専門家などとは言えない。

大橋は、東大の大学院を出た後、東京電力に入社して五年ほど勤務している。その後に東大に復帰して、日本原子力学会地震安全特別委員会の委員長を務めている。彼に地震の専門知識があるとも思えないのだが、公開討論会でも、「地震なんか全然別の話題ですけど、それも怖いですよ怖いですよと恐怖心を煽るような話になってると思う」と地震への懸念を、強い口調ではねつけている。こんな人物が委員長を務める地震安全特別委員会で、安全性が高められるわけもない。その後は、原子力委員会「原子力政策大綱」の策定メンバーにも名を連ねている。原子力ムラの中心人物というわけである。

念のために書き添えておくが、東大には、こんなトンデモ教授ばかりがいるわけではない。福島原発事故後に大橋のプルトニウム発言が話題になると、東大のアイソトープ総合センター長を務める児玉龍彦教授は、「東大の教授でプルトニウムを飲んでも大丈夫などと言った者がいるが、とんでもない！」と憤った。

大学からも、プルトニウムの話はするな、と止められていたようだが、事故から一年近くを経て自らのホームページで吠えたのだ。それが冒頭の「小学生の議論」だ。そこには、こんなことも書かれている。

「原子炉事故の場合は水蒸気爆発は起こらないと考えられている」

じゃあ、あの爆発はなんだったのかと思うが、確かに専門用語としての「水素爆発」と「水蒸気爆発」は違うものだ。したがって、福島原発事故ではまだ、水蒸気爆発は起きていない、ということになるらしい。お得意のレトリックだ。

もしや、公開討論会での「格納容器が壊れるとは思えない」発言についても、何かレトリックが施されているかと探してみたが、さすがにそれは見あたらなかった。さすがの大橋教授でも、福島原発事故で格納容器が壊れたことまでは否定できなかったわけだ。

負けた論点についてはこっそり引っ込めてしまうのも論争術の常套だが、こんな輩が、真理を追究する学者と言えるだろうか。

「大橋くん、格納容器が壊れるとは思えないって言ったよね」と言われて、「ぼく、そんなこと言ってないよ」というのでは、それこそ小学生でもしない議論ではないか。この話を小学生たちにしたら、「間違えた時に謝らない大人は、本当に困る。何が正しくて何が間違っているか、分からなくなるから」と言っていた。たいていの小学生は、大橋よりは誠実である。

二〇一一年十月、北陸電力は「社外の声をうかがう会議体」として、原子力安全信頼会議を設置したが、七人のメンバーの一人が大橋教授である。こんな人物に安全や信頼を委ねるなど、北陸電力はいったい何を考えているのだろうか。原子力は安全だと言ってくれればだれでもいいのか。電力会社に今さら見識など求めても仕方がないが、福島原発事故の惨状を見ても、何も顧みることもできない会社だということを世に公言しているに等しい。

恥じ入って沈黙しているならまだしも、このような会議のメンバーに名を連ねるなど、原子力ムラにぶら下がっていないと生きていけない、よほど貧弱な頭脳、恥知らずな精神しか持ち合わせていない学者なのだろう。

大橋先生、プルトニウムのことまた教えてください。

大橋弘忠突撃インタビュー

「プルトニウムは飲んでも大丈夫」で有名な大橋弘忠教授を探して、東京大学を訪問した。

大橋教授の勤務先である東京大学大学院工学系研究科システム創成学専攻（二〇一二年六月現在）は、同専攻のホームページによると東大工学部の三・四・八号館の三箇所に分散している。

東京メトロ丸の内線本郷三丁目駅を下車し、赤門をくぐって東大本郷キャンパスに到着する。キャンパス案内の地図を確認して歩くこと十分ほど、工学部八号館が目の前に見えた。三つある建物のうち、どこに大橋教授がいるか分からないので、とりあえず中に入ってみる。

一階エントランスの案内板を眺めたら「大橋教授室　２２３」と書いてある。学務室だか教務課だかの窓口で、教授室の場所をたずねようかと思っていたのに、あまりにも簡単に見つけてしまって拍子抜けする。

階段をのぼって二階、すぐ目の前に大橋教授室はあった。扉からは室内の蛍光灯の光が漏れている。中から人の気配も感じる。

教授室のドアをノックする。

「大橋先生いらっしゃいますか？」

「はいどうぞ、開いてますよ」

これまでの突撃取材で最短記録だ。わずか十五分で本人に辿り着けるとは、想定していなかった。大学教授は「会いにいけるアイドル」なのだ。

教授室は八畳ほどの広さ。部屋の真ん中から奥の窓側は、一五〇センチほどの磨りガラスのパーテーションで仕切られている。その手前には四人がけのテーブルがあり、資料などが雑然と積んであった。パーテーションの向こうから肩から上だけのぞくような形で大橋教授が立ち上がりこちらを見る。白いワイシャツにネクタイを締めていた。窓際にデスクが設置されているらしい。

ドアノブに手をかけ、部屋の中をのぞき込むような格好のまま言う。

「突然失礼します、取材を申し込みたいのですが」

「取材はろくな目にあったことがないから、勘弁してほしいな」

大橋教授はパーテーションの向こうで、ニコニコしながら柔らかく断る。プルサーマル公開討論会の一件以降、大学側から勝手な発言を慎むよう釘を刺されているそうだ。

「プルトニウムの件でうかがいたいことがあります」

言いながらさりげなく、部屋に入ってドアを閉める。プルトニウム教授と個室で二人きりだ。教授に特段慌てる様子はない。

「先生がおっしゃったことの真相をうかがいたくて参りました。〝プルトニウムは飲んでも大丈夫〟という発言についてですが、本気で言ってるんですか？」

「公開討論での私の発言の全容は議事録を読んでいただければ分かりますよ」

東京大学工学部８号館と、「大橋教授室」のプレート

プルサーマル公開討論会の内容は、一七六ジペーからの大橋の項を参照してほしい。

「九州電力から金をもらって原発推進派擁護の発言をしてるんじゃないかといわれてますが、実際のところはどうなんですか?」

「そんなものもらっているわけがない」

「じゃあ、科学者としての信念の元に、原発は絶対安全だとかいうお話をされたんですか?」

「そうです。科学的な知見に基づいて正しいことを話したまでです」

科学的技術的な安全説が、福島第一原発事故という事実に覆された今も、自信満々なのはいったいどういうわけか。無根拠な安全神話に洗脳されてきた御用学者脳は、原発事故という事実を認識できていないのか。

「プルトニウムは飲んでも大丈夫なら自分で飲んで見せろという問い合わせが多いそうですが、やっぱり怖くて飲めないですか?」

「その質問自体がナンセンスだから答えたくない」

「でも、もし仮に飲まなければいけない状況になったとしたら、安全だから飲めるんですよね?」

「そんな状況は想定しえないし、そういうナンセンスなフィクションに付き合いたくない」

想定しえない状況を奇妙なレトリックで持ち出したのは自分のくせに、ナンセンスだなんて呆れたものだ。

「安全なら自分の家族がプルトニウムを飲んでも平気ですか?」

「ナンセンスだ。くだらない質問には答えたくない」

〝プルトニウム飲め〟には一切応じるつもりがないらしいことは分かった。質問の矛先を変えて、事故後の現状をどう認識しているのかについてたずねることにした。

「じゃあ、プルトニウム以外の放射性物質に関してはどうお考えですか?」

「専門外だからよく分からない。悪いけど、これから人と会う約束があるからもう帰ってくれ」

放射性物質が専門外でよく分からないのに、「プルトニウムは飲んでも大丈夫だ」と断言できるのも不思議な話だ。単に〝プルトニウムは水には溶けない性質だ〟ということを言いたかったということのようだが、プルトニウムを飲むことになるような状況とは、いったいいなんなのか。

〝プルトニウム飲め〟から話題を変えた途端に、「これ以上居座ると警備員を呼ぶぞ」と追い出されてしまったので残念ながらそれ以上くわしい話を聞くことはできなかった。

大橋教授に対するさらなる追及は読者諸氏に委ねよう。東京大学本郷キャンパス工学部八号館２２３号室を訪ねれば、ご本人から回答が得られるかもしれない。

衣笠善博《きぬがさよしひろ》（1944～）

（勤務先）東京都千代田区猿楽町１-５-18　千代田ビル８階
地震予知総合研究振興会

一度「活断層カッター」で斬られてみろ！

「活断層カッター」の異名を持つ代表的な原発推進学者として知られる。

この人物、一九六七年に通産省（現経済産業省）に上級技術職（技官）として入省した、れっきとした通産官僚だから、御用学者でさえない。経済産業省が学界に潜入させていた間者・スパイであり、ステルス（忍者）役人とでも呼ぶべき人物だ。

福島第一原発の事故以前から、衣笠善博のデタラメぶりは知られていた。

○七年七月十六日に起きた新潟県中越沖地震によって、世界最大級の出力を誇る柏崎刈羽原子力発電所の３号機の変圧器から火災が発生。火災の対応に当たった職員は、地震でドアが歪み、緊急時対策室にも入れず、消火栓も地震の影響で断水。さらに緊急時のための消防署への優先電話さえ設置されていなかったので、消防にも連絡が取ることができず、パニックに陥った職員は自力消火を諦めている。この間、緊急用の軽トラック搭載の消火ポンプがあることは失念しており、自衛隊にも連絡せず、周辺住民への連絡さえしていない。

火災発生から約二時間にして地元消防隊の手でようやく鎮火したが、東京電力は当初、自分たちの手で消火したかのように発表している。

この時の事故では、運転中の原子炉は、自動停止し、緊急冷却装置も一応働いたので大きな事故にはならなかった。とはいえ、３号機と４号機の原子炉を冷却する装置のうち、一つが作動せず、一つの冷却装置で、二つの原子炉を冷却するという危うい状況だったのだ。

のちに発電所内に設置された地震計の記録では、耐震設計時の基準加速度を大幅に上回っていたことが判明。3号機の建屋一階で二〇五八ガル（想定二三九ガル）、3号機原子炉建屋基礎で三八四ガル（想定一九三ガル）を観測したと発表されている。

柏崎刈羽原子力発電所の設計時に安全基準検査を行ったのが、衣笠善博だった。〇八年に当時東京工業大学の教授だったこの人物は、マスコミの取材に対し、こんな人を食った対応をしている。

「その当時は、その当時の考え方、審査指針、審査の実績に基づいて、そういう判断をしてきたわけなので、その当時としては、われわれはベストを尽くしたつもりでありますね。六月一日（インタビュー時の〇八年）から法律が変わって、後ろの席でもシートベルトをしなくちゃいけなくなりましたよね（自らウナヅク）。その前日までは、シートベルトをしなくても法律違反じゃなかったわけですよね（自分で笑う）。法律が変わったんだよね（笑いながらウナヅク）。だから、基準が変わったあと、『昔、お前シートベルトをしていなかったじゃない』って言っても、それは始まらない（ウナヅキながら去っていく）」

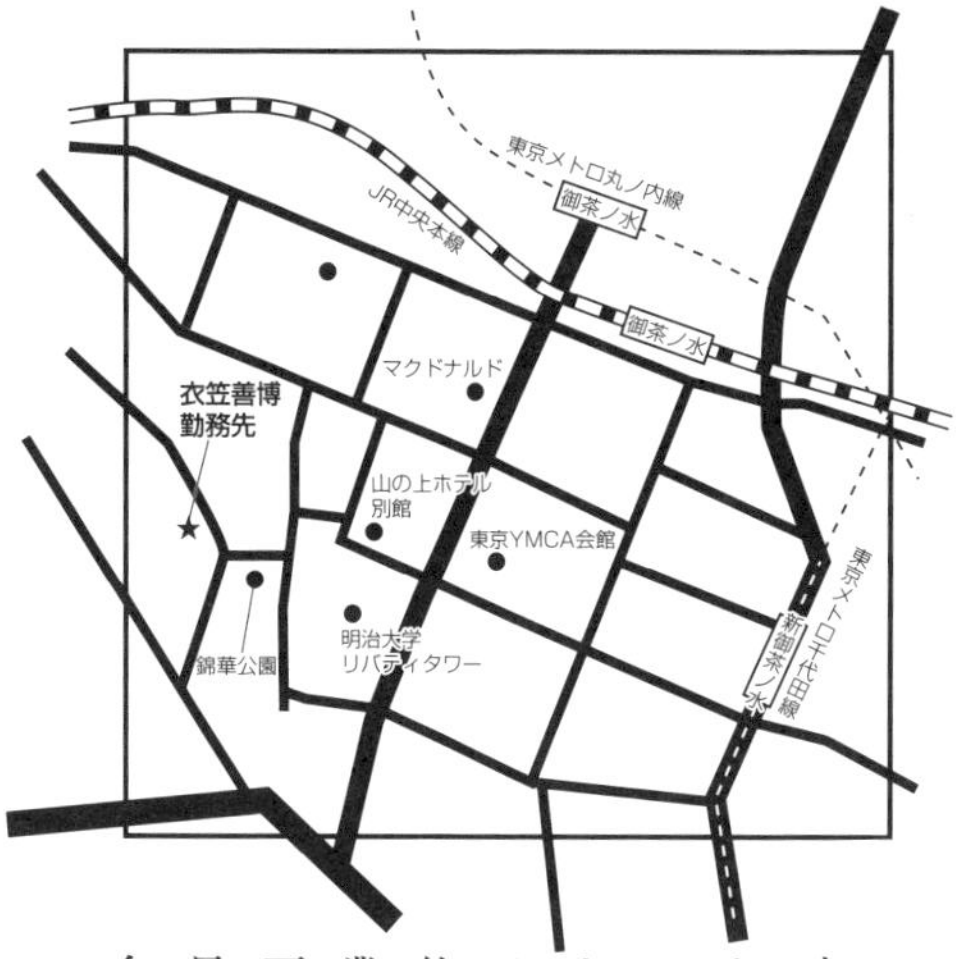

この人物には、自分がデタラメな安全審査で基準を作ったという自覚はないらしい。

中越沖地震の前年の〇六年、中国電力が「活動の跡が見つからず、影響を考える必要がない」としていた島根原発の南約二キロを通る穴道断層の東側に、広島工業大学の中田高教授の調査によって千数百年前に活動していたことを示す痕跡が見つかった。当時、国の原子力安全委員会（鈴木篤之委員長）が開いた原発の新しい耐震指針案を検討する分科会の会議では、この問題で紛糾したことが、〇六年八月九日付の朝日新聞に報道されている。

神戸大学の石橋克彦名誉教授が「島根の事例を重大に受け止め、指針案を全面的に見直すべきだ」と提案したのに対し、衣笠善博が「一度は合意した議論を蒸し返すもので、到底受け入れられない」と反発。朝日新聞は「大きな地震を引き起こす活断層は事前調査で必ず見つけられるから、その活断層が起こすことが想定される地震の規模（マグニチュード）に応じて耐震強度を上げればいいという考え方に基づいている。中田教授らの発見で、その前提が崩れたことになる」と論じている。

会議では、鈴木委員長の「この際、できる範囲で合意を優先していただきたい」という方針により、その四月に作成した合意案が優先されることになり、決定に不服だった石橋委員は、原子力安全委員会の委員を辞任している。

それから一年足らずのうちに新潟県中越沖地震が起こり、原発建設時の安全基準を大幅に上回った揺れが観測され、耐震基準の見直しを行わざるえなくなる。

そこで衣笠はマスコミのインタビューに対し、「法律が変わったんだよね。だから、基準が変わったあと、『昔、お前シートベルトをしていなかったじゃない』って言っても、それは始まらない」とうそぶくわけだ。

事故を起こした柏崎刈羽原発の安全を議論するために新潟県の技術検討小委員会「地震、地質・地盤に関する小委員会」の委員にも、衣笠は名を連ねていた。住民に対して行われた説明会では、「学問は進歩するのだから、過去と現在の断層評価が異なるのは当然だ」と、開き直った発言をしている。

柏崎刈羽原発は大きな事故にこそならなかったので、衣笠もまだ余裕があったのだが、福島原発事故後は、マスコミの取材から徹底して逃げ回っている。

衣笠が、〇六年の原子力安全員会の会議で、石橋委員が主張した耐震基準の見直しに激しく反発したのも、もし見直しを許せば、それこそ日本全国の原発の耐震基準を見直す必要があったからだろう。この人物が安全基準の作成に関わった原発は数多くある。

先述の島根原発の耐震安全基準問題でも、衣笠善博の暗躍が指摘されている。

ジャーナリストの明石昇二郎氏によると、衣笠は、中国電力が島根原発3号機の原子炉設置許可申請前に実施した活断層調査に関わっていたという。さらに島根原発2号機が運転を開始した八九年ころまで、「近くには原発の耐震性に影響を与えるような活断層はない」と言っていた中国電力が、九八年になって、「原発の二キロ離れたところに長さ八キロの活断層があった」と言い出した。その背景にあったのが、国の定めた当時の耐震設計基準に、長さ一〇キロの活断層が引き起こす地震のマグニチュードは六・五とされており、それに耐えられる耐震設計をすればよいと定めたことがあったからだという。長さ八キロの活断層なら、一〇キロの基準内だから問題なしとされたわけだ。明石氏によると、その発表の裏で電力会社にそう言うよう入れ知恵していたのが、「活断層カッター」こと衣笠善博だったわけだ。つまり、電力会社の活断層調査に協力する一方で、国の安全・保安委員の審査も行っていたのだ。そして新しい基準では、一〇キロ以内の活断層は問題なしとしたから、原子炉設置時に行った調査で無視していた八キロの活断層の存在は「発表しなさい」と電力会社にアドバイスまでしているのだ。

ところが、この活断層が、先述の広島工業大学の中田教授らの調査で、じつは一八キロ（最終的には二〇キロ以上）もあることが判明した。それにも関わらず、国の規制当局である原子力安全委員会や保安院は、この調査を無視して、〇五年四月に島根原発3号機の建設を許可している。

さらに衣笠は、北陸電力の志賀原発の建設の際も「能登半島の沖合で確認されたのは、短い三本の活断層だ」と結論付け、建設許可を出した。その根拠となったのが、衣笠と北陸電力の社員が共同でまとめた研究論文だったというのだ。自分で調べて自分で許可を出す、一人二役を演じていたことになる。

〇七年に起きた能登半島地震後の調査により、この活断層が、独立した短い三本ではなく、すべてがつながっており、その長さは一八キロに及んでいたことが分かる。明石氏の取材に対し、衣笠本人も、活断層の評価が「甘かった」と弁解したというのだが、本気で反省しているような様子は、まるでなかったという。

広瀬隆氏によれば、福島第一、第二原発の近くを通る双葉断層も、衣笠が「問題なし」としていたという。広瀬氏が特に危惧する青森県六ヶ所村の再処理工場の敷地内を走る二本の活断層も、八八年当時に通産省の工業技術院・地質調査所（現産業技術総合研究所）の地震地質課長だった衣笠が、活断層の存在を知っていながら、隠していたことが内部告発で判明している。広瀬氏によれば、もしも六ヶ所村の付近で大地震が起こり、同地の再処理工場で事故が起きれば、日本全土はおろか、世界中が放射能で汚染されるような人類の存続に関わる空前の原子力災害が起きる可能性もありえない話ではないという。

電力会社の社員の間では、「衣笠詣で」という言葉さえ使われるほど、原発建設に大きな役割を果たしてきた人物だが、明石氏によれば、電力会社の活断層調査担当者たちは、〇六年に衣笠の活断層調査のデタラメが明らかになってから、他の活断層研究者に対して「衣笠先生の言うとおりにやっておけば問題ないのかと思っていた」とボヤいていた（『原発崩壊』二〇〇七年、金曜日）というのだが、電力会社は衣笠の被害者というわけではない。

だいいち、衣笠一人でできたことでもないだろう。もっと上の大きな意志、すなわち霞ヶ関の官僚や永田町の政治家たちが、原発の安全基準をギリギリまで引き下げ、電力会社の利益を大きくし、そこから自分たちの見返りを増やそうとしたのだ。栄達と引き換えに、汚れ役を買って出たのが衣笠善博だった。当然、電力会社だって、そうした事情は百も承知で衣笠を頼りにしていたわけだ。

衣笠善博については、「活断層カッター」と呼ぶよりも、〝安全コストカッター〟と呼んだ方が、より的確な表現だと言えるだろう。

彼が果たした役割は、原発建設にかかる安全コストを極力抑えることだった。耐震偽装事件（〇九年）で、一級建築士の姉歯《あねは》秀次《ひでつぐ》が果たした役割と同じことをしていたわけである。もともと世界有数の地震国の日本で、ちゃんとした耐震基準で原子力発電所を設計しようとすれば、途方もないコストがかかってしまう。そもそも諸外国では、活断層の近くに原発を建設するような危険なことはしていない。

また衣笠は、原発建設を審査・許可する政府側の役人の顔を持つ一方、申請を出す電力会社側でも安全基準の調査を行っていたから一人二役、さらに政府がちゃんと審査しているのかをチェックする中立的な立場の学会の学者として、原子力安全委員会にも参加していたわけだから、一人三役の芸達者だ。薬害エイズ事件における政府側役人の旧厚生省の郡司《ぐんじ》篤晃《あつあき》課長、血友病学界の権威とされていた安部英教授、そして民間企業のミドリ十字などの製薬会社の役を、一人でこなしていたわけだ。

ここから分かることは、結局、政府や電力会社が行ってきた「原発による発電は低コストだ」という宣伝は、安全を犠牲にして得られたにすぎないものだったことだ。

原子力ムラと呼ばれる、電力会社、官僚、政治家、そして原発利権に群がる有象無象の利権屋にとって、原発がおいしい利権ビジネスになりえたのは、安全コストを極力削ることで得た利益によるものだった。

そして、その結果が福島第一原発事故の惨状を引き起こし、未曾有の原子力災害として多くの避難民を出し、数十兆円規模とも言われる被害補償や、除染・瓦礫処理費用として国民負担にはね返ってきた。

ところが、野田政権は原発を再稼働させる決定を下し、羹《あつもの》に懲りずして、熱湯を飲まんとするが如き愚か者を演じている。

電力不足による停電や、原発による低コストの電力が安定供給されなければ、日本経済が沈没してしまうといったことを大義名分にした、政府に対する圧力が、原子力ムラの利権集団からあったことが容易に想像される。

実際は、安全を犠牲にしない限り、日本のような地震多発国では、原発の低コスト化は実現しないのだ。そして、安全を犠牲にしたコスト削減がいかに高くつく結果になるのかも、福島第一原発の事故が証明している。

再稼働が決定した大飯原発や衣笠善博が調査した志賀原発の真下にも、活断層があることが問題となっている。さらに福井県の美浜原発や高速増殖炉もんじゅの近くにも活断層が通っていることが指摘されている。

一二年七月十八日付の朝日新聞では、今になって原子力安全委員会・保安院の委員たちが、「活断層の専門家に見せたらあぜんとするだろう」「まったく理解できない」「よく審査を通ったなと呆れている」などと驚いてみせているが、そんなことは以前から言われてきたことだった。学界だって、経済産業省の意向に従って、衣笠のやって来たことを容認してきたことは否定できない。

学者としての衣笠善博に学問上の業績があったわけではない。何か発見をしたわけでもなければ、新しい理論一つ構築したわけでもない。人目を引く論文一つ発表さえしていない。それにも関わらず、一〇年三月に衣笠が退官するのを記念して、東京工業大学は特別講演の場を設けている。九九年に東工大の教授になる前は、通産省工業技術院地質調査所の活断層・地震予知特別研究室長の肩書きだった元通産（経済産業省）官僚に対するこの気遣いは、大学への、国や産業界からの補助金や研究助成金のためだといわれる。

一方で、京都大学原子炉実験所で、原子力利用の危険性を研究していた「熊取六人衆」と呼ばれた研究者たちは、冷遇されてきたことで知られる。

地方自治体が補助金や原発交付金で、霞ヶ関の意向に逆らえないように、少子化で経営の厳しい大学も、国の補助金頼みなのだ。こうした傾向は、近年ますます顕著になりつつあり、かつてのように大学の自治や、学問の自由のために筋を通そうとする気骨のある学校経営者は、ほとんどいなくなっている。

官僚が補助金をお土産に大学に天下り、教授の肩書きを得て、今度は中立的な学究の立場を装って行政をチェックする政府委員会に入ってくる。その代表が「活断層カッター」こと衣笠善博であり、この男には御用学者という意識さえない。学者になってからも経産省の官僚としての意識を保持し続けている、いわば経産省のスパイだった。

大学を辞めたあとは、経産省の外郭団体の一つである公益財団法人地震予知総合研究振興会に天下りしている。ちなみに経済産業省に衣笠善博の官歴について問い合わせても、名簿が残っていないと回答されている。

普通の学者なら、大学や研究機関に所属していても、研究者個人として自分の学説や言動には、責任感や自負心を持っている。たとえ御用学者と呼ばれるような者でも、過去の主張が現実によって否定されれば、内心忸怩たる想いはする。ところが衣笠善博に限ってはそういう意識は微塵も感じられないのだ。

恐らく、今でもこの男は、上から指示されたことを、そのとおりにやっただけで、自分は何も悪いことなどしていないと思っているのだ。典型的な官僚思考であり、官僚は指示どおりに仕事をしていれば、それがどんな結果を招こうとも責任は取らずに済むと考える。

それゆえ衣笠善博には、福島県の原発被災民に対する同情も、負い目もない。経産省の団体に天下って悠々自適の老後を送ることになんの疑問も感じていないばかりか、当然の権利だと思っているのだ。自分が知っていることを世間に公開すれば、困るのは古巣の経済産業省や電力会社、永田町の政治家を含めた原子力ムラの利権集団の方だから、自分の立場はかつてないほどに強くなっているのだと、むしろ自信を持ってしまっている。

かつて明石昇二郎氏の取材に答えて衣笠善博は、こんなことを言っている。

「ぼくは専門家ですからね。『雪は白い』というのを中国電力から聞かれようと、保安院から聞かれようと、安全委員会から聞かれようと、白いものは白いと言う。これだけのことじゃないですか。それが何か問題ある？」

もちろん、これはこの男の本音ではない。そもそも専門家の名に値する学究ではないし、もちろん衣笠は、白いものを白いと言ってきたわけでもない。

むしろこう言い換えるべきだろう。

「私は官僚ですからね。上から活断層は無視しろと言われたから、そのとおりにしただけじゃないですか。それが何か問題ある？」

いや、大いに問題があるのだが、それをこの人物に理解させるのは、至難の業《わざ》だろう。

第3章

原発利権に群がった悪党ども

日本をダメにした御本尊

自由民主党本部

〒100－8910　東京都千代田区永田町1丁目11番23号

TEL：03－3581－6211

中曽根康弘《なかそねやすひろ》

東京都豊島区高田２‐18‐６

（1918〜）

ヒロシマから学ばずフクシマ事故を呼び寄せた張本人

二〇一一年三月十一日に発生した大地震でもたらされた福島原発大事故。このトリガーが引かれるキッカケを作った「原発事故戦犯」に中曽根康弘元首相が真っ先に挙げられることを否定する者はいないだろう。

「中曽根は五三年アイゼンハワー大統領が国連総会で原子力の平和利用を説いたことに触発された。さらに米国在住の科学者らから原発のすごさを叩き込まれ『日本はこの技術を取り入れられなければ三流国家となる』という意識を強く持ち、日本に原発を造ることに猪突猛進していったと自ら明かしている」と霞ヶ関ＯＢ。

しかし自民党長老議員らは、その裏をこう見透かす。

「中曽根は内務官僚から国会議員に転進したころから日本の政治の頂点、首相を目指し、さらには世界でも指折りの政治家になる強い志を抱いていた。そのため首相になったら、こうしたいと書きとめたノートを陣笠議員時代から何冊も書きとめたというほどの男だ。そしてそのトップを目指すために最も強烈な推進力を見つけたのだ。それが再軍備論、自主憲法制定、そして原発だ。これは裏を返せば一つは米国の力をいかに利用し駆け上がるかだ。そしても う一方では反米ポーズを示し国民の共感をどう得るかだ。真の独立国家を目指せだ。そこは中曽根独特の理論と情念でよく構築されていた。もう一度言うが中曽根は首相になるために米国と原発をトコトン利用した男だ」

つまり中曽根はＧＨＱの言いなりとなった吉田茂内閣のような軍事米軍依存、経済重視の対米ベッタリの隷属的関係に怒りを見せ国民の気持ちを取り込みつつ、一方で、裏では一番米国とガッシリと手を組み、その米国パワーを最大限利用するという二律背反部分を抱えつつ敗戦直後から今日まで駆け抜けた政治家だ。その論に従い中曽根の原発行動をトレースするとじつにスッキリ分かりやすい。

中曽根は一九一八年群馬県高崎市に材木商の五人姉弟の二男として生まれる。旧制高崎中学（現高崎高校）から静岡高校（静岡大学）を経て東京帝国大学法学部政治学科卒、内務省入り。海軍短期現役制度により海軍主計中尉に任官。四一年太平洋戦争に突入するとフィリピン・ミンダナオ島、ボルネオ島で転戦、周囲で多くの戦死者に遭遇、戦火を潜り抜ける。四五年敗戦は戦艦長門で迎える。終戦時の階級は海軍主計少佐。

中曽根はのちに、「この終戦直前、赴任地の四国・高松にいた時広島に落とされた原子力爆弾の原爆雲を見たことが、のちに原子力発電に力を注ぐきっかけとなった」と、著作や多くの発言集で繰り返し述べている。

原爆雲と原子力発電。それが中曽根の中でどう変化し結びついたのかは不明だ。

「中曽根独特の言い回し、パフォーマンス的比喩のような気がする。日本が原爆を落とされ、そしてそれを平和利用しようとした天才的ひらめき、悲劇の国民が立ち直る、そういうものを印象づけようとしたのかもしれない。なぜなら当時広島から一五〇キロ離れた高松で原爆雲が見えたのかという疑問。また原爆がどうして原子力発電に結びついたのか、いろいろ微細では納得できないことが多い」（反原発住民運動関係者）

それはともかく、中曽根の論理に沿い先の行動を見ていく。

原爆雲のあとは前述したアイゼンハワー大統領の言動に触発され、さらに原発の必要性を強く意識する。そのため日本に原発を造ることに行動を起こす。それが一九五四年四月。日本初の原子力予算は当時、予算委員会理事だった中曽根が中心になって進めたという。原子炉調査費として二億三五〇〇万円が付いたのだ。予算額の根拠を問われて、「ウラン235の二三五ですよ」と中曽根はおどけた。

「だが、この予算案構想が中曽根の発案かというと、はなはだ怪しくなる。実際は別の人間、つまりのちに法相となって田中角栄元首相逮捕などで辣腕をふるった稲葉修らが中心だったといわれている。しかし中曽根はのちに『おれが予算付けした』と吹聴し続けた。そんなパフォーマンスは大得意だった」（ベテラン議員）

中曽根より先に、原子力に自身の夢を託していたのが、元警察官僚でありのちに読売新聞社主となり日本テレビ放送網株式会社（日本テレビ）社長となったメディア王の正力松太郎だ。

「政界に出馬した時の正力の夢も首相だった。その夢を推進するエンジンとして選んだのも中曽根同様、原子力。そのためなんとしても日本に原発を造りたいと読売新聞グループを通しての原子力の平和利用を訴え、産業振興の膨大な電源を原発で賄う構想を振りまいた。それによって日本は経済的に飛躍的に発展すると猛アピールした。原発を短期間で実現すれば六十九歳で初当選という遅れてきた政治家、正力松太郎は首相の階段を一足飛びに駆け上がれるのではというのが本音だった」と自民党ベテラン議員。

一方のアメリカも旧ソ連との核軍備競争から原子力の平和利用に切り替え核の抑止力を行使しようとするものの、旧ソ連などのアジア各国への共産化、赤化攻勢のすさまじさに焦っていた。

そして唯一の原爆被爆国であり、さらには五四年三月米国水爆実験で第五福竜丸が被曝し水爆でも初犠牲になった日本。このため、日本世論の反米意識も高まり、へたをすれば日本も共産主義化しかねない空気が日増しに強くなっていた。そのためにもアメリカはＣＩＡも含めて総力を挙げ日本の政治や世論に対してさまざまな工作を仕掛けた。その時、赤化、共産化に対して強烈なアンチテーゼを示していた正力と中曽根。そして二人とも原発を「夢のエネルギー」として政策の柱に掲げ政治での激しい上昇志向を抱いていた。

アメリカは当初、敵国であった日本に原子力の技術を与えることには、消極的であった。核兵器の原料を作れる動力炉を日本に渡すなど、考えられないことだった。

しかし、メディアを通じて共産化を防ぐ力を持っている正力のたっての願いを、しだいにアメリカは拒めなくなっていく。一方で、「原子力の平和利用」キャンペーンを展開し、日本人の核アレルギーを取り去り、反米感情を弱めていくことは、アメリカにとってもメリットがある。アメリカは、そちらに舵を切った。

当時は自民党と社会党による55年体制が発足する直前。鳩山一郎内閣時代で、中曽根は国会の原子力合同委員会の委員長に就任していた。その翌五六年に発足した政府側の原子力の初代委員長に就任したのは初当選したばかりの正力。これで、戦後の原子力発電を推進した二人が国会という土俵、しかも共に原発に関わる重要ポストに就いたのだ。そして「怖い」「恐ろしい」「憎い」というイメージのあった原子力を米国の後ろ盾を得ながら、いかに「夢のエネルギー」に変えるかという、さまざまなキャンペーンを二人三脚で次々と展開していくのだ。

その第一波が原子力委員会。これからの日本の原子力研究、原発導入などに指針を与えるその委員に、当時、敗戦で打ちひしがれていた日本人に夢と希望を与えるノーベル物理学賞を授賞したばかりの湯川秀樹博士を起用した。さらに正力の読売新聞グループでは総力を挙げて原子力の有効活用キャンペーンを展開。東京日比谷では原子力平和利用博覧会も催し四十二日間で延べ三十五万人が入場、イベントを成功に導いた。

そして五七年になると岸内閣は改造を行い正力は科学技術庁長官になり、この間、茨城県東海村に実験炉ながら初の原子の火を灯す職責を担った。

この間に中曽根は事あるごとに正力を訪ね「閣下」と最敬礼しては正力を喜ばせていたという。だが、一方では中曽根は河野一郎派に属したため、正力が河野と原発運営会社をめぐり官主導にするか民主導にするかで対立した時はダンマリを決め込むなど、のちに「風見鶏」と揶揄される片鱗を早くも見せ始めていた。

かくして、正力は時の実力者、河野との対立が先鋭化すると、やがて政治的勢力を急速に失速させていく。

それと引き換え、原子力行政でさらに力を得ていったのが中曽根だった。五九年第二次岸改造内閣発足には中曽根は悲願の科学技術庁長官として初入閣する。

中曽根が科学技術庁長官に就任して早々、原発計画の見直しが検討され、六一年二月に「新・長期計画」を発表する。前期十年、後期十年の二十年計画。最初の十年は、商用原発三基一〇〇万キロワット、後の十年で六五〇〜八五〇万キロワットを目標と設定。また新たに巨大原子力船の建造計画も盛り込まれた。この「新・長期計画」はその後も日本の原子力行政に影響を残し多少の変更はあっても大筋で着実に実行されていった。

例えば日本の貨物船は構造距離の延長化、大型化、高速性が見込まれており、旧ソ連とアメリカが原子力船を就航させたこともあり原子力船が注目された。六三年、特殊法人として日本原子力船開発事業団が発足、建造計画が始まる。「ウラン燃料輸送可能な特殊貨物船」とし、船体を石川島播磨重工。原子炉を三菱重工業・神戸造船所に決定。建造は順調に進み「原子力船むつ」として六九年に進水式に漕ぎ付ける。

一方「新・長期計画」が発表されると、アメリカのＧＥ（ゼネラル・エレクトリック）社から、軽水炉と独特のターンキー契約が提示された。ターンキー契約とは固定された売却金額が提示され建造と臨界までをＧＥが請負い、その後事業者はマニュアルに従って運用する。原子力委員会も六一年の時点で、日本の第二号の商用原子力発電は軽水炉がふさわしいと考えていたことから、契約が相次いだ。六一年に福井県敦賀市でＧＥのグループが請け負う契約が結ばれた。敦賀発電所は七〇年三月から営業運転に入った。その後も次々と軽水炉が建設、稼働されていった。

ところで、その中曽根だが、日ごろボロクソに批判していた佐藤栄作が首相になり大臣要請を受けると、第二次佐藤内閣第一次改造内閣で運輸大臣、第三次佐藤内閣では防衛大臣を歴任したことから「風見鶏」と揶揄されたが、この大臣の歴任で確実に実力を付けていった。

そして七二年の佐藤後継の角福戦争では、自ら総裁選の出馬をやめて田中支持にまわり田中角栄首相誕生のキーマンとなった。この論功行賞で中曽根は第一次田中内閣で原発事業に最も大きな影響力をもたらす通商産業大臣兼科学技術庁長官、さらに第二次内閣でも通商産業大臣となる。

そして今度は原発建設では、田中角栄首相とともに電源三法という莫大な交付金で地域住民を懐柔する。やがて田中のバックアップで中曽根は自ら首相になりのちのち世界に冠たる「原発大国」となる大きな流れを作り上げていくのだ。

「もちろん、すべてにおいて中曽根が関わっているわけではないが、最初に原発の木を植えて、それを正力と育てたのが中曽根。七〇年代は二度のオイルショックを経て、田中角栄は国内エネルギーを原油から原発に大きくシフトを変えていく。そのプロセスの節目節目で中曽根が大きな役割を果たしてきた。そしてやがて八三年に田中の全面的バックアップで頂点に昇り詰めアメリカとガッシリ手を組みレーガン大統領とロンヤスの関係を作り世界に向けては日本が旧ソ連に対抗する『浮沈空母』だとタカ派ぶりを見せつけた」（経産省ＯＢ）

ところで、渥美直紀鹿島建設代表取締役が、中曽根の二女の夫というのはよく知られているところだ。

日本の原発建設の元請けはもんじゅ、ふげんから始まって福島第一原発１から６号機、同第二原発１から３号機、浜岡原発１から３号機、女川、柏原などと鹿島建設が大半を占める。原発を推進し続けた義父と受注する大手ゼネコンが一体。

原発一基の建設コストは五〇〇〇億円を超えるという。それに土地買収費用、電源三法に基づく交付金まで入れると一基にどれだけのお金がかかるのか。莫大なカネが動く。そして今、福島原発による放射性物質の汚染は原発周辺地域ばかりではなく福島県内全域、さらには関東地方、東北地方にまで拡大する。

「その除染作業もいよいよ本格化している。そのコストは二十兆円とも三十兆円ともいわれている。これを毎年、定期的に続けないと除染が難しいといわれている。その除染で次々と受注しているメインはこれまた圧倒的に鹿島が多い。何かおかしくはないか。原発推進した政治家、受注した企業が太いパイプで結ばれている。そして事故が起きて、その除染にまた鹿島がメイン。税金がほんの一部の人たちに収奪されていく構造」と反原発市民運動家は憤る。

日本国民は原爆を落とされ原発の被害を受けた。憎悪にも等しい原発への想い。それでも孫や子孫が豊かになるならと受忍してきた原発に今、福島県民はじめ多くの国民が裏切られ呆然とたたずむ。その原発事故について九十三歳の中曽根は事故直後、神奈川県主催のシンポジウムで、こう論評していた。

「人間の発展は、自然の中のエネルギーをいかに手に入れて文化とするかであり、それが人間と自然の関係です。原子力という巨大なエネルギーも人間のために有効利用するというのが知恵で、自然との闘いを部分的に克服してきました。しかし、原子力には人類に害を及ぼす一面もあって、それを抑えるのが人間の文化と歴史です。今回の事故もその中で捉えたらいいかと思います。これからは太陽エネルギーに転換していく段階でしょう。これをさらに上手に使うというのが文明であり進歩。これからは日本を太陽国家にしていきたい」

臆面もない「風見鶏」の発言だ。

その陰で、いまだ原発事故後遺症から立ち上がれない国民は多い。そして原発の安全性も一つとして、ままならない状況が続いている。

甘利《あまり》 明《あきら》（1949～）

神奈川県大和市中央林間３-22-16
東急ドエルアルス中央林間グランデンス６０１号

「原発利権を守る会」の夢見るサイテー・ニッポン

福島原発事故から、一ヵ月も経っていない二〇一一年四月五日に、早くも自民党原発推進派議員の政策会議「エネルギー政策合同会議」が発足している。同会議の委員長が、安倍内閣で経済産業大臣だった甘利明だった。

主なメンバーは、旧通産省出身の細田博之元官房長官が委員長代理、西村康稔衆院議員が副委員長、野田毅衆院議員と森英介衆院議員が顧問、佐藤ゆかり参院議員が事務局長に就任。また、東京電力の元副社長で、福島第一の事故後に東京電力の顧問になっている加納時男元参院議員も、参与として参画している。

甘利は、一一年五月十五日の自身のブログで、次のようなエピソードを紹介している。

大学の同級生だった菅内閣の海江田万里経済産業大臣から、甘利の携帯電話に「中部電力の浜岡原発を止めることになった」と連絡が来た。甘利が「ほかの原発に波及する懸念はないの?」とたずねると、海江田大臣は、「それは絶対にさせません。安全が確保されるまでの間、止めるだけですから」と確約してくれたという。

この話が事実なら、経産省の族議員の間では、民主・自民の与野党を問わずに、福島第一の事故が安定する以前から、原発の再稼働は折り込みずみだったようだ。

菅直人首相の辞任後、海江田経産相は、小沢グループの支持で民主党の党代表選に立候補したが、菅前首相らが推薦した野田佳彦現首相に敗れた。しかし、勝者の野田政権の手で大飯原発の再稼働は行われたのだから、結局どちらが勝っても、大飯原発の再稼働は行われたのだろう。

同ブログで甘利は、「浜岡原発の『要請停止』が他地区の原発にドミノ倒しのように連鎖していけば日本経済は壊滅的打撃を受けます」と、自分が原発を推すのは、日本経済を思うためだと強調する。

また、福島の事故については、こんなふうに言っている。

「四十年前に完成した福島第一原発は、その後の補強工事により〝想定外〟の耐震強度に対応できましたが、〝想定外〟の耐津波強度には対応できませんでした。原子力安全・保安院は、直ちに全国の原発に対し津波対策のためのガイドラインを示し、すべての原発の対処が間もなく終了いたします。永田町や霞ヶ関で心配されていることは、今年一月に菅内閣の下で発表された三十年以内の地震発生確率が、大事故を引き起こした福島第一原発で〇・〇％、浜岡原発で八七％となっており、数字だけ見れば浜岡を特別とした説明がつかなくなる恐れがあることです。私が党内で担当するエネルギー政策合同会議は、朝日新聞による捏造記事のような『原子力を守る会』ではありませんが、いずれ政治のエネルギー基本計画を見直すための提言もしなければならないと思っています」

甘利によれば、福島第一原発の事故は、想定外の津波のせいであり、津波対策さえしていれば、原発は安全だと言いたいようだ。

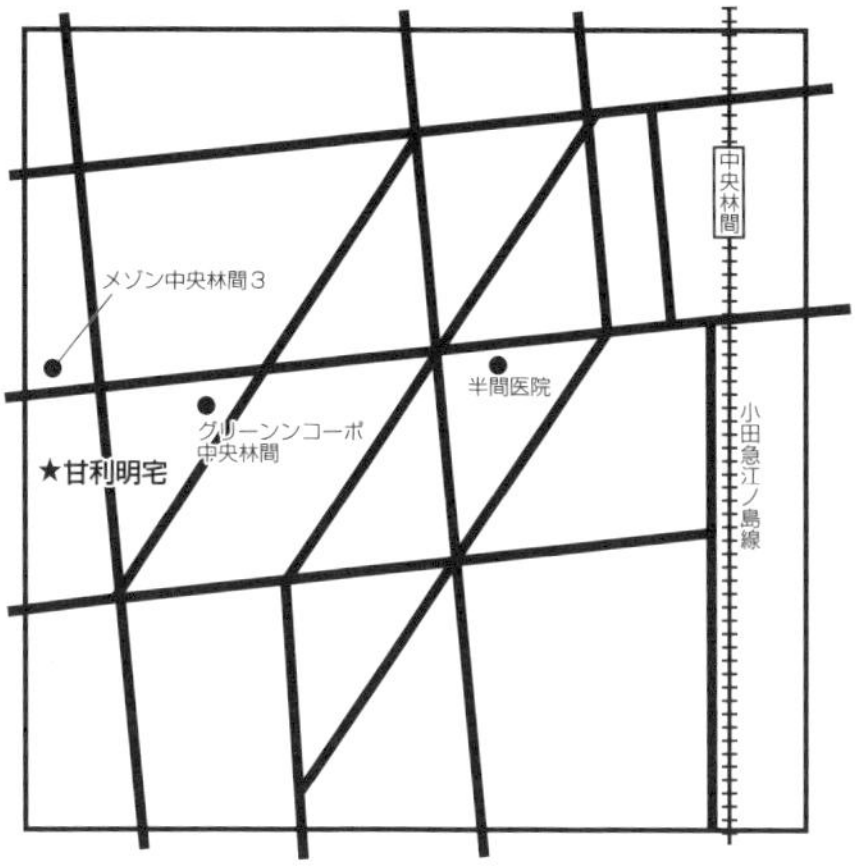

甘利は、テレビ東京の『週刊ニュース通信』という番組の取材を受けた時も、この持論を展開している。そこで元日本経済新聞政治部記者の田勢康弘キャスターから、「福島第一原発の事故は、自公政権時代の安全対策の不備によるものではないか？」と質問されたのに対して、「（〇七年七月の新潟県中越沖地震によって起きた柏崎刈羽原発の事故後に改訂された安全指針には）地震に備えよと書いてあるが、津波に備えよとは、書いていなかった」と弁解。福島第一の事故は、想定外の

いうおざなりのものだったことが追及されると、前代未聞の椿事が起きた。

津波のせいだったと反論している。

そこで田勢キャスターが、〇六年十二月十三日の国会に共産党の吉井英勝衆院議員から提出された「巨大地震の発生に伴う安全機能の喪失など原発の危険から国民の安全を守ることに関する質問注意書」について触れ、そこですでに、地震や津波によって外部電源や、原発内の内部発電装置も機能しなくなる危険性が問われており、政府側の見解について質問があったはずだと指摘し、甘利が経済産業相だった当時の安倍政権の回答は、「まったく問題ない」と

というナレーションと字幕が入るとともに、カメラがだれもいない甘利の席を映し出していたのだ。国会議員がテレビの取材中に途中で逃げ出した？　などということは聞いたことがない。

「取材中断」

ちなみに吉井英勝議員は、京都大学工学部原子力核工学科を卒業した原子力問題にくわしい議員だったが、一一年十月に次期選挙には出馬せず、勇退することを明らかにしている。むしろ政界から引退すべきなのは、吉井議員から国会で原発の危険性と安全対策への改善の必要性が指摘されてきたにも関わらず、〝問題なし〟と無視し、福島第一の大事故を起こしてしまった、甘利ら原発推進派議員たちの方ではないだろうか。

甘利が捏造記事といった一一年五月五日の朝日新聞の記事には、自民党の中で脱原発派の河野太郎衆院議員が、甘利たちのエネルギー政策合同会議に「原発推進派ばかりが並ぶ人事はおかしい」と抗議したが、認められなかったとある。また、河野議員は、日本で再生可能エネルギーが伸びていないのは、原発利権に群がった利権集団が、原子力の邪魔になると、潰してきたからだと指摘している。

かつて甘利明が経産大臣だった時に、国会で野党議員から「ドイツなど海外では、自然再生エネルギーの普及が進んでおり、日本の製品・技術も多く使われている。それにも関わらず、日本国内の自然エネルギーの発電シェアは、ドイツなどに比べて大きく遅れを取っているのはなぜか？」という趣旨の質問が出されている。

答弁に立った甘利経産大臣は、薄笑いを浮かべながら、「ご指摘のとおり、日本には世界に誇る技術があります。その気になれば、すぐにドイツに追いつくことができます」と、小馬鹿にしたような不真面目な返答をしていたのだ。

甘利のブログには次のようにある。

「安全性の信頼が大きく揺らいだ今、さらなる英知を結集しなければなりません。三年前、経済産業大臣としての

最後の仕事はメガソーラー発電（大規模太陽光発電）を各電力会社に要請した事ですが、先日そのメガソーラー発電建設に関わった会社の方々の訪問を受けました。

『いやーあれだけ広大な敷地で、たったの二万キロワットなんですから』

『原発の五十分の一ですね。確かに原発一基分は太陽光だと山手線の内側全部が必要と言われますからね。風力でやると琵琶湖の三分の一ですか』

今後、日本中の英知を結集して原子力安全に加え、供給安定性とCO_2削減、さらに経済合理性の調和が図れるエネルギー政策を進めていかなければなりません」

最初から結論が決まっているような論調だが、それでも甘利明が、国の経済を真面目に考えて、経済合理性によって原子力が必要だと判断しているのなら、それは一つの見解には違いない。ところが、どうもこの人物の言う経済合理性とは、自分個人の経済合理性のことのようなのだ。

過去に甘利明は、消費者金融の政治団体「全国貸金業政治連盟」や、労働者派遣法の規制緩和を求めていた「日本人材派遣協会」、道路特定財源を資金源にする「道路運送経営研究会」などから政治献金を受けていたことが報道されている。また、電気事業関連業界も、甘利の政治資金源になっていた話が指摘されているのだ。

一一年六月二十二日には、甘利明を中心に、衆参国会議員十九人と元議員二人からなる派閥横断の新グループ「さいこう日本」を発足させ、国会内で初会合を開いている。甘利は自民党の山崎派に所属する議員だが、〇六年の自民党総裁選挙では山崎拓の出馬に反対し、安倍晋三を支持。安倍選対の事務局長を務めて経済産業大臣のポストを得ている。その次の総裁選でも、福田康夫を支持する派閥の方針に背いて、麻生太郎を支持している。自民党内では、将来の総裁選に出馬するために、自前の派閥をつくる準備を始めたと見る議員が多いのだ。

そもそも、甘利明に原発の安全性を論ずる資格などあるはずがないのだ。

〇七年七月十六日に新潟県中越沖地震によって柏崎刈羽原発で火災が発生。使用済み核燃料プールから放射性物質を含んだ水が漏れ、海に流れ出た。また低レベル放射性廃棄物を入れたドラム缶三十九本が倒れるなどしている。国際原子力機関ＩＡＥＡが、事故直後に被害調査に協力する用意があることを表明しているが、甘利が経済産業大臣だった日本政府は「その必要なし」と調査受け入れを見送ろうとしたのだ。地元新潟県の泉田裕彦知事の方が「ＩＡＥＡの調査が必要だ」と意志表明をしたために、日本政府や原子力安全・保安院も調査受け入れを発表せざるをえなくなった経緯がある。

もしも、この事故の教訓が十分に生かされてさえいれば、四年後の福島第一の事故は防げたに違いない。

建設時の想定をはるかに超える大地震の揺れによる外部電源の喪失、原子炉内の自家発電装置の機能停止、原子炉建屋の上に使用済み核燃料の保管プールを置いていた構造上の欠陥など、専門家から指摘された多くのアドバイスに適切な措置が取られてさえいれば、福島第一の悲劇はなかったことだろう。

甘利経産大臣の下、政府の原子力安全委員会は、おざなりな調査のあとで、形だけの安全宣言を出しただけだった。調査にあたった当時の原子力安全委員会の鈴木篤之委員長の責任は重大だが、それ以上に監督省庁である経済産業大臣だった甘利明の政治責任は問われてしかるべきだろう。

ところが、当のご本人は、責任を感じるどころか、福島第一原発の事故の発生から一ヵ月もしない時期に、原子力推進の政策会議を主催し、三ヵ月後には、自らの派閥結成準備のために新グループ「さいこう日本」を立ち上げていたことは、先述したとおりである。

この人物のどこに国家や国民に対する責任感が、あるのだろうか？

甘利明は、自民党のエネルギー政策合同会議委員長として、東京電力の事故隠しについて、次のような総括を行っている。

「私の予想をはるかに上回って改ざん件数（三百件以上）が多かったことも残念でしたが、臨界にかかわる事故が二件隠蔽されていたことは極めて遺憾なことでありました。行政命令・行政指導に加え、厳重注意を行い再発防止体制の構築を指示いたしましたが、これを構築した後には世界一安全・安心な原子力発電所になります」

柏崎刈羽原発事故が起きた経産大臣だった時にも、同じようなことを言っていたはずなのだが、健忘症なのか？　それとも厚顔無恥なのか？

福島第一原発の事故についても、東京電力は、今も事故の全容を隠しており、データーを改ざんして発表しているのではないか？　という疑惑がある。一例を挙げれば、爆発した1から4号機のうち、3号機と4号機の爆発は、東電の発表した水素爆発ではないのではないか？　という疑問が専門家からも指摘されている。

一二年七月二十一日の甘利明のブログには、こんなことが書いてある。

政府の二〇三〇年における電源比率選択案で、七月十六日に名古屋で住民からのリサーチ（聴取会）が行われたのに、中部電力の社員が出席して原発支持を表明していたことが批判された件について、甘利は「大衆討議では、原発反対運動派は大動員をかける。賛成派が動員をかければ〝やらせ〟と批判される。賛成派と反対派からバランスよく意見を聴取する必要がある」と主張している。さらに住民リサーチの意義についても、疑問を投げかける。

「そもそも政府が自分で泥を被らず、大衆討議にかけるというやり方は民主的なように見えてじつは責任放棄でしかありません。つまり大衆討議方式ではどういう結論が出されようとも、それは国民の皆さんが選択した結果なんだから、それによって将来どんな不都合が生じようと政府は〝俺のせいではない〟という論法になります」

そして次のように宣言する。

「選良たる国会議員は日本の将来の国益にとって大事だと信ずることは身を挺して国民を説得していかなければなりません」

朝日新聞が「原子力を守る会」と評した甘利たちの「エネルギー政策合同会議」は、より正確に言えば「原発利権を守る会」と言うべきなのだ。

そして、甘利明が自分の新派閥として立ち上げた「さいこう日本」は、原子力ムラをはじめ、あらゆる業界から金を集め、旧来の派閥利権政治を行いながら、国民には「日本はサイコー」と宣伝する新興宗教団体のようなものだ。

事実、「さいこう日本」に所属する議員の中には、統一教会のようなカルト団体や、パチンコ業界と関係の深い議員が多く含まれている。愛国心は〝悪党の最後の隠れ場所〟という言葉があるが、まさに国民の安全や国の将来をそっちのけで、金集めに狂奔する一方で、自分たちこそ愛国者だと言い張る、最も質の悪い議員の集まりであり、彼らに比べれば、反日主義者の方が、まだましなくらいだろう。

将来、甘利明が総理大臣になって、国民に向かって「最高ですか！」と叫びながら、国が破滅するようなことは、願い下げたいものだ。

加納時男《かのうときお》

東京都目黒区中町２-５-８

（1935～）

「放射能は健康にいい」の原発礼賛元議員、元東電副社長

東京電力の副社長の地位から、政界に打って出て、原発のスポークスマンとして働き続けてきたのが、元参議院議員の加納時男である。

本書冒頭の東電元社員の激白にあるように、東電の管理職から金を集め、夫婦単位で自民党入りさせ、票と金で比例の順位を上げさせる、というのが選挙パターンだった。

原発推進の議員も多いが、原子力ムラそのものの議員は貴重だ。二期目の出馬の際の一万人集会では、東電社長はもちろん、プラントメーカーの東芝会長、日立製作所社長、三菱重工業会長も、ねじり鉢巻きで駆けつけた。

加納は一九三五年生まれ。東京大学法学部では、アコーディオンやピアノが得意な人気者だった。卒業後、五七年に東京電力に入社。営業部に配属となる。会社員と並行し、六二年に日本マネージメントスクール経営数学コースを通信教育で修了。六四年には慶応大学経済学部通信教育課程を卒業する。その後、七七年に営業部所属の省エネルギーセンター副所長、営業部副部長、科学万博（つくば博）電力館館長などを歴任し、八八年には取締役原子力本部副部長に就任。その後、九五年に常務取締役を経て、九七年六月には原子力担当副社長にまで昇り詰める。

原子力担当となってからは、テレビなどのメディアにも数多く出演。ＮＨＫや民放各局のトーク番組やバラエティなどに顔を出しては、原発の優位性や重要性を主張した。

さらに、外郭団体などの役職経験も多数。中央環境審議会、資源調査会、電気事業審議会などの委員や、経団連で

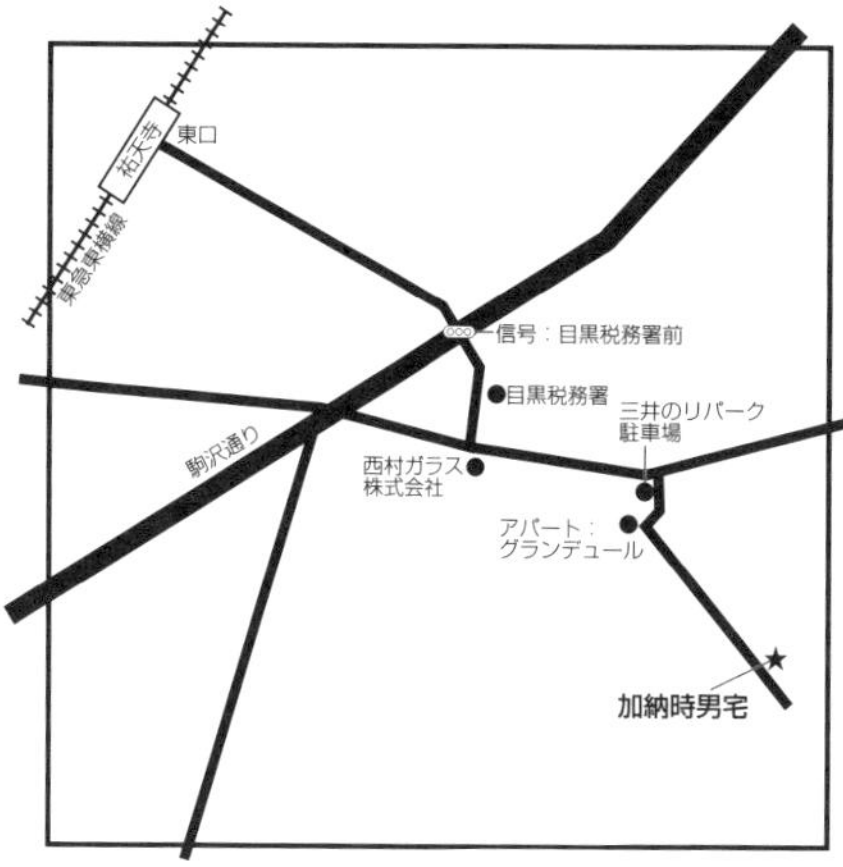

は環境安全委員会地球環境部会長や自然保護基金運営協議会副会長などを務める。また、原子力関連産業の国際的な業界団体であるウラン協会（現世界原子力協会）の日本人では初めての会長に就任したことをはじめ、海外の関連機関での役職経験もいくつもある。こうした内外の関係機関や委員会での役職は約四十にも及ぶ。二〇〇三年には世界原子力協会から特別功労賞を受けている。

　そして、副社長に就任してからわずか半年の一九九七年十二月十二日、加納は東電に辞表を提出、経団連からの候補として、また自民党公認を取り付け参議院選出馬を表明する。そして翌九八年、参議院に初当選。国会議員としての活動を開始する。

　経団連など財界から国会議員になったものは珍しくなかったが、エネルギー問題についてくわしい者はほとんどいなかった。その中で、原子力産業に関する実務と専門知識を兼ね備え、数々の委員も経験している加納は、いわばエネルギー政策を積極的に推進できる数少ない議員だったといえよう。

　政界入りした加納は、自民党副幹事長、文部科学大臣政務官、参議院経済産業委員長、自民党政調副会長などを歴任。同時に、エネルギー政策に精力的に取り組んでいく。二〇〇二年に成立したエネルギー政策基本法についても、加納が尽力したことが指摘されている。

　このエネルギー政策基本法だが、原発を推進すべきとか、次世代のエネルギーとして原発を重視するとか、そういうことは記されていない。しかし、そこではエネルギー供給について具体的に計画を立案し、積極的にその見直しや改定を進めるように決めている。

第十二条（エネルギー基本計画）５
「政府は、エネルギーをめぐる情勢の変化を勘案し、及びエネルギーに関する施策の効果に関する評価を踏まえ、少なくとも三年ごとに、エネルギー基本計画に検討を加え、必要があると認める時には、これを変更しなければならない」

これは解釈次第では、より高く評価されるエネルギーを国策として推進するよう策定することも可能になるわけである。

そして実際に、効率的かつ現実的で、しかも多くの公共的利益が期待できるエネルギーとして、電事連や各電力会社が推進していたのが原子力だった。そして、加納もまた雑誌などのメディアに登場しては、「エネルギー問題に詳しい国会議員」として、原子力発電の優位性を繰り返し強調した。

原発を推進する際に加納がしばしば持ち出す理屈は「資源」と「環境」である。つまり、資源の少ない日本では石油資源に頼らずほかの有効資源を積極的に活用していくべきだという主張。さらに地球規模での気候変動が問題となっている現在、環境意識の高い日本がリーダーシップを取って環境への影響を考慮したエネルギー政策を推進すべきであるという主張である。

これらはほかの原発推進派が持ち出す論理と、そう変わりはない。

「風力発電や太陽光発電等の自然エネルギーを利用するクリーンテクノロジーは環境に優しく地産地消で素晴らしいと思います。しかし、政策として評価した場合、クリーンテクノロジーはコストが高くエネルギー密度が低いという問題点がある。（中略）ただ、ここで私が申し上げたいのは、クリーンエネルギーは広義には自然エネルギーに限定されないということです」（『リベラルタイム』二〇〇七年九月号）

そして、加納は例によって「脱炭素」「CO_2排出削減」という点でクリーンエネルギーというものを一括りにする。CO_2だけをポイントにして放射能という環境に対して甚大な影響を与えるファクターを無視すれば、「原子力こそがクリーンでしかも効率的なエネルギー」という結論が得られるわけである。

また、加納は原発反対運動について触れ、原発に対する理解を深めていくようにするためとして、次のように述べている。

「私自身の経験からいえば、原子力反対運動に対して政治家は現場へ赴き反対派の意見を聞き、議論を重ねることで原発反対の理由、原発に対する不安の理由が分かり、信頼関係が生まれると思います。また、メディアの方もそのような状況もしっかり報道して頂きたい」（同）

しかし、実際に原発推進の政治家や原子力御用学者、そして東電その他の原発事業者がこれまで何をやっていたか。反対住民に対して圧力をかけたり、ウソとデタラメで言葉巧みに騙したりするばかりである。果ては、電力会社による自作自演、いわゆる「やらせ」である。震災後に国会の事故調査委員会の調査によって、経産省原子力安全・保安院が二〇〇三年に福島県大熊町と双葉町の住民を対象に実施した原発の安全性についての説明会において、東電が自社社員や下請け企業の社員を説明会に出席させた事実が判明。その際、事前に質問票への回答方法も指導していたことも指摘された。

つまり、加納は「信頼関係」などと言っているが、現実には最初から東電など原発事業者に都合がいい方向での意見を形成し、「地元での反対意見や不安感情は少ない」という既成事実をでっち上げようと工作していたことは明白である。「反対派の意見を聞き、議論を重ねる」などということは、最初からまったく考えていないことがよく分かる。信頼関係どころか、原発推進側は反対派も含めて住民のことなどまったく信頼していないとしか考えられない。

このように、少し調べてみれば、加納の発言に含まれる欺瞞は、いくらでも明らかにすることができる。加納はインタビューの中で原発について「リスク」ということばをよく登場させる。だが、それでは原発の危険性や問題点をリスクという言葉で理解しているのかというと、そうではないことはこれまた明らかだ。

「私はかつて原子力資料情報室の故高木仁三郎さんと、テレビ討論をしたことがあります。冒頭に、彼が原子力は危険だから反対だと言ったので、待ってくれ、あらゆる科学技術には光と陰がある。メリットとデメリット、あるいはリスクがある。リスクがあるからこれを否定するのではなくて、リスクを正面からとらえてコントロールし、その上でメリットを享受するのが、人類の生き方と違いますかといった」（『サイエンスウェブ』二〇〇六年一月号）

たしかに加納の言うとおり、テクノロジーにはメリットとデメリットがあり、リスクが存在する。だが、震災によってその原発の持つデメリットやリスクが何一つ適切にコントロールできていなかったことが明らかになった。「リスクを正面からとらえてコントロール」することを、電力会社は「コストがかかる」などの理由でことごとく後回しにし、「メリットを享受」することばかりに血道をあげてきたのである。しかも、そのメリットも、消費者や国民の多くが享受できるものではなく、ごく一部の関係者だけが利益を貪るという形においてである。

このように、加納の発言は一見するとさももっともらしいように感じられるが、じつは欺瞞と不誠実に満ち満ちた、醜悪に歪みきったものでしかない。さも原発反対派に理解を示しているように見せかけながら、要は適当な文言で反対派の議論を煙に巻いて、とにかく原発を推進することばかりに終始していたわけなのである。

その加納の原発推進熱は人命をも上回る。九九年、東海村で発生したＪＣＯ臨界事故では放射線被曝は数百名に及び、二名の死者も出している。ところがこの事故後、加納は参議院の経済・産業委員会で原子力産業の見直しについて強く批判。事故によって起こった原子力に対する慎重な姿勢に「合理的な議論とは思えない」などと主張した。

だが、ではなぜそう考えられるのかについては、加納はただ原子力の効率性など、これまで何度も繰り返してきた論理を持ち出すばかりだった。犠牲者が出ているにもかかわらず、「それでも原子力をやめるべきではない」と主張する加納のほうこそ、合理的な考え方が欠落しているとしか考えられない。

その後、二〇〇四年に起きた福井県美浜町の関西電力美浜原発３号機での死者三名、重軽傷者七名を出す事故の際にも、やはり原発推進を声高に繰り返した。まさに「原発は人命よりも重し」が、加納の基本的なスタンスとしか感じられないのである。

そうした原発至上主義の加納は、震災後もいささかも考えを変えていない。それを顕著に表わしたのが、朝日新聞（二〇一一年五月五日）のインタビュー記事である。

加納はまず、「福島の現状をどう思うか」という質問に、「東電出身、元国会議員として二重の責任を感じている。インターネット上で『お前は絞首刑だ』『Ａ級戦犯だ』と書かれてつらいが、原子力を選択したことは間違っていなかった。地元の強い要望で原発が出来、地域の雇用や所得が上がったのも事実だ」と、相変わらずの原発礼賛で話を始める。

そして、「今後も原発を増設すべきか」という質問で、「太陽光や風力というお言葉にはロマンがある。しかし、新増設なしでエネルギーの安定的確保ができるのか。二酸化炭素排出抑制の対策ができるのか」などと、自然エネルギーを揶揄的にこきおろした。結局、これが加納の本音である。「自然エネルギーは素晴らしい」などというのは、あくまでエコロジー志向が高まった国民へのリップサービスにすぎなかったのだ。加納は最初から、太陽光や風力などの自然エネルギーの価値など、カケラも認めていなかったのである。というより、加納の頭の中には実用的エネルギーといえば原子力しか存在していないのであろう。

こうした、骨の髄まで原発礼賛が染み付いた加納は、じつに珍妙奇天烈な発言をする。

「低線量放射線は『むしろ健康にいい』と主張する研究者もいる。説得力があると思う。私の同僚も、低線量の放射線治療で病気が治った」（同）

これは、「東電の責任についてどう思うか」という質問に対する発言の一部である。専門の医師による放射線治療と原発事故による放射能漏れを同一の視野で言及するなど、その意図がまったく理解できない。通俗的な表現をするならば、呆れてモノも言えないとはまさにこのことであろう。

しかも、これは原発や放射線についてまったく知識も経験もない素人の発言ではない。東京電力という原子力産業の最大手企業で原子力開発担当の役員を務め、さらに国政や国際的な場で原子力政策を左右するほどの重責を担ってきた人物の発言である。

もし、加納が真面目に発言しているのであれば、その放射線についての認識は完全に常識から外れているとしか考えられない。また、冗談で言っているのであれば、もはや論外である。

いずれにせよ、この程度の常識と人間性しか持ち合わせていない人間が、国政の場、そして国際的な原子力産業の場で、エネルギー政策を云々していたというのは事実である。そして、この程度の輩が指導的に関与していたわが国のエネルギー政策のお粗末さは、もはや言わずもがなであろう。福島第一原発事故は、起こるべくして起こった人災であることは、加納の数々の発言から明らかだろう。そして、多くの犠牲と膨大な経済的にロスを引き起こした張本人の一人が、加納であることもまた言うまでもないことだ。

迎陽一《むかえよういち》

東京都渋谷区松濤1-24-5

（1951〜）

関電に天下りの元経産省プルサーマル切り込み隊長

「あんな人のいい人はいない。だが、人がよすぎて、イザ今の関電の非常時になんの役にも立たないといわれている。逆をいえば悪しき習慣で電力会社は肩書だけの無能、無力な人間をずっと高いお金を出して雇っていたことになる。そのツケは電力消費者にしわ寄せがいっていたわけだ。関電サイドからも、やはりもう官僚の天下りなど止めようという声さえも出ている。関電では迎さんで最後の経産省天下りになるのかも」

電力会社関係者から聞こえてくる声だ。これまで「最後の最後は経産省にお願いすればうまく帳ジリをあわせてくれる」と思っていた電力、原子力行政は福島の原発事故を契機に潮日が大きく変わってきた。霞ヶ関も電力会社も、そして政治家も、ギリギリの非常事態の時なんの役にも立たない。やはり常日頃から住民が、自分たちにとって何が大事か大切かという意識を高めて、行政や政治を監視していくことが大切だと分かった。

「役立たず」という陰口を叩かれている迎陽一はなぜ、関西電力の常務という幹部ポストにまで就けたのか？　その経歴を見てみよう。

一九五一年生まれの六十一歳。七五年東大経済学部を卒業、経済産業省の前身、通産省に入省。資源エネルギー庁の電力・ガス部長、商務情報政策局商務流通グループ商務流通審議官を経て二〇〇六年七月退職。商工中金理事を二年間務め、〇八年八月関西電力顧問。そして〇九年六月から同電力常務取締役。

経産省ＯＢに言わせると電力・ガス部長、審議官クラスとしては定番の天下りコースだという。だから何か特別の能力とか貢献度があって、関西電力の常務になったわけではない。資源エネルギー庁の電力・ガス部長、審議官というポストを経たことでの定番の美味しいポストだったのだ。

　しかし巷間言われているのは関電クラスの役員になると平均年収三〇〇〇万円というのだからいやはや。迎の場合、その前に商工中金理事も務めているから、この年収が七〇〇～九〇〇〇万円。つまり通産省を退職する時四～五〇〇〇万円前後の退職金があり、商工中金で二年間で二〇〇〇万円ぐらい稼ぎ、今は年収三〇〇〇万円というから、退職してからだけでも二億円前後は手にしたとも推測される。

　さて、その迎だが、冒頭に電力会社関係者が言っていたように人はいいのかもしれないが、頭は固い。というか、上から言われたこと、体制側から言われたことを忠実にこなす忠犬のような側面がある。その典型的な例はプルサーマル発電を強引に進めようとした「切り込み隊長」という顔だろう。

　なぜ、そう呼ばれるようになったのか。その経緯はこうだ。電力関係者にとって二〇一一年というのは悪夢のような「福島第一原発事故」があり、翌年、全国各地の原発がストップ、一時は原発ゼロの事態にも至った忘れられない年であったことは間違いない。しかし、それ以前、原発、電力関係者の間での大きな出来事といえば、二〇〇二年に発覚した「東電原発トラブル隠し事件」だろう。

　これは、〇〇年七月アメリカの原発メーカーGE（ゼネラル・エレクトリック）社のアメリカ人技術者が原発点検作業を行った際、当時の通産省（現経済産業省）に告発文書を実名で送ったことで大騒動となった事件だ。

　その時の告発内容は以下のようなものだった。

○原子炉内の沸騰水型原子炉ひび割れ六つと報告した。しかし自主点検記録が改ざんされて三つに変更されていた。
○原子炉内に忘れてあったレンチが炉心隔壁の交換時に出てきた。

この時、原子力安全保安院は調査を始めたが、東電は「定期点検」ではなく自主点検であったことから「記録がない」などと非協力的態度に終始、調査はきわめて難航した。だが〇一年ＧＥが保安院に全面協力したことから東電も認めざるをえなくなった。この結果、改ざんしたり隠蔽したりしたものは八〇〜九〇年にかけて合計二十九件あったことが判明。ひび割れなど法令違反の疑いが六ヵ所、通達違反の疑いが五ヵ所、不適切が二ヵ所あった。会見で東電は「なお未修理のものがあるが、安全上は問題ない」とした。

一方、この問題で当時の東電の南直哉社長は「誠に残念で深くお詫びする」とし、さらにこの問題を隠蔽した背景には、日本の法律上許可されていない「水中溶接」での傷の修理があったことを認め、発覚を恐れて隠蔽、改ざんしてしまったとした。この隠蔽事件の責任を取って当時の南社長、荒木浩会長、平岩外四相談役、那須翔相談役、榎本聡明副社長兼原子力本部長の五人が辞任に追い込まれた。

「さらに東電は、この改ざん事件で福島第一発電所の３号機と柏崎刈羽３号機で進めていたプルサーマル計画を無期限凍結する措置を執った」

と司法関係者。そして同関係者は、こう続けた。

「当時、経産省はことを重大視して『組織的に改ざんが行われていた可能性もある』として原子炉規制法で刑事告発も検討したほど。まあ最後は、当時の慣れ合い、つまりは天下りの関係もあったのか、厳重注意で一件落着した」

いずれにしても「東京電力原発トラブル隠し事件」、東電は改ざんが発覚して初めてことの重大さに気付き、会長、社長、副社長兼原子力本部長を一斉辞任させたのだ。さらに、その上でプルサーマル計画の凍結をも決めたのだ。このころ、迎は電力・ガス部長のポストにいたのだ。迎はどんな行動を取ったのか？

それに触れる前にプルサーマル発電計画とは何かということにここで簡単に触れておこう。

日本の原子炉は大半が軽水炉というもの。ウランを燃料にして核分裂反応を起こし、膨大な熱エネルギーを出す。それで水を沸騰させ巨大タービン発電機を回したくさんの電気を起こす仕組みだ。ところが、この核分裂を起こしたあと、大量の核廃棄物が出る。その中にはプルトニウムという一グラムで五十万人が肺ガンになりうるほどの猛毒性をもった物質も作られる。いわゆる原子爆弾製造のベースになるものだ。そして当時すでに日本は国際的に大量のプルトニウムを保有しないことを国際原子力機関（ＩＡＥＡ）に国際公約していた。

しかし、それにもまして当時、核廃棄物を各原発施設などの特別施設に廃棄、保管していたが、それがもはや、どこも満杯になりつつあった。そこで国が考えたのが高速増殖炉という新しい原子炉でのプルトニウムを利用しての発電システム。核燃料サイクルしていくことで核廃棄物を少なくしようという方法。核廃棄物のウラン２３８をプルトニウム２３９に変換再利用しようというものだ。

一方では軽水炉のみの核燃料サイクルでは天然ウランはやがて枯渇してしまう怖れがあった。高速増殖炉を導入すれば、それまで軽水炉では利用効率が〇・五％程度であったものが六〇％になるという夢のような数値も出された。つまりは核廃棄物の軽減と原発資源を大幅に確保できるという一石二鳥の方法だ。

ところが、この「夢の増殖炉」に悪夢が起きる。

「高速増殖炉は高速中性子をうまく利用した炉。冷却材には軽水炉では水だが、増殖炉では水は中性子を吸収してしまうため使えず、中性子の吸収が少ない液体ナトリウムを使う。しかし、この液体ナトリウムが厄介。水に触れると爆発的に反応し、空気に触れるだけでも燃え出す。そのため各国で事故が相次ぎ、もはやどの国でも、高速増殖炉の研究や導入の取りやめが相次いだ。日本もまさに導入という時の九五年ナトリウム漏れが起き運転休止、さらにのちに再開したが二年後、燃料交換用炉内中継装置が落下して運転を取りやめ、先の見通しがまったく立たない状態に陥った。今再稼働に向け再び動きつつはあるが不透明さはぬぐえない。このため増え続けるプルトニウムをなんとかするために急浮上したのがプルサーマル計画。二〇一〇年までに国内で十六基から十八基のプルサーマル原子炉を稼働させようとした」（大学原子力学研究員）

それは現在の既存の軽水炉でウランにプルトニウムを混ぜた特殊な燃料ＭＯＸを使用しタービンを動かそうという試みだ。しかし、このプルサーマル計画にも問題が重なった。

「九九年イギリスのＢＮＦＬ社によるＭＯＸ燃料のねつ造事件が起きたり、〇一年新潟県刈羽村での住民投票でプルサーマル反対の結果が出たのです」（前出・大学研究員）

なぜ、刈羽村で反対の声が多くなったのか？

「そもそも軽水炉はプルトニウムを混ぜたＭＯＸ燃料を燃やすようなものには出来ていない。それをあえてすることは石油ストーブでガソリンを燃やすに匹敵するようなものという反対論が住民を不安にさせた」と当時を知る県議会議員。それだけではない。ＭＯＸ燃料を燃やすことでのさらなる疑問点が取り沙汰されたのだ。

①　制御棒の効きが悪くなる。
②　原子炉の出力が不安定になりコントロールが難しくなる。
③　環境への放射性ガスの放出量の増加。
④　もし事故が起きたらウラン燃料を使用時の事故に比較し汚染範囲は四、五倍になる。
⑤　本来資源確保と経済性を考えてのプルサーマルだが、実際はＭＯＸ加工費が高い。ウランを買ってきて燃料を作った方が安い。

こうした社会的批判や疑問に対して世論が高くなってきた背景もあって東電は〇二年の「原発トラブル隠し」を契機にプルサーマルの一時凍結を打ち出したのだ。

ところがである。当時、迎は電力・ガス部長として〇二年九月三日、六ヶ所村に「核燃料サイクル施設」を抱える青森県の当時の木村守男知事を訪ねた際にこう述べていたのだ。

「プルサーマルを含めた核燃料サイクルを着実に進める方針は、今回の件があってもいささかも揺るぎがない」

恫喝にも近い要請に、当時の青森県知事は黙ってうなずくだけだったという。逆を言えば、迎は上から言われたことをオウムのように繰り返し伝達するだけ、人間としての言葉に欠けた措置をするだけの人間ということだ。

これは当時、困難をきわめていた福島県を訪ねていった時も、まったく同じトーンだったという。福島県の佐藤栄佐久知事は福島原発にプルサーマルを導入することに一度は受け入れを了解した。だが〇二年の「東電のトラブル隠し」を境に以来、反対の立場を取り続けていた。

佐藤知事の持論としては「すでにわが国には四〇トン（現在はさらに増えた）ものプルトニウムを保有しながら、その処理のめども立っていないのに、なぜ新たなプルトニウムを生む再処理施設を急いで稼働させるのか。国は利用目的のないプルトニウムが分離されることはないとするが、国は定量的な処理見通しを示すべきだ」というもの。まして福島にプルサーマルを稼働させるのは納得がいかないという立場を貫いた。

当時、迎はこんなあやふやな、意味不明の言葉を連ねながらも福島に再三、プルサーマルの導入を迫っていた。当時の迎の言葉だ。

「なぜ核燃料サイクルなのかということを原点から話していくという必要があるのではないかというのは、まったくご指摘のとおりだと思う。それでその際になぜ核燃料サイクル、要するになぜ原子力発電なのかということについては、むしろ逆に発電というのは現実にあって、現実にどんなものかというイメージもあるし、メリットというものも目に見えているが、サイクルについては確かに将来の見通しなどに関わるものもあるわけで、なかなか理解が得にくいということは実際そうだろうと思っている。福島県知事が提起しているような問題について一つひとつにていねいな議論をしていかないと、なかなか理解が得られない。例えば要するにエネルギーセキュリティ上必要だという抽象論ではだめで、ウラン資源枯渇一つとっても今のままでは六十五年で枯渇するからサイクルだという意見もあれば、一方の方は六十五年もあるならまだそんなすぐやらなくてもいいではないかということをおっしゃるわけである。キャッチフレーズでは説得しきれない話。そこで各論点については十分議論を尽くしていかないと」

一見ていねいな議論をしていく姿勢のようだが迎の目的はただ一つ。プルサーマル導入だけだった。

反対していた佐藤知事はその後、水谷建設がらみで弟が競売入札妨害容疑で逮捕され、続いて自らも収賄で東京地検に逮捕された。当時「佐藤栄佐久知事の逮捕はプルサーマル導入を認めなかったからでは」などという噂さえ立った。そしてあとを受けた佐藤雄平知事が二〇一〇年県議会の了承を受けてプルサーマル導入を決めた。実際は、当時の迎のゴリ押し、粘り腰に福島は負けたという話さえ飛び交った。

だが紆余曲折のすえ、やっとプルサーマルを始めた福島第一原発3号機は、東日本大震災がらみの大津波で大爆発を起こしてしまった。そして今なお、福島第一原発の中でも完全制御が最も危ぶまれているのだ。

自分がゴリ押しして導入させた福島のプルサーマル原発を迎は今どう見ているのか。

「あれは職責でやったから致し方ない」と言うのか。それとも、もう昔のことだと開き直るのか。原発周辺の住民は今も原発事故で故郷を追われ、故郷に帰れる見通しはまったく不透明のままだ。

米倉弘昌《よねくらひろまさ》

神奈川県横浜市南区南太田2－18－18（1937～）

気前のよい原発発注者を守りたいだけの経団連会長

「日本経済団体連合会（経団連）」といえば、いわずと知れた、日本経済界を代表する団体だ。一九四六年発足の旧経済団体連合会が二〇〇二年に日本経営者団体連盟（日経連）と統合して、現在の組織が出来た。

日本商工会議所や経済同友会とともに経済三団体と呼ばれるが、経団連は東証第一部上場の有力企業一二八五社（二〇一二年三月二十九日現在）から構成され、その存在感は大きい。そのトップに君臨するのが「財界総理」と呼ばれる会長職だ。現在の経団連会長は住友化学会長の米倉弘昌。

経団連は歴史的に政治への影響力も大きい。まず、「政治は金で動く」という条理がある。二〇〇六～一〇年まで経団連の会長職を務めていたキヤノンの御手洗冨士夫は二〇一〇年一月二十一日付朝日新聞で「確かに過去は経団連の意向を反映しやすかった」として往時の政治献金の実態についてこう語っている。

「九三年に政治献金の斡旋をやめた平岩外四会長のころまでは、自民党への献金は一〇〇億円程度だった。その前はもっと多かった。自民党の収入の三分の一ぐらいは経団連から出ていたので、経団連の言い分が通りやすかった。だから財界総理だったわけです」

経団連の力の源泉となってきたのが「斡旋方式」と呼ばれる政治献金の仕組みだった。昭和電工事件（一九四八年）や造船疑獄（五四年）といった贈収賄事件が起きたことをきっかけとして、個別企業から特定の政治家への献金が自粛され、その代わりに考案されたのが経団連の斡旋方式だった。窓口を経団連に一本化し、経団連が加盟企業に献金額を割り当て政治献金する。この方式が五〇年代に定着した。

だが、企業から政治への不透明なお金の流れは止まらず、リクルート事件（八八年）や東京佐川急便事件（九三年）、ゼネコン汚職事件（同）といった不祥事が続いたため、経団連は政治献金の斡旋から一時、手を引いた。その後「おカネも出すが、口も出す」とした奥田碩《ひろし》トヨタ自動車会長が経団連会長に就任。二〇〇四年から政党の政策評価に基づき企業に政治献金を促す仕組みを作り、二〇〇八年には経団連関連の献金額が約三十億円にのぼった。

二〇〇九年になると企業・団体献金の禁止を政権公約に掲げた民主党によって政権交代が起き、経団連は政治献金への関与を取りやめた。現在の経団連会長である米倉弘昌は、一二年六月五日付朝日新聞で「政治献金による関係ではなく、民間企業として必要な政策を提言し、協力していく形でいきたい」と語っている。

だが、斡旋を表向きやめたといっても、献金を各企業の自主的判断に委ねることになったにすぎず、現実に企業による政治献金は行われている。その多くの献金を担っているのは経団連に加盟しているような大企業が中心だ。当然、電力業界もその中に含まれている。

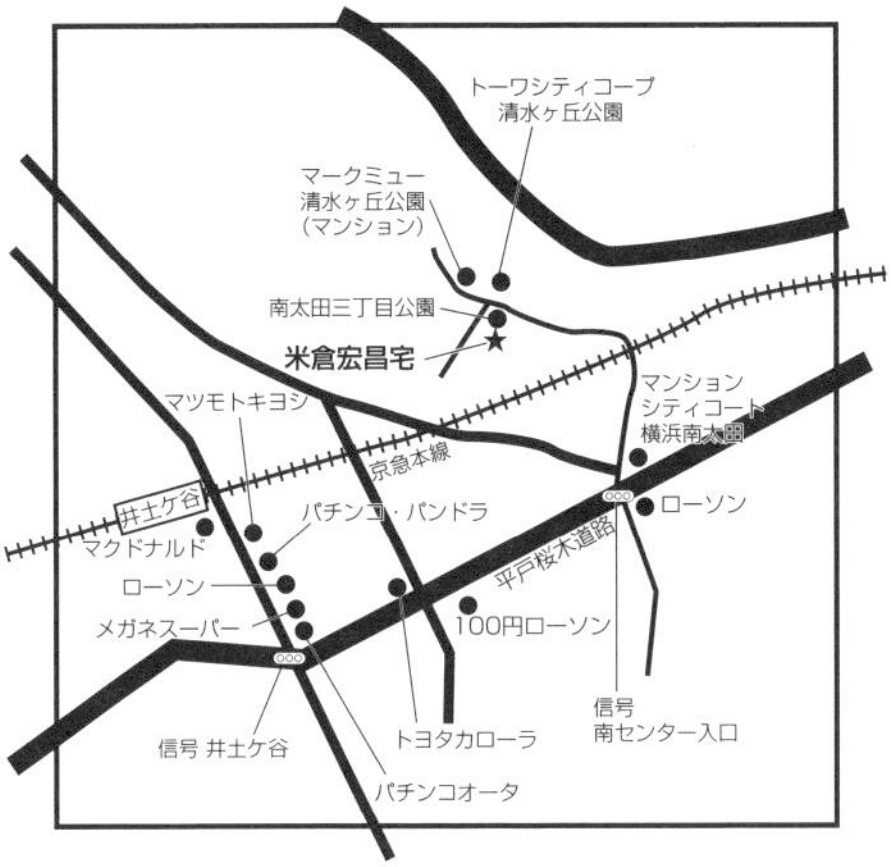

3・11以降、電力業界と政治の資金面でのつながりに注目が集まった。

東京電力をはじめとする電力会社は一九七四年以降、「公益企業にそぐわない」という理由で政治献金を自粛してきた。だが、それは表向きの話であり、裏ではしっかりと政治家に金を握らせ、業界の意向を政策に反映させようとしてきた。九三年には電力業界が自民党の機関紙などに三年間で二五億円の広告費を支払ったことが発覚し、「新手の政治献金」と批判された。その後、東電は機関紙への広告費の支払いをやめた。

３・11以降、世間の目は東電をはじめとする電力業界に対して厳しい視線を浴びせるようになり、脱原発も発送電分離も大きく前進しようとしている。だが、これまで危険な原発をもてあそび、地域独占で潤っていた電力業界は必死の抵抗を続けた。だが、放射能公害の加害者である東電、電力会社は動きにくい。そこで前面に立って東電を擁護してきたのが経団連会長の米倉弘昌だった。

米倉の東電擁護発言の数々を挙げてみよう。

二〇一一年、事故勃発から五日後の三月十六日、東京都内で記者団に福島第一原発の事故について「千年に一度の津波に耐えているのは素晴らしいこと。原子力行政はもっと胸を張るべきだ」と政府と東電を称賛。また、「東電は（大型の地震と津波による）被災者の側面もあり、政府が東電を加害者扱いばかりするのはいかがか」とも。さらに、事故は徐々に収束の方向に向かっているとし、「原子力行政が曲がり角に来ているとは思っていない」と語った。

どうしても東電を被害者に仕立て上げたいのか、四月十一日には、数兆円規模にのぼるとみられる福島第一原発の賠償責任について「原子力損害賠償法には大規模な天災や内乱による事故は国が補償するとある。国が全面的に支援しなくてはいけないのは当然だ」と強調。さらに「東電には頭が下がる。甘かったのは東電ではなく、国が設定した安全基準の方だ」「東電の技術力の高さ、モラルの高さは世界最高であると認識されるはずだ」と歯が浮くような賛辞を繰り返した挙げ句、当時の清水正孝東電社長が謝罪のために訪れた佐藤雄平福島県知事に面会を拒否されたことについて、「苦境にある者にああいう対応をするのはリーダーとしての資質を疑う」と事故の加害者である清水ではなく逆に佐藤知事を批判するという暴挙に出た。

五月九日には、菅首相が浜岡原子力発電所の停止を要請したことについて、「結論だけがぽろっと出てきて、思考の過程がまったくブラックボックスになっている」「東海地震の確率論では分かりかねる。政治的パフォーマンスだ」と述べ、「民主党政権は透明性というが、どういうことか、政治の態度を疑う」と民主党政権を厳しく批判した。

五月二十三日には、東京電力福島第一原発事故を契機としたエネルギー政策の見直しで、菅首相が「発送電分離」の議論が必要と発言したことについて「動機が（原発事故の）賠償問題にからみ不純だと思う」と指摘。

脱原発を唱えた菅には批判的だったようで、民主党の新代表に野田佳彦が選出された八月二十九日には、「政策に通じた、非常に安定した行動力のあるリーダー。民主党の議員は非常に良い結論を引き出した」と絶賛し、勢い余って、前任者と比べて「首から上の質が違う」とまで言い切った。

二〇一二年三月二十六日には、東電のすべての原子力発電所が停止したことについて「（国内原発がすべて止まれば）電力不足が深刻になってくる」と指摘した上で、大飯原発の再稼働について「段取りもされている。ぜひとも着々と進めてほしい」と要望した。

四月九日には、政府内の協議で大飯原発再稼働が現実味を帯びてくると、「前進と思っている」と評価。「場当たり的」との指摘がある安全確保のための新基準策定など政府の再稼働への対応についても、「ステップを踏んで政治判断している。拙速でもなんでもない」と重ねて擁護した。

だが、経団連の中でも米倉の東電擁護の姿勢には異論も噴出している。米倉経団連の体質に嫌気がさしたのか、二〇一一年六月二十三日にはインターネットショッピングモール大手の楽天が経団連に退会届を提出している。三木谷浩史社長は、「方向性の違い」とその理由を述べているが、五月には、ツイッター上で電力会社の発送電分離に慎重な姿勢を示す経団連に対して、「電力業界を保護しようとする姿勢が許せない」「政策が違えば、政党を離脱するのと同じだ」と、脱会を示唆していた。

また、同年十一月十五日に開かれた経団連の理事会で、ソフトバンクの孫正義社長が米倉を批判している。理事会で議論された提言の中に「政府は原子力が今後とも一定の役割を果たせるよう、国民の信頼回復に全力を尽くさねばならない」「安全性の確認された原発の再稼働がきわめて重要」などと明記されていたことについて、孫は「一日も早く原発を再稼働させることが日本国民にとって、経済界にとって最優先であるかのごとき論調には異議がある」と発言していた。

いったい、どうして米倉は脱原発の気運が高まっている国民感情を顧みず、異常とも言える東電擁護に突き進まなければならなかったのか？　これを理解するには東電と経団連＝財界との関係について知らなければならない。

福島第一原発の事故が起こって、注目されたのが原発ビジネスの旨味だった。よく言われたのが「原子炉を一基作るのに数千億円」という話。さらに作ったあとも保守、点検、技術コンサル、汚染除去など、さまざまな関連ビジネスが発生する。原発ビジネスはピーク時の九三年で年間一兆五〇〇〇億円、３・11の直近でも六〇〇〇億円という超巨大市場だったという。

原発の利権に与る企業は数知れず、ばら撒かれる金額も巨額である。そして、この業界は規制された地域独占であるため、金をばら撒くのは東電をはじめとする一握りの電力会社だ。さらに現行の電気料金は発電などに要する費用を積み上げ、そこに一定の利潤を上乗せする、悪名高い総括原価方式によって決まる。コストを下げる努力をせずとも利益が見込めるため、電力会社のコスト意識は総じて甘く、取引先企業の利潤を厚くさせていた。

こうした事情で新規参入を狙っていたり、パイの拡大を目指す下請け企業は、発注元の電力会社に対して猛烈な接待攻勢を繰り広げてきた。正月に電力会社幹部にあいさつ詣でするのはもちろん、役員として電力会社幹部を迎えたり、用地買収を手助けするなど、さまざまな便宜供与を下請け企業は行ってきた。業界全体が仕事欲しさに、電力会社を仰ぎ見る体質が染みついていた。

中でも業界全体の三割のシェアを誇っていた東電は、公共事業を発注する国のような圧倒的な存在感があり、金の使いっぷりも堂々たるものだった。東京・大手町に経団連ビルを建てる際も、東電が一億五〇〇〇万円も寄付したことが知られる。３・11まで、東電には「財界の雄」の称号が冠せられていた。

となると、大企業を中心とする経団連をはじめとする経済団体の中でも東電の影響力は大きくなってくる。経済団体の役員人事を見ても、それはハッキリとしている。

旧経済団体連合会時代の一九九〇年に、インフラ企業として初めて東電の会長だった平岩外四が就任。以降、経団連副会長のポストは東電の指定席となり、那須翔、荒木博、勝俣恒久、清水正孝ら東電の歴代社長が就任している。また、旧経団連の歴代評議員会議長職を一九五六年から六八年まで東電会長だった菅礼之助が、一九九九年から二〇〇二年まで東電会長だった那須翔が就任している。

二〇〇二年には原発のトラブル隠しの責任を取って荒木と那須がそれぞれ経団連の副会長と評議員会議長を辞任したが、二〇〇四年には何事もなかったように勝俣が副会長に就任している。

かつて経団連が「口だけ出すが、金も人も出さない」と政界から批判されていた一九九八年には、経団連の組織内候補として東電副社長だった加納時男が参院選比例区に自民党の公認を受けて出馬、当選を果たしている。人選の背景には選挙、政治活動に金がかかることを見越した経団連が東電マネーを期待していたということがあったといわれている。

経団連だけでなく、経済同友会代表幹事でも、東電の社長、会長を歴任した木川田一隆が長期にわたって代表幹事を務め（一九六〇年四月～六二年四月、六三年四月～七五年四月）、以降、那須、荒木、南直哉（一九九九年～二〇〇二年まで東電社長）らが副代表幹事を務めてきた。

地方財界でも構図は同じだ。各地域にある経済連合会の会長職も全国に十ある電力会社の経営者が務めることがないとなってきた。

全国の経済界を牛耳ってきたのが電力会社であり、その頂点に君臨するのが東京電力だった。だが、それは企業努力によって得られた地位ではなく、地域独占という規制に守られた既得権と原発という放射能汚染の危険性を内包した装置によって生み出されていた。

原発事故によって電力業界の矛盾が一挙に噴出し、原発から再生エネルギーへと、発送電分離によって発電事業に新規参入を促進する世論が大きく盛り上がっているにも関わらず、米倉が東電と原発を必死になって擁護したのは、個人的な思想や勘定に基づくものではない。単純に言えば「気前のよい発注者を守りたい」という産業界の総意を代弁しているということだ。

二〇一二年一月一日付朝日新聞に掲載されたインタビューで米倉は、

「(再生エネルギーは) 住友化学でも必死になってやっていますよ。薄膜の太陽光発電ですけど、他社製品と比較して試験をやっている。ようやく発電効率一〇%まで上がったが、実用化にはもっと高めなければ。そういった研究開発が加速するように政府もいろんな施策を打てば、ずいぶん変わるんじゃないか」

と再生エネルギーについて前向きな発言をしていた。だが、米倉が財界を見回すと、どこもかしこも東電の出入り業者なのである。

ソフトバンクの孫正義社長は先に紹介した経団連理事会で、「歴代の経団連の会長、副会長の多くは納入事業者として原発に関わってこられた。国民に甚大な迷惑をかけたということで、経団連としてあることは、まず最初に詫びることだ」と批判した。孫の批判に対し米倉は「本当に理解に苦しむような理屈だった。だれからも賛同を得られなかった」と一蹴したという。

再生エネルギーという将来有望な成長産業があるにも関わらず、東電にこれまで味わわせてもらった蜜の味が忘れられず、「既得権」に恋々としている。米倉経団連の異常な東電擁護発言の数々は、日本の財界全体が東電、原発に汚染されていた構造的な体質を暴露したのである。

石原萠記《いしはらほうき》

（1924～）

東京都練馬区谷原3-13-7

メディアを放射能汚染させた社会主義ナショナリスト

〇一年に始まり、一一年三月まで続いた東電のマスコミ接待ツアー「愛華訪中団」。3・11発生時、当時の勝俣会長を団長に総勢二十名近くのマスコミ、東電関係者が参加していたことで話題となった。彼らは中国の国内をバスで移動している最中だったのだ。もちろん、訪中と地震とにはなんの因果関係もありえないが、はからずも、東電のマスコミ懐柔の一端を垣間見せてしまったわけだ。このツアーの目的はもう一つあるといわれている。それは、今後原発大国となるであろう中国への、東電側のデモンストレーションということだ。

そこで勝俣は「形だけのツアー団長」であり、ツアー顧問として毎回参加していた「マスコミ接待コーディネーター」が石原萠記である。石原は一九二四年、甲府市生まれ。早稲田大学在学中に陸軍に応召され、敗戦を中国で迎える。復員後、東洋大学に入り直し、社会党右派の三輪寿壮（故人）に師事。その時に縁があり、ＧＨＱ（連合国軍最高指令部）の声掛けで、覚えめでたく米国にも人脈を広げた。

「この時代に、米国のフォード財団から資金援助を受け、西側諸国で組織化が進んでいた『国際文化自由会議』の連絡員にならないかという誘いを受けています。彼は社会主義を標榜していたのですが、社民・中道勢力による自民党政権打倒を目指したんです」（古参議員）

「国際文化自由会議」といえば反共をスローガンとしていた知識人の集まりで、ＣＩＡとの関係が浮上しては消えたといういわく付きの組織だ。この時点で十分な売国奴だったとは言えまいか。

一九五九年には自由社を立ち上げ、保守系論壇雑誌『自由』（現在廃刊）を創刊、民主的社会主義政権の樹立を目標とし、さらに人脈を広げた。思想は社会主義で、読売新聞の渡辺恒雄とは大学時代の学生運動を通じて以来の友人。東海大学総長、社会党代議士も務めた松前重義とも懇意で、旧ソ連、東欧との民間交流組織「日本対外文化協会」を松前と共に組織し、日ソ間の橋渡しとして活躍する。日ソ円卓会議なるものを主催し、その内容を『自由』誌上にも掲載していた。

そして、最も親密にしていた政治家の一人に、社会民主連合の前身を作った江田三郎（故人）がいた。このような流れで三郎の息子・江田五月（元環境相、元法相）とも懇意になる。

つまり石原の強みと懐の深さは、偶然にしろ日本の大物政治家、実業家と昵懇の間柄になったことだろう。その証拠に三島由紀夫の憂国忌にも石原は発起人に名を連ねるなど、左ばかりでなく右翼的人物らとの親交も深めている。また昨今は「新しい歴史教科書をつくる会」の出版にまで首を突っ込んでいる。

さて肝心の東電人脈。

「石原氏には多くのスポンサーというか、身元引受人が政財界にいましたが、彼が立ち上げた『情報社会を考える会』にて、名だたる財界人を引っ張ってきたのが平岩外四（当時は東電総務課長、のちに経団連会長）です」（経済雑誌記者）

石原が周囲に語ったところによれば、元東電社長の木川田一隆の知遇を得た石原は平岩外四社長（のち会長）に深く食い込む。そして当然、平岩の流れを汲むのちの勝俣らにも覚えめでたくなるのだ。

こうして東電の会長、社長とナアナアの仲になり、盆、暮れに自由社の懐が苦しくなると右から左に東電広告が掲載され、さらに一〇〇万円単位で援助があるとなれば相当な関係だ。

どうして、ここまでの人脈を築けたのか。

「東電は、マスコミを篭絡するために石原氏を緩衝地帯にしたかったのでしょう。石原さんは、文藝春秋の社長である池島信平（故人）や田中健五、講談社の会長となった服部敏幸らとも交流がありました」（事情通）

このあたりの人脈が、『週刊文春』元編集長の花田紀凱（現在は『ＷｉＬＬ』編集長）や『週刊現代』元編集長・元木昌彦などが「東電マスコ接待ツアー」につながっていく淵源なのだろう。

斉藤貴男氏は著書『「東京電力」研究――排除の系譜』（二〇一二年、講談社）で石原にインタビューし、石原は次のように語っている。

「私はイデオロギーを超えた、人間同士の平和と繁栄を目指して、アメリカともソ連とも、中国とも台湾とも、国際的な文化交流活動を重ねてきた男です。一九九〇年代に入った頃でしたか、韓国が中国に急接近している動きを知る一方で、だいぶ増えてきた中国からの日本留学生の中から、次代を担う国際交流のオルガナイザーを育成したい思いがこみ上げてきた。敗戦を中国・漢口（現在の武漢市）の統集団司令参謀本部で知った私にとっては、神の啓示とも言えましょうか。するとね、いたんですよ。上海出身の徐迪旻君といって、まさにそういう仕事をしたいと言う。それで私が敬愛していた平岩外四先生（一九一四～二〇〇七。九〇年代前半当時は東京電力会長、経団連会長）にご相談して、経済、政治、マスコミの指導者と、中国の各界指導者が定期的に交流できる行事を確立することになった。どうも平岩先生は、東電に対外的な顔となれる人材が少ないのを心配されてもおられたようです。そこで最初の訪中団は、先生の秘蔵っ子と言われていた山本勝副社長（当時。故人）を中心に編成しました」

国際的な文化交流とは聞こえがいい。しかし内実は、東電の幹部を中国や旧ソ連、台湾や韓国の政府筋に紹介し、その見返りに東電の広告を大量に、自らが指揮した雑誌に引っ張り込んだだけの話である。

さらに石原の大きな罪は今の民主党と東電を結び付けるのにも大きな役割を果たしたことだ。石原は東電幹部と民主党幹部が定期的に会食や旅行をする「十人十色の会」も主宰し、そこには前記江田のほかに海江田万里も加わっている。「愛華訪中団」の第一回目では、江田五月を団長とし、副団長に山本副社長、日野市朗（故人。元郵政相）である。日中友好二十一世紀委員会の中国側首席だった張香山（故人）らと交流していた。

「結局、民主党系が、東電と中国にすりよるために使われた側面も強いですね」（識者）

石原を通じて中国側に歓待された日本の訪中団は、二〇〇七年には、上海万博海外推進室日本事務所の首席代表までになった徐迪昊と昵懇の関係となっていく。

震災後「中国マスコミ接待ツアー」の是非が話題になっていたころ、『週刊金曜日』（二〇一一年六月二十四日号）で、鈴木邦男氏が石原にインタビューしている。

石原は語る。「一人五万円の分担金は向こうへのおみやげ代です。費用の一部ではない。全体の費用の四分の一は中国政府が出しました。四分の一は、中国の『愛華』という雑誌社（在日中国人向けの情報誌）が出しました。四分の一は東電などの電力会社です。残りの四分の一は私が日本の企業から集めました」

つまり、中国側は半分を出し、東電は四分の一を負担したというわけだ。

石原本人は、九九年に注目を集めた本を刊行している。戦後知識人約一千人の発言を記録した『戦後日本知識人の発言軌跡』（自由社）である。

「三十数年前から、少しずつ書きつづったものを、千二百七十ページの大著にまとめたものです。左派に批判的な立場

第1回訪中団メンバーリスト

2001年3月18～24日
訪問地＝北京、杭州、上海

団長	江田五月（参議院議員・元科技庁長官）
副団長	日野市朗（衆議院議員・元郵政相）、山本勝（東京電力副社長）
団員	星野利一（大成建設常務）、大橋博（教育財団理事長）、元木昌彦（『週刊現代』元編集長）、野口敞也（連合総研専務）、石原圭子（東海大学助教授）、藤井弘（日本対外文化協会常務）、江田洋一（江田事務所代表）
顧問	石原萠記（日本文化フォーラム専務、日本出版協会理事長、情報化社会を考える会代表）

張香山（日中友好21世紀委員会代表）、陳昊蘇（中国外交学会会長、陳毅氏長男）、沈祖倫（前逝江省省長）、王国平（杭州市常任書記）の各氏、国家自然科学基金、中国学会、政界人と交流。ほかに清華大学、上海交通大学、上海総工会の代表や阿南惟茂駐中国大使と懇談。
（『続・戦後日本知識人の発言軌跡』自由社から作成）

から、天皇制、防衛論議、社会主義などをめぐる左右の知識人の過去の発言を分析していますが、この本に石原イズムがまとまっていると思います。つまり東電との関係は、アジアへの橋がかりを作るため、というね」（歴史研究家）

一方で、アメリカにしっぽを振ることも忘れてはいない。二〇一一年六月、石原は、「アメリカありがとう　友情と同盟のあかし」という声明の賛同者として名を連ねている。呼びかけ人には、岡崎久彦、葛西敬之、工藤美代子、櫻井よしこ、佐々淳行、田久保忠衛、西元徹也、平川祐弘らが名を連ね、次のような内容だ。

二〇一一年三月十一日、わが国は東日本大震災という未曾有の巨大地震と津波に加えて前例のない原子力複合事故に見舞われ、重大な国家的危機に直面しました。犠牲者や行方不明者も万単位にのぼります。六十六年前の終戦以来最も厳しい非常事態ともいうべき苦難の時にあたり、百三十以上の国や地域、多くの国際機関、非政府組織などが支援の手を差し伸べてくれました。中でも最も迅速、効果的で大規模な実働支援を展開してくれたのは、アメリカとその政府でした。在日アメリカ軍を起点に震災翌日から始まった統合支援活動「トモダチ作戦」では、原子力空母「ロナルド・レーガン」や駆逐艦など十九隻、航空機百四十機、一万八千人の大部隊が投入され、被災地支援拠点となる仙台空港の復旧、被災者への物資供給、捜索・救援などをリードするめざましい活動を展開しました。多くは沖縄、横須賀、横田、三沢などの海軍、空軍、陸軍、海兵隊基地と要員を生かした統合作戦であり、日本の自衛隊との連携・協力も円滑に運んでいます。日本の自衛隊と米軍との関係が、これほど近くなったことはかつてありません。それに加えるに、原発事故に関する専門家・特殊チームの派遣や、各地で救難活動にあたった米国際開発局（ＵＳＡＩＤ）レスキュー支援隊などの支援や助言もありました。それらは、「日本の人々と連帯する」「日本は一人じゃない」という言葉とともに、日本人に限りない力と勇気を与えてくれました。「危急の友こそ真の友」という諺を自ら示してくれたオバマ大統領やアメリカ政府職員、アメリカ軍関係者、アメリカ国民の皆さんの友情と連帯に対し、日米同盟の重要さを深く心に刻み、感謝します。

わざとらしいにもほどがある。

原子力を持ち込んだアメリカ政府におもねり、いくたびも金を引いてきたように、またも、オバマ大統領の原発を推進するエネルギー政策に乗じて、アメリカの原発推進派から金を引こうというのか。

石原の軌跡を振り返ると、愛国心とはどういう意味なのか、あらためて考えざるをえない。米中露と大国にしっぽを振り続けることは、日本を愛するという心性とはかけ離れているように思えてならない。

　財界と諸外国の政府筋を泳ぎ、東電マネーで潤った石原の責任を追及すべく、そのからくりを取材する旨申込書を送ったが、ついに返事は来なかった。石原の東電マネーで潤った財布にはいくらたまっているのだろうか。もう老い先長いわけでもないだろうから、福島に寄付したらどうだろうか。

第 10 回訪中団メンバーリスト

2011 年３月６～15 日　訪問地＝北京、南京、揚州、上海

団長	副団長	団員	顧問
勝俣恒久（東京電力会長・前「安保と防衛力」懇談会座長）	平野裕（毎日新聞元専務主筆・現顧問、毎友会会長、日本翻訳家協会会長）	鼓紀男（東京電力副社長・原子力・立地本部副本部長）、江副行昭（陶芸家・工学博士）、大橋博（創志学園グループ理事長・環太平洋大学理事長）、石原圭子（東海大学総合教育センター教授）、弥園豊一（関西電力お客様本部副本部長）、渡邊広志（中部電力経営戦略本部部長）、大林主一（中日新聞社相談役）、加藤順一（評論家・毎日新聞中部本社元編集局長）、元木昌彦（オフィス元木代表・元『週刊現代』編集長）、花田紀凱（『ＷｉＬＬ』編集長・元『週刊文春』編集長）、野口敞也（前連合総研専務理事・前連合副事務局長）、久保田司（株式会社安全輸送社長）、赤塚一（評論家・元『週刊新潮』広告部長）、土山昭則（西日本リビング新聞社社長・前西日本新聞東京支社長）、恒川昌久（長野県立松本文化会館館長・前信濃毎日新聞松本支社長）、有馬克彦（全国栄養士養成施設協会常務理事）、藤井弘（前日本対外文化協会専務理事）、鈴木正人（税理士・日本出版協会監事）、元田宏輝（東京電力秘書部会長秘書）	石原萠記（日本出版協会理事長、情報化社会を考える会代表）、徐迪旻（ＮＰＯ法人亜州友好協会理事長）

（『週刊金曜日』、2011 年６月 24 日号から作成）

東電と癒着した〝マスゴミ〟を斬る！〝インチキゲンチャー〟たちに明日はない

倉庫から出てきた『創』の東電広告

鹿砦社のスタッフが、二月（二〇一二年）のある日に倉庫を整理していたら、なんと「メディア批評誌」を自称するマイナーな月刊誌『創』（創出版）に東京電力の広告を発見した。

「がっかりですね。どうもいまいち東電叩きをやらないと思ったら、そういうことだったのですね」（ジャーナリスト）

創出版のホームページの会社沿革には、次のような記述がある。

「一九九一年九月　イトマン事件絡みで編集部が家宅捜索を受ける。当時の代表が創出版と別に経営していた不動産会社が事件に関わっていたためだった。『創』が事件に関わっていたかのような報道もなされ抗議。共同通信、毎日新聞など主なマスコミが後に謝罪訂正報道。逮捕された代表とは決別」

「当時の代表とは、大物フィクサーの小早川茂氏。企業ネタで揺さぶりをかけて、かなり広告を引っ張ったに違いない」（週刊誌記者）

少なくとも、〇七年七月号、〇七年十月号、一〇年十月号の、業界用語で言う「表３」（裏表紙の裏で、編集後記の横）に三回出ている。もともと、総会屋マネーで始まったといわれる『創』だけに、ゴリ押しで広告を取ったとも考えられる。この事実は、脱原発の市民運動を繰り広げている人たちの間で波紋を呼んでいる。

図書館に行って雑誌『創』のバックナンバーをリサーチしてみると、少なくともここ十年の間（二〇〇二年から）、二三四ジペー表のように一ページの広告を発見した。

知人はかく嘆く。「これはもう、東電に籠絡されていたと言ってもいいだろう」（週刊誌デスク）

そういえば、〇八年から〇九年にかけて、東電は新聞や週刊誌、月刊誌を対象として、編集幹部クラスを熱心に接待していた。

「東電の幹部たちは、やや婉曲ぎみながらも『発送電分離が議論されて電力が民間でも作れるようになるとまずい』という趣旨の話をしながら、銀座でさんざん高い酒をおごってくれたものでした。当時は何を言っているか分からなくて、何をどう懐柔したいのかよく分かりませんでしたが、今、こうして電力が議論されるようになってくると、当時、何を言いたかったのかよく理解できますね」（出版社幹部）

「所有している金銭は自由への手段であるが、追い求める金銭は隷属への手段である」と言ったのはルソーである。

『創』は、〇四年に『噂の真相』が休刊した時に、代替えで読む雑誌の一つとして楽しみに毎月買っていたので、感傷的になり、とてもがっかりした。ルソーではないが「隷属への手段」を採った『創』の過去には、歳がらもなく、涙ぐんでしまった。

『創』の元編集者は、次のように語っている。

「広告がまったく入らない『紙の爆弾』（鹿砦社）と違って、『創』は大企業の広告が少なからず入っていますから、その分楽なはずです。なのに、社員の給料が安いので長続きしません。さらにライターさんへの支払いも遅れ気味で、在職中から疑問に思っていました。サブカルライターの松沢呉一さんは3・11以前から、東電の広告が入っているの

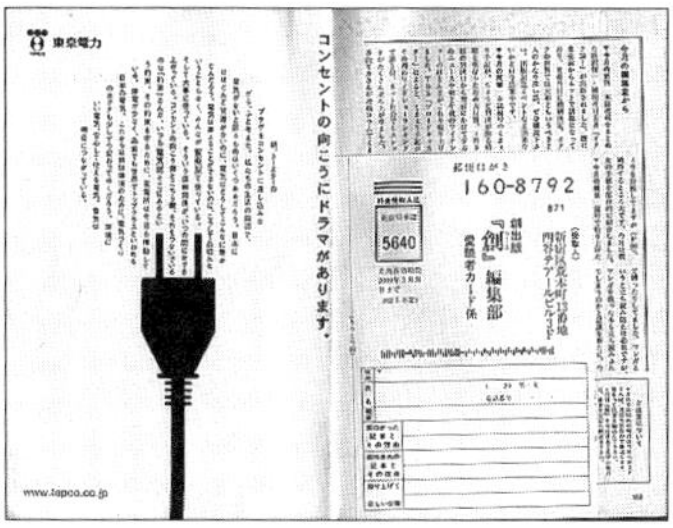

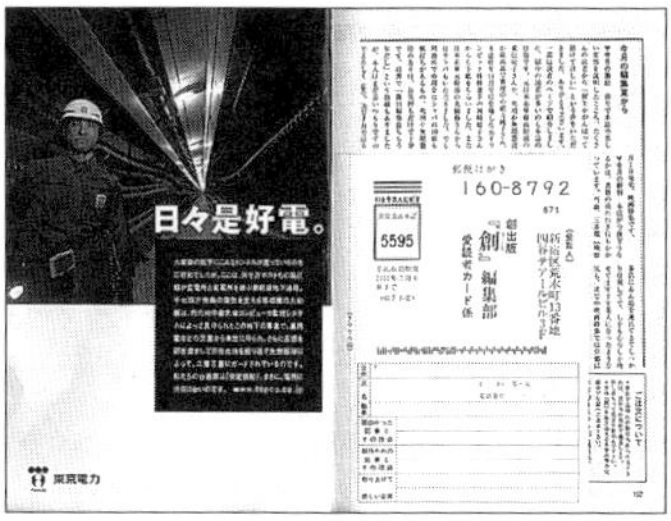

上から順に、『創』2007年6月号、同年12月号、2010年6月号に掲載された東電の広告

『創』掲載東電広告

二〇〇二年六月号	（表2）
二〇〇三年四月号	（表3）
二〇〇三年六月号	（表2）
二〇〇三年十一月号	（表4）
二〇〇四年六月号	（表3）
二〇〇五年六月号	（表4）
二〇〇五年十二月号	（表4）
二〇〇六年六月号	（表2）
二〇〇六年十一月号	（表2）
二〇〇七年六月号	（表3）
二〇〇七年七月号	（表3）
二〇〇七年十月号	（表3）
二〇〇七年十二月号	（表3）
二〇〇九年五月号	（表3）
二〇一〇年六月号	（表3）
二〇一〇年十月号	（表3）

表２：表紙裏のこと
表３：裏表紙の裏で、編集後記の横のこと
表４：裏表紙のこと

は問題だとおっしゃっていましたが、今から思えば卓見でしたね」

創出版社長の言い訳を斬る

「デジタル鹿砦社通信」（www.rokusaisha.com/blog.php）でこの問題を採り上げたところ、『創』編集長兼創出版代表の篠田博之氏の目にとまったようだ。篠田氏から鹿砦社代表・松岡に抗議のメールが来た。その全文を引用しておこう。

「メーリス（市民社会フォーラムのメーリングリスト――引用者）で『創』にも東電マネーとか書いているのを見ましたが、「広告をゴリ押しして取った」とか間違ったことを書くのはやめてください。／東電は事故前は大半の媒体に広告を掲載してました。東電批判をしている文春などにも入ってましたよ。創も東電批判はしてますよ。少し調べてから書いてください」

それを見て、私たちは驚くとともに嫌な気分になった。松岡など、篠田氏と同じ歳で、『紙の爆弾』と毎月同じ日（七日）の発売、執筆者もクロスしていることなどで競い合ってきたつもりだったが、非常に落胆し、一日中滅入ってしまったという。

「『創』も東電批判してます」はいいとしても、その前に、かつて東電の広告を掲載したことについて読者にきちんと説明し、それを真摯に自己批判した上で「東電批判」をやっていただきたいものだ。かつて東電の広告を掲載したことを見つからないとでも思っていたのであろうか。「東電は事故前は大半の媒体に広告を掲載してました」、そして「文春などにも入っていました」から許される、とでも言うのであろうか。まったくもって筋違いの反論でしかない。

福島第一原発事故で、家を、会社を、生活も失ってしまった人たちの「怒り」と「悲しみ」を代弁すべく、私たちは『東電・原発おっかけマップ』を二〇一一年八月に上梓。東電のみならず、原発ＣＭ出演者、政治家、原発推進学者たちを名指しで批判した上で、墓標を立てる思いで彼ら永久（A級）戦犯の住処を執拗に突きとめ暴露した。私も、このチームに入り、調査・取材・執筆活動に携わった。取次会社から流通・配本を拒否されるという焚書処分にも遭ったが、直接注文で完売近くまで売れるなど、お蔭様で読者の支持を得ることもできた。

真に「東電批判を」したいのであれば、まずは受け取った広告料金を叩き返し、広告掲載したことを読者に説明し、反省の文を誌面に掲載すべきであろう。その説明や反省もなしで、時流に乗り、唐突に東電批判を始めたとしても説得力は断じてない。現在、時流に乗って東電を叩くのはたやすい。本気で批判するならば、取次に配本拒否されるほどの内容にしてみせよと言いたい。

雑誌は、どの会社から広告を取るのも自由である。だが、いやしくもジャーリズムを気取り、『マスコミ就職読本』なるシリーズを学生向けに毎年リリースしている出版社が、本来リベラルであるはずの『創』に大手電気メーカーをはじめ、軒並みナショナルブランドのクライアントを掲載しておいて、筆が鈍りやしないか。もし断じて「筆が鈍らない」というなら、掲載した広告の企業スキャンダルを「握りつぶさない」と言えるだろうか。はなはだ、疑問である。

『創』（二〇一一年四月号）の篠田編集長の「編集後記」に、

「『紙の爆弾』がメーリスか何かで「『創』にも東電マネーが！」などと書いていたと読者が知らせてくれたので何かと思ったら、以前本誌に東電の広告が載っていたのをバックナンバーで見つけたとのこと。広告を載せていたことは昨年来公開トークの場でも話しているし、それによって誌面方針が左右されたことがないことも明言しています。原発事故前は殆どの媒体が東電広告を載せていたわけですが、メディアと広告の問題については折をみてきちんと論じたいと思います」

とあった。篠田氏は「誌面方針が左右されたことはない」と述べている。『創』にはサントリーや東京ガス、パナソニック、集英社などナショナル・ブランド企業の広告もよく出ているが、誌面への影響は本当になかったのだろうか？

一一年十月四日、詐欺容疑でサントリーフーズ近畿支社元課長が逮捕された事件に触れたのだろうか。あるいは〇九年八月、集英社が五十億円の所得隠しをしていた件に少しでも触れたのだろうか。『創』のバックナンバーを見る限り、集英社追及のエッジがきいた記事はとんと見当たらない。

「まあ、広告の特集でサントリーのお偉方が座談会で出たりするので、追及は難しいでしょうが、集英社の脱税については、鋭く触れるべきでしたね」（評論家）

集英社の所得隠しは、「メディア批評誌」というスタンスならば、スルーできない大きな事件である。「追撃すべき事件を見逃した」のは「誌面方針が左右された」ということではないのだろうか。

はたして、「大手マスコミでは分からないニュースの裏側」を標榜する『創』には、その存亡を賭けて東電批判をする矜持があったのだろうか。「『創』も東電批判はしてますよ」とは、へそが茶を沸かす言い草である。

鹿砦社の松岡利康社長は語る。

「篠田さんの弁解は、やはり見苦しいね。もともとこれらの企業広告は、集英社を除いて、おそらくイトマン事件で逮捕された小早川茂氏が引っ張ってきたものでしょうが、この際、どういう経緯で現在まで続いているのか読者にきちんと説明すべきでしょう。さらに、鈴木邦男氏、森達也氏、マッド・アマノ氏ら『創』の常連寄稿者の方々も、ナアナアで済まさないで、しっかり議論してほしいですね。広告がまったく入らない鹿砦社の『紙の爆弾』はともかく、『月刊サイゾー』（サイゾー）が少しでも収入を増やすためにＡＶ関係の広告を入れているのはかわいいものですよ」

『創』が『創』らしく、世間では忘れ去られたマツダ無差別殺傷事件や新聞社の内部事情を特集する姿勢は、確かにマスメディア業界にいる者としては興味があるところだ。だが篠田編集長が、イベントで東電広告について言及するくらいで免罪符になっていると思っていれば、大きな間違いである。知りたいのは「メディアと広告のあり方」ではない。「『創』と東電広告がどうだったか」なのだ。

☠ 大手マスコミ東電接待ツアーに参加した面々

しかし、ことは『創』に限らない。そもそも『創』が世論形成に大きな影響力を持っているわけがなく、より問題なのは、『創』以上に大きなメディアだ。今回の原発事故で明らかになった〝マスゴミ〟と〝インチキゲンチャー〟の醜態について、さらに追及していく。

『週刊現代』や『週刊フライデー』元編集長で、現在も多角的な動きを見せている言論人・元木昌彦氏が３・11時、中国への「大手マスコミ東電接待ツアー」に参加していたのにはみな驚いた。この「東電接待ツアー」については石原萌記（二一二六ジペー）の項で触れたので詳細を省くが、元木氏を尊敬してやまなかった、鹿砦社の松岡社長は怒り心頭で語る。

「元木さんも晩節を汚しましたね。彼のジャーナリスト生命はこれで終わりです。悪いことはできませんわ。私は自らを『ジャーナリスト』と呼んだことはありませんが、こういう人を『ジャーナリスト』というんなら、私は暴露本屋のオヤジでこれからもいきますよ。尊敬していた元木さんでしたが、今、私の中では敬称ナシの〝モトキ〟です」

元木氏の最近のブログは、掌を返したように東電への攻撃一色である。

「こういう風見鶏はもうたくさんです。まともなマスコミ人はいないんですか」（被災者）

東電によるマスコミ接待ツアー「愛華訪中団」に少なくとも〇三年、〇四年、〇五年、〇六年、〇八年、一一年の震災直前に参加していた「大物」編集長に花田紀凱がいる。

花田氏の経歴はじつに華麗だ。文藝春秋に入社して『週刊文春』編集長を振り出しに、九四年に『マルコポーロ』（のちに廃刊）編集長、九六年に文藝春秋を退社して朝日新聞社『ｕｎｏ！』（のちに廃刊）を創刊、九八年に角川書店へ移籍し『メンズウォーカー』（のちに廃刊）編集長となる。二〇〇〇年に角川書店を退社して宣伝会議に移籍、『編集会議』の編集長となり、〇四年にワックに入社、現在は月刊『ＷｉＬＬ』編集長である。

「およそマスコミ人なら、鑑にしたいほどの輝かしい経歴の持ち主です。しかしそれぞれの会社の辞め際は、あまりきれいとは言えないですよね」（古参の出版社社員）

「経費を使いすぎるので、出版社から疎まれちゃうんですよ。一説には角川書店を辞めたのは、『経理部が本当に人と会っているか、経費の使い道の裏取りを各店に事実確認したため』と囁かれています。さらに『編集会議』を辞めたのは、読者に編集の技術を伝えてほしい宣伝会議側と、編集長や編集方法にスポットを当てたい花田氏が対立したためだといわれています」（元文春ライター）

そう、案外くだらない理由で各出版社を追われているようだ。そもそも、『マルコポーロ』にて「ナチスのガス室はなかった」という噴飯ものの記事を作って話題になった（一九九五年二月号において、ホロコースト否定説を掲載。サイモン・ウィーゼンタール・センターから抗議を受けて廃刊となる）が、その後、移る先々で作る新雑誌の売行きが軌道に乗らず、「雑誌クラッシャー」の異名を頂戴した次第だ。

その『ＷｉＬＬ』では一時期、センターをカラーにして「電気事業連合会」のＰＲページをなんと五ページにもわたって掲載していた。一一年五月号では「クイズに答えると日本が明るくなる⁉」と題して、原発がいかにも安全であるかのようなＱ＆Ａをズラリと並べている。また、柏崎原発持ち上げの広告も発見した。

「夢に向かって真っすぐに！　ふるさと柏崎の電気は歌を、未来を、照らし続けます！」

と、きている。『Ｗｉｌｌ』に大量の広告が入るカラクリは、ワックの母体に元新潮社の大物がいて、この男の誘導によるものだが、それはあとで追撃しよう。

さて、最新の原発事故調査委員会は、当時の首相、菅直人の責任を厳しく追及した。私たちは、「東電マネーという禁断の甘い汁を吸ったマスコミ人たち」には、菅直人以上の責任があると見ている。

鹿砦社の松岡利康社長は語る。

「世間はいまだに花田氏を大層なジャーナリストと見なしているようですが、逆の道を生きてきた私にしたら反面教師です。先の元木にしろ花田にしろジャーナリスト生命は終わっていますし、なんでこういう連中がいまだにマスコミの世界で生きていけるのか、到底理解できません。ここにこそ、日本のマスコミ、ジャーナリズムの危機があるのではないでしょうか。〝マスゴミ〟となじられる所以です」

震災直後、福島県双葉町から「さいたまスーパーアリーナ」に逃げてきた被災者は言った。

「あんたたちマスコミも責任があるだろう！　あんた、何回原発に反対する記事を書いた？」

その言葉は私にも重くのしかかる。しかし同様の問いに花田氏よ！　あなたも答えるべきではないのか⁉

☠ 新潮社と東電の癒着を斬る

ここで、やはり新潮社の闇に触れざるをえないだろう。

「震災直後の夏ごろかな。東電批判はしないようにという通達があったと聞いています」（『週刊新潮』元記者）

東電の中国接待ツアーに、震災発生時の一一年三月に参加したリスト（二三一ページ）の中で、赤塚一氏（評論家、元『週刊新潮』広告部長）と〇七年に参加していた新潮社、元『フォーカス』（新潮社、現在廃刊）の鈴木隆一氏（現ワック社長）に注目したい。赤塚氏は、一一年だけでなく〇三年、〇七年、〇八年にも参加している。

「〇三年の時は確か、赤塚氏は編集次長でした。編集者でありながら、東電マネーにたぶらかされたのです」（事情通）

花田紀凱を編集長に擁する『Ｗｉｌｌ』を刊行しているワックの鈴木隆一社長は、九一年に立ち上げた広告代理店ウイルアライアンスの社長でもある。ウイルアライアンスのホームページには、クライアントとしてトヨタやソニーなど名だたる企業と並び、東京電力も入っている。新潮社時代の東電との関係が、そのまま『Ｗｉｌｌ』の膨大な広告量につながっていく。このように、東電と新潮社は「ＷＩＮ－ＷＩＮ」の関係にあったに違いない。

「要するに、新潮社―ワック―東京電力。このトライアングルに利権の構図を見ることができます。震災から数ヵ月して、『週刊新潮』では、急に東電批判を控えるようになりました。上から通達がくれば、この会社の体質では右にならえですよ。今では、御用学者を呼んで座談会などをやる始末ですから」（元新潮社社員）

何しろ一年に約三〇ページほど東電の広告を掲載してきた『週刊新潮』では、〇二年の東電原発のトラブル隠しで「大仰ではないか東電『原発トラブル』報道」と擁護、〇七年の柏崎原発事故では「想定外続きだった柏崎原発シンドローム」と東電の責任を逸らし、あろうことか最近では「たばこや肥満の方が放射線より有害」などという記事まで出す体たらくだった。

「東電の二〇一一年度の広告予算は、約二四〇億円だそうです。どこにいくら流れたか、事実関係を原発の被害者に示す必要があるのではないでしょうか」（識者）

鹿砦社の松岡利康社長も怒りを隠せない。

「『週刊新潮』編集部のデスクなどには、一時けっこう協力したこともありましたが、東電とは、そこまで親密だったのですか。『創』の比ではありません。『週刊新潮』では、〇九年に赤報隊事件の誤報の検証記事を載せましたが、〝安全神話〟を喧伝した膨大な東電広告についても検証記事を載せてほしいですね。そうじゃないと、原発事故で、この厳しい中で苦しんでおられるフクシマの被災者の方々は収まりませんよ」

『週刊新潮』（二〇一二年四月五日号）を見てひっくり返った。カラー三ページで、「巨大津波から原子力を守れ　中部電力・浜岡原子力発電所に出現する海抜18メートルの壁」と題して、浜岡原子力発電所と太平洋の間に一・六キロにわたって建設中の防潮堤（擁壁）の一部の写真を掲載し、その工事現場の進捗ルポをグラビアで展開している。

福島県の双葉町から埼玉へ避難してきた中年男性は語る。

「見ていて気持ちが悪くなりましたね。二重の意味で気持ちが悪くなりました。時代がこれだけ反原発ムードで、原子力なしで電力をまかなうのが理想なのに、電気料金を値上げしてでも、今更防潮堤を作ってでも原子力発電所を稼働させようという中部電力と、あたかもそれを擁護しているような『週刊新潮』のルポ。ものすごい苦労して工事しているのは分かりますが、民衆レベルではだれもそんなことは頼んでいないでしょう」

記事によれば、高さが海抜一八メートルに達するこの防潮堤が出来れば、津波に対して二重の備えになるという。

一つは福島第一原発で食らったクラスの巨大津波（海抜一五メートル程度）に対処でき、なおかつ地中の壁も六メートル間隔で埋め込まれるので原子炉そのものも守られる。

「原発を稼働させる上では重要な工事だと思うが、そもそも原発での発電を続けるか否かという議論をまず十分にすべきでしょう。浜岡原子力発電所がある静岡県御前崎市は、どんな地震学者だって、東海地震の危険性を指摘していますよ」（御前崎市民）

この記事自体が大問題である、とした上で知人のジャーナリストは言う。

「工事にいったいいくらかかっているのか。こんなのはとっととやめて、電気代値上げをなんとかする方向に向かうべきではないのか。中部電力も問題だが、工事のルポを浪花節で掲載する『週刊新潮』の見識は疑うしかないね」

「正気なのか？」と電話で問い詰めると、中部電力の担当者がむきになって反論した。

「そうはいっても廃炉にするにも五〇〇〇億円はかかる。ものごとには多面がある。感情的に物事を言うなよ」

感情的になっているのではない。そもそも、新聞社が行った住民アンケートでは、再稼働を静岡県民の七割近くが反対している。八割以上が一一年五月の全面停止を評価しており、原発を「少しずつ減らす」と「ただちにやめる」と合わせると、脱原発を求める声は八割近くになるのだ。

浜岡原発は、震災直後の二〇一一年五月に菅直人首相（当時）が「三十年以内にマグニチュード8程度の東海地震が発生する可能性が八七％ある」ことを理由に、中電に全面停止を要請した、いわく付きの発電所である。原発の再稼働について県内の全三十五市町の首長に質問。六割の二十一市町の首長がノーと言っている。

「中部電力が浜岡原発に防潮堤を作るのも、それを『週刊新潮』が煽るのも、少し早過ぎて生煮えの感じがします。問題は『週刊新潮』のグラビアに、ビッグクライアントとして今後も新潮社が付き合いたいであろう鹿島建設が、取材協力としてクレジットされていることでしょう。うがった見方かもしれませんが今後の広告戦略をにらんでいるような気がします」（元新潮社社員）

今もなお、原発を設計したメーカーや東電、中部電力幹部らとの接待をこっそり受けている新潮社の幹部たちの情報もこちらにも入っている。

「なんせ一晩の接待予算は二〇〇万円ですから。まだバブルが続いているんじゃないかと思いましたね」（接待を受けた別の出版社の週刊誌編集者）

鹿砦社の松岡利康社長は語る。

「かつて東電の広告を掲載した『創』はじめ多くの雑誌が掌を返したように反原発の記事を掲載する中で、新潮社は独自のスタンスで〝反・反原発〟、原発容認を頑固に続けてきましたが、ここまで来ると狂気の沙汰としか言えません。カネの力とは怖いものです。新潮も、出版不況のあおりを受けて楽でもないらしく、かつてはパチスロ大手の旧アルゼ（現ユニバーサル）マネーを狙い、これと組んで女流文学賞創設などを試みましたが、これでは物足りないようで、規模が桁違いの原発マネーを狙っているとしか考えられません。私は、世の〝良識派〟と違い、『反人権雑誌』を自認する新潮のスキャンダリズムは嫌いではありませんが、原発容認については断固反対です」

中部電力よ！　新潮社よ！　貴社の金満社員たちは不景気と関係なく給与が高い。このグラビア記事をもって福島県被災者を回り、「原発を再稼働させましょう」と言ってみよ！　もしもそれができないとしたら、即刻、お詫びと訂正記事を出し「誠意のない記事ですみません」と誌面において謝罪すべきである。

東電の広告を載せれば雑誌をお買い上げ

二〇一二年二月二十一日に発売された『日本を脅かす！　原発の深い闇』（宝島社）に興味深いデータが出ていた。二〇一〇年三月十一日付～二〇一一年三月十一日付（発売）までの一年間、雑誌に掲載された電力会社と原発推進会社の全面広告のページ数だ。次ジペー表のようになっている。

とりわけ目立つのが〝原発の素人〟であり、元ＴＢＳキャスターで現在、千葉大教育学部特命教授、資源エネルギー庁の原子力部会の委員でもある木場弘子氏である。『週刊新潮』に見開きカラーで連載の「エネルギー新時代　キャスター木場弘子の眼」は、四回にわたりカラーで連載されている。さらに『ＷｉＬＬ』にいたってはセンター五ジペーにカラーで一時期、電気事業連合会のＰＲページを毎月、掲載しているのだから反吐が出る。さすが震災時に東電・勝俣会長と中国接待ツアーにお出掛けの花田編集長だけにものすごい気の遣い方だ。

「マスコミ対策費は、東電の場合、年間で四〇〇億円を超えていたのではないでしょうか。ちなみに東電が朝日新聞に出した年間広告料は二億三〇〇〇万円といわれます。それだけではありません。朝日有力ＯＢグループは東電のＰＲ誌を作り、それをすべて買い上げてもらっていたのです。その額、年間一億四〇〇〇万円！　を超えていたとさ

雑誌の電力系ＰＲランキング
（調査対象：１Ｐ以上の広告）

順位	雑誌名	合計（原発＋原発以外）	原発	原発以外
1位	ソトコト	75Ｐ	0Ｐ	75Ｐ
2位	ＷｉＬＬ	50Ｐ	14Ｐ	36Ｐ
3位	潮	31Ｐ	24Ｐ	7Ｐ
4位	週刊新潮	29Ｐ	12Ｐ	17Ｐ
5位	婦人公論	28Ｐ	20Ｐ	8Ｐ
6位	プレジデント	23Ｐ	9Ｐ	14Ｐ
7位	中央公論	22Ｐ	10Ｐ	12Ｐ
8位	ＷＥＤＧＥ	21Ｐ	11Ｐ	10Ｐ
9位	文藝春秋	20Ｐ	12Ｐ	8Ｐ
10位	Ｖｏｉｃｅ	17Ｐ	14Ｐ	3Ｐ
10位	テーミス	17Ｐ	4Ｐ	13Ｐ

（『日本を脅かす！　原発の深い闇』宝島社より作成、11位以下は省略）

れます」（広告代理店社員）

原発推進のため、メディアにカネをばら撒き続けた東電と、そしてそこにタカる大手マスコミというどうしようもない構図。福島から逃れてきた被災者は言う。

「本来であれば、東電に広告をもらっていたメディアなどに、なんにも言う資格はない」

東電に飼いならされたマスゴミ、もといカスゴミよ‼　原発や電力を論ずるなかれ、その資格はないのだ。

ある月刊誌の編集長が匿名を条件に言う。

「東電の広告を掲載すれば、少なくとも数百部は買い取ってくれました。うちみたいな数千部の雑誌にとってはとてもありがたかった。こうして東電マジックにかかって、オセロの某タレントではないけれど、東電に『洗脳』されていくのです」

また、私は東電の広報雑誌を作っている孫請けの編プロが、たかだか三〇㌻の小冊子で、約五〇〇万円ももらっていたのを知っている。〝孫請け〟で五〇〇万円！

いかにもザル勘定な東電の乱脈広告戦略を垣間見ることができる。その編プロは、ほとんど東電マネーで成り立っている会社だったが、金銭感覚が麻痺していた。連日、社長が昼間から飲み歩いていたが、店からは「東京電力」名義で領収書をもらっていた‼

東電の広告費について、さまざまな検証記事が出ているが、３・11後も、東電の広告費はストップせず、約二十億円も使ったことが判明している。例えば文藝春秋全体では、さまざまな雑誌に原発関連で少なくとも震災前の一年間で二〇㌻ほどの広告が出ている。

何度も東電の記者会見に行ったが、『週刊文春』の記者が、東電広報に嫌がられるような鋭い質問をするのを見たことがない。

鹿砦社の松岡利康社長は語る。

「ホンマに困ったもんやね。地方でボチボチ出版活動やっていると、東京のマスコミ、出版業界の連中の動きには疎いけど、少しは反省してもらわんといかんわ。『新潮』同様、『文春』にも、これまでけっこう記事や情報収集などで協力してきましたが、アホらしいよね」

震災から一年が経つが、まだ東電のマスコミ接待漬けは続く

ある大新聞社の記者が言う。

「なんとか東電の責任を逸らすようにしろと上は言うが、かつてよほどおいしい想いをしたのだろうな」

そう。東電のみならず、関連会社から接待漬けになっているのが大新聞社の役員たちである。とりわけ、読売新聞社の罪は重い。

本書の中曽根康弘の項で、読売の社主であった正力松太郎と原子力事業の関係について触れた（一九六ページ）が、

「読売新聞社の正力松太郎もアメリカ政府に与し、原子力潜水艦の技術を使って、日本に原子力発電所を作って、中曽根らの政治家を巻き込み、原発は安全という論陣を張った。田中角栄、中曽根元首相らとともに日本に原子力発電をもちこんだ罪は、未来永劫消えないでしょう」（反原発団体のメンバー）

読売新聞社は、震災から一年遡ると、ちょうど十五ページの広告を東電からもらっている（次ページ表参照）。

「広告料金が軒並み下がっていく御時世で、定価で広告を出してくれる東電はありがたい存在でした。また、読売新聞社が発行している雑誌にも定期的に広告を出してくれました」（読売関係者）

ジャイアンツ関連以外、これといって鋭い記事が見当たらない「東電マネー漬け新聞社」、読売新聞。

「ＡＣジャパン（旧公共広告機構）の理事に、電力会社の役員が多数いる（西澤俊夫：東京電力代表取締役社長、深堀慶憲：九州電力代表取締役副社長、当時）が、これを知りながら東電は、事故直後、『テレビスポットＣＭを流しますから』と勝俣会長が記者会見で語った。これこそ『テレビスポットをくれてやるから、おとなしくしろ』というアピールでしょう」（全国紙記者）

新聞の電力系ＰＲ広告出稿ランキング
（調査対象：全面広告）

順位	新聞名	合計（原発＋原発以外）	原発	原発以外
1位	読売新聞	15P	11P	4P
2位	産経新聞	11P	8P	3P
3位	朝日新聞	10P	1P	9P
3位	日本経済新聞	10P	3P	7P
5位	毎日新聞	6P	3P	3P

（『日本を脅かす！　原発の深い闇』宝島社より作成、2010年3月11日～2011年3月11日付を調査対象とした）

もちろん読売新聞社系の日本テレビでも、大量のＡＣジャパンのスポットＣＭを流した。

「東電の責任追及では、読売新聞や朝日新聞よりも、広告をもらっていない東京新聞のほうがよほど突っ込んだ紙面を作っている」（経済雑誌記者）

東京新聞「こちら特捜部」の「〈核燃基地六ヶ所村〉古川健治村長に聞く」（一二年二月二十九日付）などはかなりタブーに切り込んでいる。読売新聞の記者もみならうべきだ。

鹿砦社の松岡利康社長は語る。

「読売は、『押し紙』問題を追及している黒藪哲也さんや販売店のオヤジさんに対し執拗に攻撃を掛けています。攻撃されるべきは読売で、東電の広告や接待問題、原発推進問題の責任と併せ、ガンガン追及しないといけませんね」

大手新聞社幹部の原発関連団体への天下り

どうやら、大手新聞社の幹部が東電関連の会社に天下りするのは、今では常識となっているようだ。現実として、財団法人電力中央研究所の名誉研究顧問は中村政雄氏（元読売新聞論説委員）で、研究顧問として志村喜一郎氏（元朝日新聞経済部記者）、小邦宏治氏（元毎日新聞論説委員）となっている。さらに財団法人日本原子力文化振興財団の監事は岸田純之助氏（元朝日新聞論説主幹）、同財団が発行する『原子力文化』編集部には鶴岡光廣氏（元毎日新聞経済部記者）がいる。このほかに「原発に寄り添って東電関連会社に天下りをした」大手新聞社の幹部はわんさかといるのだ。

その中で朝日新聞社の罪も重い。

「朝日新聞の最大の汚点は、七七年に論説主幹となった岸田純之助氏ですね。理科系で原子力にもくわしく鳴り物入りの科学記者でしたが、八五年の退社後は、東電の広報誌の監修者や、東電子会社の最高顧問を引き受けるなど、信じられないほど東電と親密でした」（古参新聞記者）

読売新聞社のカリスマ、正力松太郎がかつて、アメリカから使節団を招いて全国各地で「原子力平和利用博覧会」を開催したのは論外としても、かつて政治的に左寄りだった朝日新聞社にも「東電べったり」の幹部がいたというから驚く。さらに、東電が顧客に無料配布する小冊子『ＳＯＬＡ』の編集長は元『週刊朝日』の副編集長、江森陽弘氏だ。

「およそ一年に一億五〇〇〇万円くらいは、『ＳＯＬＡ』の制作会社に金が落ちていると聞いています」（広告代理店）

朝日新聞の古い記者は言う。「広告部の東電担当は、かつて五月にはモナコに旅行に行っていた。東電の幹部も一緒だった。Ｆ１のモナコグランプリを見に行ったのだろうが、名目は『エネルギー施設の視察』でしたね」

鹿砦社の松岡利康社長は語る。

「許せん！　理屈じゃなくホンマに怒り心頭だよ。オレは暴露本屋のオヤジでよかったよ。やはりもう一度『東電・原発おっかけマップ　Ｐａｒｔ２』を作らんといかんな（笑）。マジで」

こうして本書の刊行を決意した。

☠ いいかげんにせよ、『週刊朝日』の二枚舌

あまたある「東電マネーに溺れたマスコミ」の中でも、福島第一原発そのものの安全性をＰＲ広告で入れた、『週刊朝日』（朝日新聞出版）の犯罪性を見逃すことはできない。二〇一一年の新年号で「福島第一原子力発電所レポート」を四ページにわたって掲載。吉田所長（当時）の写真入りで「ベストミックスで安定した電力供給　プルサーマルで実現する発電の未来」と題し、福島原発の安全性をＰＲしつつ、プルサーマル発電を大きく宣揚し、解説している。また、「見どころいっぱい福島県浜通りの観光スポット探訪」と題して、浜通りの名所いわきマリンタワーや、風光明媚な塩屋崎灯台などを紹介している。

「まるで福島に来て原発と観光スポットを味わうのが一流の旅とでも言いたげの内容でした。今、さかんに東電叩きを『週刊朝日』はやっていますが、かつて福島第一原発の安全性や魅力を伝えたのは、どこのだれなのでしょうか」

（新聞記者）

まさに、過去を忘れたかのようなトーンで東電叩きに走る『週刊朝日』の二枚舌ぶりには驚きを禁じえない。

「３・11の震災直後、『週刊朝日』は、『危険だから』と若手の記者を福島に行かせなかった。やっていることが矛盾だらけです」（識者）

『週刊朝日』には記者が五十人近くいるはずだが、全員が行って被災者に謝罪しつつ、全財産を寄付すべきではなかったのか。

『週刊朝日』だけではない。同じく朝日新聞出版社が出している『ＡＥＲＡ』の罪も重いといえる。二〇一〇年、ヨネスケと電気事業連合会（電事連）のＰＲ広告記事で、立地環境部長と対談し、ヨネスケは「暮らしを支える電気のすごさを実感する僕としては、原子力発電にもっと注目してもらいたい。毛嫌いせずにさ、考えてほしいんだよ。もちろん安全性を確保したうえでの〝は・な・し〟だけどね（笑）」と語っている。

そのわりに嗚呼、『ＡＥＲＡ』よ！　震災直後、ガスマスクの顔の表紙で「放射能がくる」（二〇一一年三月二十八日号）という特集など、どんな神経なのか。ちなみに今、電事連のホームページからはヨネスケと立地環境部長との対談があったログは見事に消されている。

「やっていることがおかしくないか。放射能を呼びこんでいるのはおまえだろうと、『ＡＥＲＡ』編集部に言いたくなりましたよ」（読者）

東電、関西電力や九州電力などの電力会社や関連団体の電事連などを含めると、年間二〇〇〇億円もマスコミにばら撒かれていたことは明確だ。名うての記者をたくさん輩出した朝日新聞よ、残念きわまりない。こうした「東電マネー網」に君たちも引っかかったのか。

また、資源エネルギー庁の広告を子供向け雑誌『ジュニアエラ』に掲載していたのも、無視できない。もちろん、私は『週刊朝日』『ＡＥＲＡ』の記者が、震災後頑張って、放射能の脅威を、原発事故の悲惨さを伝えたことはよく知っている。だからこそ今、東電マネーから脱却するためにも、「原発を是とした過去の検証」が必要ではないのか。『週刊朝日』が堂々と採り上げ持ち上げたＰＲ記事は、ほかのどこでもない、かの福島第一原発なのだから。

鹿砦社の松岡利康社長は語る。

「原発問題に限らず、朝日のこうした、表の顔と裏の顔が違う偽善者的なスタンスこそ、朝日の記者や編集者らは反省しないといけないんじゃないでしょうか。規模こそ違え『創』とまったく同じ発想です。いや、発行部数『週刊朝日』が二十二万部、『ＡＥＲＡ』十四万部と公にされていますが、それも週刊で発行されていますから、犯罪性の度合いとしては、発行部数が一万部前後の月刊誌『創』の一五〇倍も大きいと言えますね」

ふだんからきれいごとばかり並べる朝日新聞出版の社員たちよ！『週刊朝日』および『ＡＥＲＡ』の自称エリートたちよ！今すぐ福島に飛んで過去のＰＲ記事は間違いでしたと懺悔せよ。偉そうに記事を書くのは、それからの話である。

第4章

脱原発の声を封じた労働貴族

「労働運動」の名を騙る労働貴族の巣窟＝原発推進機構

全国電力関連産業労働組合総連合（電力総連）

〒108－0073　東京都港区三田2丁目7番13号　TDS三田3F

Tel：03－3454－0231

種岡成一《たねおかせいいち》

(1955～)

新潟県柏崎市大字横山1021

脱原発議員を「応援しないぞ」と脅す電力総連ボス

二〇一一年七月二十六日、愛知県の春日井カントリークラブで、十六人の者たちがゴルフに興じていた。会長の種岡成一をはじめとした電力総連の三役の面々である。前日に会議を行い、一泊してゴルフに臨んだというわけだ。

福島第一原発では、今以上に不安定な状態の中で、東電社員や下請けの労働者が、汗まみれになって働いていたころである。被災者たちは、苦しい避難所生活を続けていた。被災を免れた一般市民も、節電に努めてつつましく暮らしていた。

労使一体となった御用組合の幹部を「労働貴族」と呼ぶが、まさに下々の生活のことなど関係がない、とばかりにゴルフを堪能していたのだ。

原発事故以来、たびたび耳にするようになった電力総連（全国電力関連産業労働組合総連合）。電力総連は北海道から沖縄までの十の電力系組合に加え、日本原子力発電関連企業労働組合総連合（原電総連）と電源開発関連労働組合総連合（電発総連）を加えた十二の組合によって構成されている。

労使一体である電力総連は、原発推進を明確に掲げている。

民主党政権が脱原発できないのは、電力総連の存在も大きい。電力総連は、小林正夫、藤原正司と二人の国会議員を送り出しているが、その他にも、一〇年七月の参院選では、蓮舫、江田五月、輿石東らを推薦候補として支援している。電力総連の票がなければ当選できない議員は、民主党の半数以上にのぼるといわれている。パーティー券の購入などで、資金的にも、民主党を支えているのだ。

票や金も出せば、口も出すのが、電力総連だ。党内の会合や国会の委員会で原発に批判的な意見を出すと、「次の選挙で応援しないぞ」と地元の電力総連加盟組合から電話が掛かってくる。

その電力総連の会長として君臨しているのが、種岡成一なのである。

さて、電力系の労働組合がこれまでに原子力産業に対して、どのような姿勢と働きかけを続けてきたかを初めに確認しておかなくてはならない。

かつて電力系の産業別労働組合としては、日本電気産業労働組合（電産）という組織があり、電源・停電ストなどを激しく繰り返していた。停電を余儀なくされるため、世論の反発もあった。会社側からの電産組合員の解雇というレッドパージなどの介入もあったが、労働者たち自身の疑問もあり、一九五三年ごろから、各電力会社で企業別労働組合が作られていく。その連合組織が全国電力労働組合連合会（電労連）であり、電力総連の前身である。

詳しくは、藤原正司、小林正夫の項を参照してほしいが、それぞれの労組では、会社からの介入もあり、労使一体が進められていく。

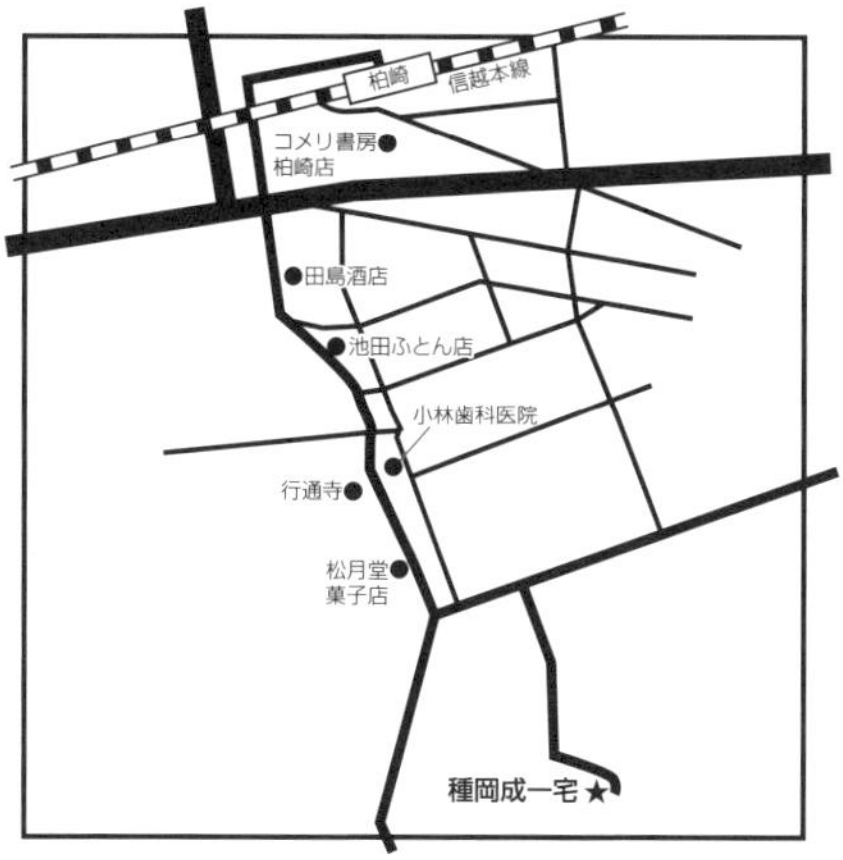

それは、電力総連が所属した日本労働総同盟（同盟）傘下の組合はほぼ同様であるが、電力系の組合ではさらにその傾向が強かった。組合に盾突くと人事考課が下がるといわれている。

そのため、電力労連は原発推進を次世代のエネルギー政策として強く推進した。一九八一年に電力総連となってからも、原発推進の姿勢に変わりはなかった。むしろ、地球温暖化が問題視されるようになると、「二酸化炭素を排出しない原発は環境対策としても重要」と強調し、政府に対して原発の増設を要請する活動を繰り返すようになった。電力総連が原発をいかに強く推進してきたかについては、機関紙『つばさ』などに詳しい。定期大会などでも、労働者の問題と併せて、毎回のように原発推進を強調してきた。

場合によっては、労働組合であることによって、会社よりも露骨なことを言うことができた。

東電労組出身で、のちに日本労働組合総連合会（連合）会長になった笹森清（故人）は、電力総連会長であった時に、原発に関して漁業補償など必要ない、と発言している。

「水のあるところ、港のあるところに発電所をつくりますよね。必ず出てくる問題は漁業補償の問題なんです。オーストラリアだとか、外国なんかは、なんで漁業補償なんてするんだといって笑われますよ。それはね、温排水が出るから、魚がとれなくなって駄目になってしまうという理屈なんです。ところが現実には、温排水のほうが魚はよく育つんです。肥料になるんです。ですから、今、魚をとって全部魚の健康、環境チェックをやっていますが、たとえば原子力発電所の排水がどういう影響があるかということで調べてみたところ、なんの影響も出てこない」（『労働レーダー』一九九七年五月号）

経営陣には言えない、大胆な発言だ。

『つばさ』二〇〇九年十月五日号では、電力総連の第二十九回定時大会の内容が紹介されており、そこでは旧会長である南雲弘行が次のように述べている。

「資源小国であるわが国にとっては、原子力を基軸とする『エネルギー自給率の向上』と『化石資源の安定的な確保』など、エネルギー安全保障の確立こそが、ブレてはならない国家戦略であるということを、みなさんとともに確認し合いたい」

そして、やはりCO_2排出削減という大義名分を掲げ、「仮に、十兆円の追加的コストをかけて、太陽光発電の導入量を二十倍に引き上げられたとしても、総発電電力量に占める割合は、わずか三％弱です。これは、発電過程でCO_2を発生しない原子力発電の設備利用率を、わずか二％から三％向上させるだけで、ほとんどコストを要さずに達成される数字です」

さらに南雲は、原子力発電を「『経済と環境の両立』のための切り札」と主張。「基幹電力である原子力発電の優位性こそ、あらためて強調されるべきと考えます」と絶賛した。

さらに二〇一〇年十月八日号では、新たに就任した種岡が、さらに具体的なエネルギー政策、つまり原発推進を並べ立てる。

「具体的には『二〇三〇年時点のエネルギー起源ＣＯ$_2$を真水で九〇年比九〇％程度もしくはそれ以上の削減』を目指し、原子力発電所の大幅な設備利用率の向上や新増設を実現し、そして、国民の相当な努力を要する省エネルギー、再生可能エネルギーの最大限の導入を図るとしていることや、スマートメーターの早期導入、火力発電所比率の大幅な引き下げなどの各施策が盛り込まれている点であります」（『つばさ』第一六二号）

このあいさつの冒頭では、種岡は阪神・淡路大震災に触れているが、原発の耐震性などについてはひと言も言及していない。また、南雲も種岡も、労働現場における安全対策について当然ながら採り上げてはいるものの、原発において当然考えられる放射線被曝の件については、何一つ指摘していない。

もし現場の労働者の安全と健康を考えるのであれば、万が一の事態が発生した場合に備えての対策について講じるべき考えが提示されてもおかしくはないし、そうすべきであるのが労働組合の本来の姿であろう。

ところが、『つばさ』や東電労組機関紙『同志の礎』などを何度読んでみても、原子力発電施設における安全強化などに触れる記述がまったく見られないのである。

電力総連は会社の別働隊となって、原発推進のための活動を積極的に展開し、電力会社に利権を提供し続けたと言えるのである。

そして、原発推進を声高に繰り返しているにもかかわらず、現場での安全対策については、やはり何一つ言及していない。これではまるで、内閣府の原子力委員会や原子力安全委員会、その他の御用学者や原子力関係の官僚たちなどが繰り返していた、「日本の原発は絶対に安全。事故は起きない」という主張を前提にしていたかのようである。なんともおかしな話である。

さて、二〇一一年三月十一日の東日本大震災以後、電力総連や東電労組の態度はどのように変化したであろうか。

同年九月六日、電力総連の第三十一回定時大会が開催された。そのあいさつの中で、種岡はこれまでのようにあからさまな原発推進こそ口にしなかったものの、依然として「原発は必要」との主張を繰り返した。

「わが国では、多様なエネルギー源によるベストミックスを目指すことが大事です。現在、年間を通して原子力はベースロード電源となっています。太陽光や風力による発電は、自然環境の影響やコストも含め、すぐにベースロード電源とは成りえないと考えます。現時点では、原子力は電力の安定供給のためには必要な電源であると認識しています」（『つばさ』第一七二号）

なんとも奇妙な発言である。前年までは、あれほど「原発をさらに増設し、火力を減らせ」などと原発推進を声高に繰り返していたのに、なぜここに来て太陽光発電や風力発電を持ち出し、「多様なエネルギー源によるベストミックス」などと言い出したのか、その理由が何一つ説明されていない。

なぜなら、種岡は３・11以降であっても、原発の危険性についてひと言も触れてはいないからである。この同じ日のあいさつの中で種岡は東日本大震災に触れ、被災者への「お見舞い」や、「電力関係産業に携わる者として深くお詫び申し上げます」などと口にしている。

ところが、福島第一原発の事故について、放射性物質の放出については「重大かつ深刻な事故」「きわめて残念でなりません」などと言うに留まり、それがいかに多くの国民を悲惨な状況に追いやっているものかについては、ただ抽象的なありきたりの言葉を羅列するばかりである。

だが、すでに震災以後、原発が安全ではないこと、いざ事故が起きたら甚大な被害が及ぶことは、だれの目にも明らかになったはずである。にもかかわらず、「原発は絶対に安全というわけではなかった」と言うことができず、「多様なエネルギー源によるベストミックス」なるものを持ち出さざるをえなかったところに、電力総連と種岡の欺瞞がありありと表われている。

そして、ここでも異常なまでに高い放射線量の中で作業を続けている現場の労働者についての言及は、ひと言も見当たらない。何度読んでも、メンタルヘルス対策とか、そうしたものばかりである。

これについては、「福島第一原発の現場、最前線で作業をしているのは、東電の社員すなわち労組組合員ではなく派遣労働者や協力会社の人間がほとんどなので、無関係だと思っているのではないか」という指摘がある。

多くの労組では、その活動の対象となるのは正社員など正規労働者である組合員だけで、契約社員やパート、派遣労働者などの非正規労働者は対象外というケースが多い。実際、東電がいろいろな現場作業に請負業者や派遣労働者を使っていることがじつに多い。この指摘が本当ならば、種岡は現場の作業員のことなどまったく考えていないということになろう。

二〇一一年六月、「福島原発事故緊急会議」のメンバーが、この件で電力総連に申し入れに行ったが、誠意のある回答はなかったという。

放射線被曝という危険性が確実に存在しながら、その問題点に目をつぶり、「原発推進」ばかりを声高に叫んできた東電労組、そして電力総連は、本当に労働者の権利と健康を守るはずの「労働組合」なのか。種岡は本当に労組の幹部なのか。

同盟と、日本労働組合総評議会（総評）、全国産業別労働組合連合（新産別）、中間派だった中立労働組合連絡会議（中立労連）の四団体が統一して、一九八九年に出来たのが、日本最大のナショナルセンター「連合」である。

電力総連は、この連合を原発推進へと転換するのにも大きな役割を果たした。原発に慎重な態度を取る自治労に配慮して、以前は「現状維持」だったが、〇九年の中央執行委員会で「新設の推進」に変わったのだ。

福島原発事故のあとは、原発推進こそ言わなくなったが、連合主催のメーデーに参加しても、「脱原発」の言葉はどこにもない。一般市民の感覚とは、まるで隔たってしまっているのが、最大の労働組合。そうさせたのが、電力総連である。種岡はあいさつの中でこう続けている。

「定期検査中の原子力発電所については、国による安全性が確認され、立地地域の皆様のご理解が得られることを大前提に再稼働させるために、社会の重要なインフラを支える電力関連産業に働く者の立場から、組織の総力をあげて取り組んでいかなければならないと考えます」（同）

そもそも、福島第一原発ですら、震災前には「国による安全性が確認され」ており、「立地地域の皆様のご理解」を得た上で稼働させていたのではなかろうか。種岡の発言には、原発の安全性を強化しようとか、より安全な体制を志向する意欲とか、そうしたものはカケラも感じられない。被災者への補償よりも、原発立地地域の住民の安全よりも、現場で働く労働者の安全よりも、「とにかくサッサと原発を再稼働させたい」という意思ばかりが伝わってくる。しかも、それが「組織の総力をあげて取り組んでいかなければならない」ものであるというのだ。いくらか表現を緩めたとはいえ、種岡も、電力総連も、福島第一で「重大かつ深刻な事故」が起こったにもかかわらず、原発推進の強烈な意思があることになんら変わりはないと断言できよう。

口では「お詫び」だのなんだのと言っていても、その実態は原発推進を最優先に考える。電力総連や東電労組は、カネのために地域住民と消費者、そして現場労働者を犠牲にする電力会社となんら変わりはない。そして、その頭目たる種岡は、まさに原発利権の影の暗躍者と呼ぶにふさわしいだろう。

ふじわらまさし
藤原正司
兵庫県神戸市須磨区白川台４‐23‐４　(1946～)

労働者を裏切り続けて成り上がった原発労働貴族

「東京電力犯人説がもっぱら流布されている。このままいくと今回の地震、津波ですら東京電力のせいになるかも知れない」

「この地震（津波を伴った）発生以降の対応に決して東電の対応が完璧だとは言わない。しかし、災害の原因を一民間企業に押しつけ何千年に一度といわれる地震と津波が今次災害の最大の原因（犯人）であることを忘れてはいけない」

こんな言葉を自身のブログに書き綴って、公然と東電を擁護しているのが、民主党・参議院議員の藤原正司である。二〇一一年三月三十一日のブログだ。

藤原は、関西電力労働組合の出身である。一九六四年に兵庫県立姫路工業高等学校を卒業すると、関西電力に入社。一九七四年には関西電力労働組合本部の執行委員となり、一九八五年には書記長、一九九三年には副執行委員長、一九九七年には、執行委員長、全国電力関連産業労働組合総連合副会長、日本労働組合総連合会大阪府連合会副会長と続けて要職に就き労働運動の世界で出世を続け、二〇〇一年に参議院議員に当選し、現在に至っている。

労働運動の世界で出世の階段を駆け上っていったのは、藤原が労働者のために働いたからであろうか。

電力会社で働いているからこそ、原発の危険性を知り、世間に知らしめたい、と考えているグループが、関西電力の社員にもいた。

彼らは、尼崎市の阪神電鉄出屋敷駅前で原発の危険性に関するビラを週一回配り続けていた。立地計画のある和歌山や京都の漁師町で会社がなりふりかまわない札束攻勢に出ていることや、世界一高い日本の電気料金が原発を建設維持するためであることなどを訴えた。たびたび彼らは上司に呼び出され、会社の言うことを信じろ、疑問をはさむな、と注意される。

九一年、関西電力の美浜原発の2号機で蒸気発生器の細管が破断、緊急炉心冷却装置が作動して冷却水が原子炉に流れ込んだが、メルトダウンの一歩手前という、国内の原発史上最悪の事故が起こった。

ビラを撒いていた十数名の有志は、社内で行動を起こした。四月、当時の森井清二社長に次のような申し入れを行ったのだ。

一　原子力発電が未完成の技術であるという認識に立ち、構造技術上の欠陥として早急に総点検を実施すること。

二　「安全神話」にもとづいた運転・保守・点検のあり方を改め、どのプラントでも「重大事故は起こりうる」ことを前提に対策を立てること。従事者の健康と安全を守る上からも、効率重視より何よりも安全を第一に。

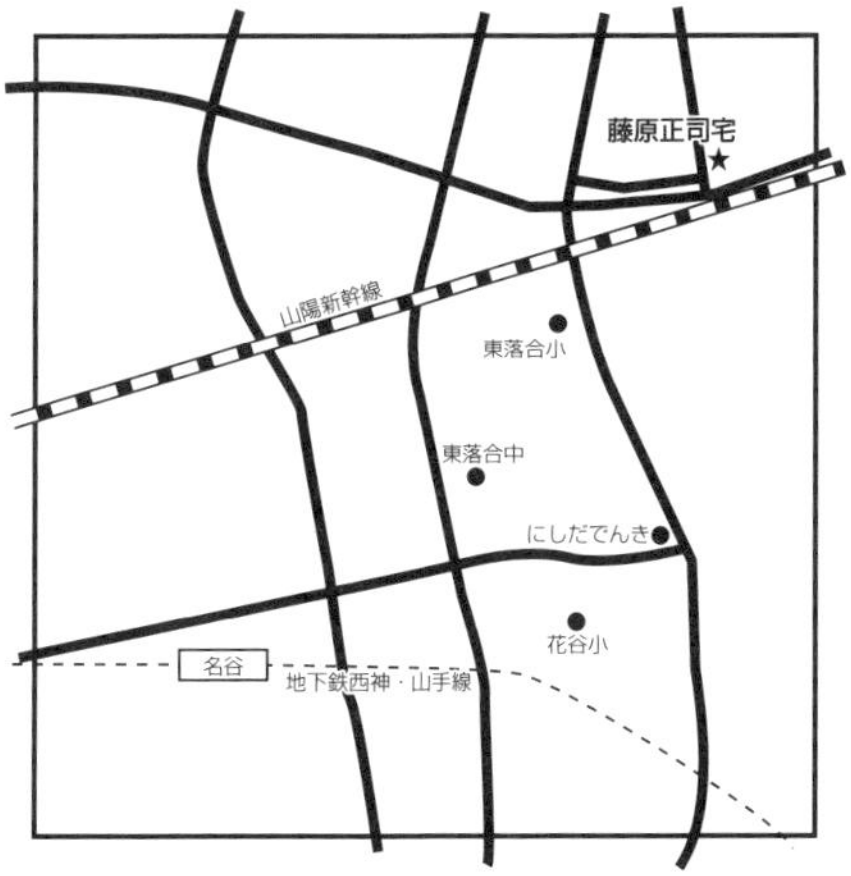

そして三点目には、会社は社内外の意見に耳を傾けること。

「会社は、事故発生後も原因が明らかになっていない段階から『フェイルセーフが働いた』と『安全神話』と広報・教育の柱にしています。原子力発電に対して正しい認識を持つために事故の重大性を薄めるような広報・教育はやめるべきです。従業員に対しては、事故についての社外での発言に干渉し事情聴取まで行うという言論統制を加え、『会社員一丸』となってイエスマンになることを強要しています。今日の原子力発電の安全規制は、原子力発電の危険に対する国民の強い関心と監視の中でこそ進んできたのであり、社内外での自由な意見発表を保障して原発の事故防止と安全技術向上をはかるべきです」

労働者として、きわめてまっとうな意見表明である。しかし、申し入れたメンバーは、職場で上司に呼び出され、「社員としてあるまじき行為」「反原発で扇動は困る」などと注意され事情聴取された。

この時、関西電力労働組合は何をしていたか。七月十七日、関電労組の第四十一回定時大会で、執行委員長は言った。「原子力は地球にやさしいエネルギー源として必要」「今回の事故は今後の原発を左右する取り返しのつかないものではない。設備的にも人為的にも原子炉が安全に停止したのだから問題はない」と原発に理解を示し、「原発を推進していくことが犯罪であるかのように直接行動に出ることは民主主義のルールに反する」と、社員有志による社長への申し入れを公然と批判したのだ。

自己の意見を表明することは、民主主義の中で最も尊重されるべき権利ではないのか。それを、真っ向から否定してみせたのが、関西電力労働組合である。意見表明をした有志たちは志を曲げなかったがために、職場での等級が上がらない、昇給しないなど、あからさまな差別を受けた。「思想及び良心の自由は、これを侵してはならない」、これは日本国憲法第十九条に謳われている。労働基準法第三条にも「使用者は、労働者の国籍、信条又は社会的身分を理由として、賃金、労働時間その他の労働条件について、差別的取扱をしてはならない」と明記されている。

本来なら、差別を受けた労働者の側に立って、会社と闘うべきなのが労働組合である。関西電力労働組合は会社の側に立って、職場差別に対して拱手傍観するばかりではなかった。職場内での交流から爪弾きにする、仕事上の協力もしないなど、会社ができない差別を彼らに行ったのだ。

「労働組合」などと名乗りながら、会社の意のままに動く、忠犬。これがいるために、一歩社内に入れば、憲法に謳われた言論の自由さえない。それが、関西電力労働組合である。その忠犬のボスとなったのが、藤原正司である。

参議院議員となった藤原正司は、二〇一〇年十一月、原発推進、核燃料サイクル推進を掲げる民主党議員三十七人による「原子力政策・立地政策プロジェクトチーム」を立ち上げ、事務局長に就任した。そして同年十二月、自民・公明らの賛成を得て、原子力特措法（原子力発電設備等立地地域の振興に関する特別措置法）の延長を可決させた。原発のある地域にさまざまな補助金を交付する法律である。

この意味は大きい。十年前、民主党はこの法案に、野党として反対していたのだ。藤原は民主党を原発推進の立場へと転換させたのだ。福島原発事故以降は、その本領をさらに発揮する。冒頭に挙げたブログを、全文引用してみよう。

東京電力犯人説がもっぱら流布されている。

このままいくと今回の地震、津波ですら東京電力のせいになるかも知れない。

日本人、特にマスコミは犯人を仕立て上げるのが好きであり、マスコミはそれに基いてストーリーを書く。

でもちょっと今度は違うような気もする。政治的に考えられてないか。

マスコミが特ダネをとることよりも特オチ防止に走っていることはなんら変わりないし、そのため記者会見などの大本営発表の記事をあまり独自取材せずに書く。

実はここをねらって「金を出したくない」、「政治的主導権をもちたい」政府（財務省）あたりが、記者会見で東京電力犯人説による内容を（必ずしもストレートな内容でなくそれを類推するような内容）くり返し語ればマスコミの論調は推して知るべしである。

原賠法（原子力損害賠償法）という法律がある（くわしくは六法全書を見て下さい）。

概要は、原子力災害で被害を受けた者に対し原子力事業者（支払能力を越える場合、国会の議決によって国が援助）が無過失責任に基いて損害を賠償するというものであるが、何兆円とも言われる損害賠償を一民間企業が負担出来るはずがない。ここに政府の思惑が見え隠れする。

何か国が金を出さずにすむ方法はないかなあ。

それが検討中と言われる賠償スキームの、カネは出さずに口だけ出す国家管理的な方法であり、十の原子力事業者に課す負担金である。

いずれにしても農協から東電へ支払請求がまわってくるようでは政府のねらいは今のところあたり〔原文ママ〕か。

この地震（津波を伴った）発生以降の対応に決して東電の対応が完璧だとは言わない。

しかし、災害の原因を一民間企業に押しつけ何千年に一度といわれる地震と津波が今次災害の最大の原因（犯人）であることを忘れてはいけない。

金を出したくない政府が東京電力犯人説を流布しているというのだから、呆れるほかはない。農産物が放射能の被害を受けた農民を代表して、農協が東電に賠償請求するのは当たり前の話だ。原発の危険を訴えて職場差別を受けた同僚たちにさらに差別を加えたのと同じように、苦境にあえぐ農民たちに、そのまま自分で耐えて苦しめ、と言っているのだ。このような卑劣な輩が、東日本大震災復興特別委員会にいるのだから、復興も進まないわけである。

ここに出てくる原賠法の三条一項には、次のように書かれている。

「原子炉の運転等の際、当該原子炉の運転等により原子力損害を与えた時は、当該原子炉の運転等に係る原子力事業者がその損害を賠償する責めに任ずる。ただし、その損害が異常に巨大な天災地変又は社会的動乱によって生じたものである時は、この限りでない」

東日本大震災が巨大な天災地変に当たるのか、免責規定が適用されるかどうか、政府の中でも論争になった。

免責規定適用を主張したのは、日本原子力発電の社員を経て政界に入った、与謝野馨経済財政担当相（当時）だった。これに、枝野幸男官房長官（当時）が「法律家の一人として考えられない」と反対した。与謝野と枝野の間には、奇妙なパンツ論争があった。東電の資産を賠償に吐き出させようと、「まだまだ東電はミンクのコートを着ている。パンツ一丁にさせるべきだ」と枝野は言った。「パンツ一枚になるまで東電に吐き出させるのはいい。それと責任論は別だ」と与謝野が反論すると、「じゃあ、パンツも脱がすべきだ」と枝野は怒鳴ったという。

免責規定の不適用は、無制限に国費が投入されることを渋る財務省の意向があったことも事実である。だが、福島原発事故において、東電に安全対策への不備があったのは確かであり、免責されるのは、倫理的にもおかしなことだ。

東電の勝俣会長は、さすがに免責は求めなかったが、賠償債務に上限を設けてほしい、と政府に要望していた。結果的に、政府は上限を設けることを認めなかった。最大限の経営合理化と経費削減を東電に求めるスキームの説明が、一一年五月十二日、民主党の原発事故影響対策プロジェクトチームで行われた。

ここで猛反発した一人が、藤原である。ほかの電力各社からも負担金を徴収するスキームに、「他の事業者にまで負担させていいのか。これでは株主代表訴訟で訴えられる」と、会社の利害を代弁して、吠えた。終わったあとにも、「あまりにもスキームの原案が出てくるのが遅すぎて、みんなろくに意見が言えなかった」と不満を漏らした。

よほど不満が募ったのか、同月二十四日、「原賠法について」として、ブログに書いている。

「経営責任そのものが問われるＪＡＬやりそなのケースとは根本的に異なる」「賠償責任を東電（原子力事業者）にあるとした政府が、過失責任まで東電にあるかの発言を繰り返し、経営責任（企業責任）を求めるのは、ただ国の責任（支援）のがれのためだけとしか思えない」「今政府に必要なのは、原賠法の定めや、国策民営として原子力発電を進めてきた責任を踏まえた国の支援である」「いわんや電気事業体制の見直し発言や突然の浜岡原子力発電所の停止などは国民の目線をはぐらかそうとする筋違いの方法であり、国民生活や経済を混乱におとし入れるものである」

東電には過失がなく、経営責任は問われるべきではない、というのである。これほどあからさまに東電を擁護している人物が、他にいるであろうか。

同じ日のブログには、「賠償スキーム等について」という書き込みもある。

「スキームに言う東電を含む十原子力事業者の負担金とは何か」として、株主代表訴訟の恐れを書いている。『何故、うちの会社が福島県の被災者のために銭を出す必要があるのや』（原賠法のどこに書いてあるんや）と東電以外の株主から訴訟を提起されたら耐えられるのだろうか」というのである。

藤原は頻繁にブログを書く方ではない。この五月の前は三月である。よほど思うことがあったのか、この日は三つの書き込みをしている。「浜岡原子力発電所の運用について」として、浜岡原発の停止を求めた菅総理の要請を批判している。浜岡原発は安全であると断言したうえで、「この度の震災の影響を直接受けていない西日本の電力が輪番停電になるという皮肉な現象が起きかねない」として電力不足を懸念している。その夏、停電などなかったことは言うまでもない。

同年七月二十日の朝日新聞には、「脱原発　企業の力を落とす」という藤原のインタビューが載っている。原発のストレステストにも反対、発送電分離にも反対という、電力業界へのイエスマンぶりを示している。

一二年一月三十日、参議院本会議の代表質問に立った藤原は、すでに決着がついた原賠法による免責の適用を、性懲りもなく蒸し返している。そして、「原子力を含むベストミックス構築が不可欠だ」と訴えた。

関西電力の中で原発の危険性を訴えた社員たちは、労働組合から爪弾きにされた。藤原がイエスマンであるのは、イエスマンであることで組合の中で出世を遂げ、議員にまでなったからである。そして、金である。政治資金収支報告書によると、藤原を支援する政治団体「ふじわら正司と民主党を支援する会」は、〇七年三月、電力総連政治活動委員会から、一度に三〇〇〇万円を寄付されている。

こんな愚劣な議員の原発推進に耳を貸す人間は、どうかしている、としか言いようがない。

小林正夫《こばやしまさお》

茨城県牛久市ひたち野東5－12－22

（1947～）

組合大会で原発再稼働の檄を飛ばす原発労働貴族議員

小林正夫は、東京電力労働組合出身の参議院議員。東電労組とは、どんな組合なのか？。

「裏切った民主党議員には、報いをこうむってもらう」

大飯原発の再稼働か否かで揺れていた、二〇一二年五月二十九日、東京電力労働組合の新井行夫・中央執行委員長は、そう言い放った。愛知県犬山市で行われた中部電力労働組合の大会に来賓として出席した際のあいさつである。

東電労組を含む、電力関係の十二の組合による電力総連（全国電力関連産業労働組合総連合）は、票も金も出す民主党の大きな支持母体である。その中でも、東電労組はリーダー的な存在だ。

労使一体の東電労組は、明確に原発推進の立場を取る。民主党の中に、脱原発の立場を取るようになった議員が増えたことに苛立っての、新井の発言だ。

「支援してくれるだろうと思って投票した方々が、必ずしも期待に応えていない」とも語っている。

福島原発事故に対しては、新井は次のように語っている。

「（東電に）不法行為はない。国の認可をきちっと受け、現場の組合員はこれを守っていれば安全と思ってやって来た」

居直りとも取れる発言だ。会長や社長が同じことを言えば、袋だたきに遭うだろう。その本音を、労働組合として代弁しているのだ。

東電労組の前身である関東配電労働組合が結成されたのは、一九四九年。それ以前は、激しくストを打って会社と闘う電産（日本電機産業労働組合）があったが、レッドパージによって壊滅させられた。東電労組になってからも、会社が組合の選挙に介入するなどして、社員のための組合から、会社のための組合へと変えられていった。

共産党員やその支持者である社員には、賃金や昇格に関してあからさまな差別が加えられた。差別を受けた共産党員ら一四二人が一九七六年に東電を訴え、争議に発展している。従業員の思想・信条の自由を侵してはならないとする労働基準法第三条違反だとして、一九九三年八月前橋地方裁判所、同年十二月甲府地方裁判所、一九九四年三月長野地方裁判所、同年五月千葉地方裁判所、同年十一月横浜地方裁判所で、原告勝訴の判決が出た。一九九五年に原告の主張を会社が認める形で和解が成立している。

ちなみに彼ら共産党員は、原発に反対したわけではない。日本共産党は、「原子力の平和利用」を輝かしい希望の源泉として、認めていたからだ。

それでも共産党は会社の破壊者だとして、共産党員である社員が組合内選挙で候補に立つことに対して、東電は職場差別で応えたのだ。組合の役員には、会社の望む人間がなる体制が築かれていくことになった。

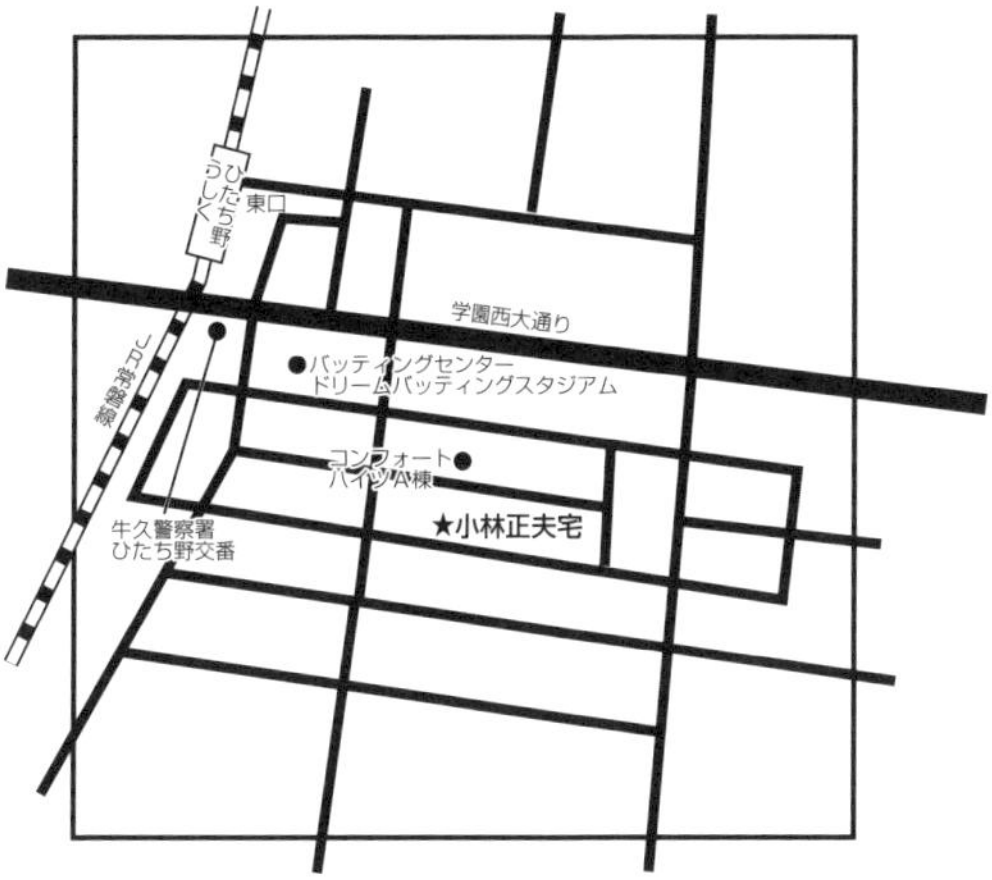

一方で東電は、社員を優遇する。危険な作業は、外部委託した。ごく普通の電気工事でも、電柱に登って作業するのは、下請けの会社の社員である。

原発でも同様である。被曝することの多い現場作業を行うのは、下請け、孫請けの労働者だ。

自分たちは下請けの労働者とは違う、という特権意識を東電の社員は持つ。その特権を守るのが、東電労組だ。

そんな東電労組から出てきたのが、小林正夫だ。一九六六年、東京都立世田谷工業高等学校（現東京都立総合工科高等学校）を卒業。東京電力に入社した小林は、地中送電線の保守を担当する職場に配属される。組合の執行部になるのは、入社四年目だ。組合活動をする中で、事務所の他の部署、工事係、運営係、総務係などの様子が分からない、ということで、いったんは役員を退任し、仕事に専念する。

このあたりの経緯は、小林の組合活動への誠実ささえ感じさせるが、それは所詮、東京電力社員という特権階級の中での話である。

一年ほどを経て組合活動に戻ると、分会の書記長、副委員長を経験して、一九八一年から東京電力労組の専従役員になる。九七年に東電労組中央書記長、九九年に東電労組中央副執行委員長、〇二年に電力総連副会長に就任。〇四年の第二十回参議院議員通常選挙で、比例区で立候補し、民主党のトップ当選者となった。

この時、東電の副社長から政界入りした加納時男が二期目の立候補をして、当選している。こちらは、自民党である。東電は経営側から自民党で、労組から民主党で、二人の議員を国会に送り出しているわけだ。言うまでもなく、労使一体の東電であるから、二人は対立する関係ではない。それぞれ自民と民主の中で、東電および電力業界のために働くのだ。その中にはもちろん、原発推進も含まれる。

東電社内でも、経営側ができないことを労組が行う、ということも常である。会社に都合の悪いことがマスコミにリークされたりすると、その犯人捜しを労組がしたりする。

小林のように労働運動の世界で出世すれば別だが、労組幹部はやがて会社の役員になる。一つの出世コースなのだ。小林は、一〇年の第二十二回参議院議員通常選挙で二期目の当選を果たす。そして、一一年参議院厚生労働委員長に就任した。

小林の支持母体である電力総連は、電力会社の労組などが加盟し、選挙では民主党を支援し、原発推進を求めてきた。小林正夫が参院議員改選を迎えた一〇年、その政治団体「電力総連政治活動委員会」は選挙準備に二六五〇万円を投入している。「どこに行っても総連が地元を知る案内役をつけてくれた」とは小林本人の弁。そして、民主党の比例代表候補では四番目の二〇万七〇〇〇票を獲得し、再選を果たした。

小林は、日立労組出身の大畠章宏や、関電労組出身の藤原正司らと協力して、原発に慎重だった民主党を、原発推進に変えた。このあたりの経緯は、大畠、藤原の項目を参照してほしいが、民主党は政権交代後の二〇一〇年、二〇三〇年までに原発十四基以上を増設するなどとした「エネルギー基本計画」を閣議決定している。

東電が、自民と民主の両方で国会に議員を送り込んでいたことが、はっきりと活かされたのだ。

小林は、目立った動きや発言はしていない。地道な仕事ぶりや人当たりの良さで人望があり、目に見えないところでの根回しを行っているのだ。どちらかと言えばイケイケの大畠、藤原と、後ろでどっしりと構えている小林は、絶妙な原発推進トライアングルを形作っている。

東電労組は、地方議会にも二十二人の議員を送り込んでいる。首都圏の議会が多いが、福島の双葉町や大熊町、新潟の柏崎など、原発の地元にもいる。このうちの二十人が、現役の東電社員であることが、ジャーナリストの三宅勝久氏の調査で分かっている。兼務は違法ではないが、東電労組政治連盟からは献金を受け、東電からは年間一千万円ほどの給与を受け取っているのだ。

労使一体もここまで進んでいるのかと、驚く。議会で何をやっているかというと、脱原発を求める意見書採択案に反対したり、同僚議員を東電丸抱えの原発ツアーに連れていくなど、会社の利益にかなった行動をしているのだから、それも当然だろう。

ところで、民主党の屋台骨を形成する連合の大きな流れの一つが旧同盟系労組（旧民社党系）。東レ労組の上部組織、UIゼンセン同盟や自動車総連、そして電力会社の労組連合体である電力総連などが旧同盟系だ。電力総連組合員数は約二一万八〇〇〇人。関係者も含めると相当の票数になる。力の源泉は票だけではない。その政治団体である電力総連政治活動委員会からの政治資金（パーティー券購入や会合参加費を含む）の流れは、じつに複雑だが、八〇〇〇万、三〇〇〇万と小さくない金額が多く集まるようになっていく。

これらの労組の出身議員が集まって民社協会を作る。派閥色の薄い民主党の中で、彼らの結束力はひときわ強い。

「民主党の原子力政策は、民社協会系議員や、やはり原子力産業と深いつながりのある電機連合出身議員たちがリードしています」（全国紙政治部記者）

原発推進派で、東電の代弁者である「ミスター原発」小林は、一二年六月、また一つ階段を上がった。民主党は六月十一日の役員会で、参院国対委員長に池口修次が就任したことに伴い、池口が務めていた党企業団体対策委員長に小林正夫参院議員を起用することを決めたのだ。

「なんといっても企業との交渉力はピカイチですからね」（全国紙社会部記者）

二〇一〇年九月の民主党代表選で、民社協会は菅首相側につくか小沢一郎側につくかで揺れた。最終的に、田中慶

【エラーチェック済】

（その７）

	(7) 寄附の内訳			寄附者の区分	1. 個人	
行番号	寄附者の氏名（又は名称）	金額	年月日	住所（又は所在地）	職業（又は代表者の氏名）	備考
1	藤原正司	70,000	H22/1/8	東京都千代田区永田町2-1-1-238	参議院議員	
2	藤原正司	70,000	H22/2/10	東京都千代田区永田町2-1-1-238	参議院議員	
3	藤原正司	70,000	H22/3/10	東京都千代田区永田町2-1-1-238	参議院議員	
4	藤原正司	70,000	H22/4/5	東京都千代田区永田町2-1-1-238	参議院議員	
5	藤原正司	70,000	H22/5/10	東京都千代田区永田町2-1-1-238	参議院議員	
6	藤原正司	70,000	H22/6/10	東京都千代田区永田町2-1-1-238	参議院議員	
7	藤原正司	70,000	H22/7/9	東京都千代田区永田町2-1-1-1016	参議院議員	
8	藤原正司	70,000	H22/8/10	東京都千代田区永田町2-1-1-1016	参議院議員	
9	藤原正司	70,000	H22/9/10	東京都千代田区永田町2-1-1-1016	参議院議員	
10	藤原正司	70,000	H22/10/8	東京都千代田区永田町2-1-1-1016	参議院議員	
11	藤原正司	70,000	H22/11/10	東京都千代田区永田町2-1-1-1016	参議院議員	
12	藤原正司	70,000	H22/12/10	東京都千代田区永田町2-1-1-1016	参議院議員	
13	（小計）	840,000				
14	小林正夫	70,000	H22/1/8	東京都千代田区永田町2-1-1-204	参議院議員	
15	小林正夫	70,000	H22/2/10	東京都千代田区永田町2-1-1-204	参議院議員	
16	小林正夫	70,000	H22/3/10	東京都千代田区永田町2-1-1-204	参議院議員	
17	小林正夫	70,000	H22/4/5	東京都千代田区永田町2-1-1-204	参議院議員	
18	小林正夫	70,000	H22/5/10	東京都千代田区永田町2-1-1-204	参議院議員	
19	小林正夫	70,000	H22/6/10	東京都千代田区永田町2-1-1-204	参議院議員	

【エラーチェック済】

（その７）

	(7) 寄附の内訳			寄附者の区分	1. 個人	
行番号	寄附者の氏名（又は名称）	金額	年月日	住所（又は所在地）	職業（又は代表者の氏名）	備考
20	小林正夫	70,000	H22/7/9	東京都千代田区永田町2-1-1-204	参議院議員	
21	小林正夫	70,000	H22/8/10	東京都千代田区永田町2-1-1-406	参議院議員	
22	小林正夫	70,000	H22/9/10	東京都千代田区永田町2-1-1-406	参議院議員	
23	小林正夫	70,000	H22/10/8	東京都千代田区永田町2-1-1-406	参議院議員	
24	小林正夫	70,000	H22/11/10	東京都千代田区永田町2-1-1-406	参議院議員	
25	小林正夫	70,000	H22/12/10	東京都千代田区永田町2-1-1-406	参議院議員	
26	（小計）	840,000				
27						
	その他の寄附	0				
	合計	1,680,000				

2011年3月29日受付、電力総連政治委員会（代表・種岡成一）収支報告書
藤原、小林へそれぞれ84万円を寄付していることが分かる。

秋会長が現首相支持を打ち出し、大勢は首相側に回った。結果は菅の辛勝。直後の組閣は露骨な論功行賞人事で、原子力行政を担当する経産相に電機連合の大畠、文科相には民社協会の高木義明が座った。

「このような情勢を見て、大畠とも高木とも同時に交際し、小林正夫は、原発を陰日向にわたって推進していきます」（ベテラン自民党議員）

大飯原発の再稼働か否かで民主党が揺れる中、小林は再稼働を推し進めるべく動いた。

二〇一二年五月十六日、国会内において電力総連から民主党に対し「当面する電力安定供給の対応について」申し入れが行われたが、小林は、関電労組出身の藤原正司とともに出席、原発の再稼働を強く訴えた。翌六月十四日には、関西電力労働組合第六十三回本部定時大会であいさつに立ち、大飯再稼働に向けて檄を飛ばした。

民主党にとっては、国民よりも電力総連が大事といったところか。そうして国民の意思に反して、原発は再稼働された。人望の厚さで原発を推進してきた小林も、その罪から逃れることはできない。

大畠章宏《おおはたあきひろ》

茨城県日立市西成沢町４-16-９

（1947～）

日立労組出身の原発推進党内ロビイスト

原発には慎重だった民主党を、原発推進に転換させた男。それが、大畠章宏だ。原子力ムラの深慮を感じさせられる。

民主党が野党だった、二〇〇六年七月二十六日。大畠が座長を務める民主党経済産業部門会議・エネルギー戦略委員会が、初めて原子力の積極推進を打ち出した。それまで民主党内での原発に関する見解はバラバラで、せいぜい過渡的エネルギーとして認める、という程度の合意だった。それを、積極推進に転換させたのだ。

二〇一二年現在、民主党のエネルギープロジェクトチーム（ＰＴ）の座長である大畠は、大飯原発の再稼働に積極的に動いた。

大畠章宏は日立労組出身。同労組出身議員としては、一九八〇年当選の城地豊司がいる。所属は社会党である。この時期、社会党が政権を取るなど、まるで考えられる状況ではなかった。だが、このころから、たとえ政権交代が起きても、原発推進を堅持させるために、原子力ムラは伏兵を置いていたのだ。

大畠は、一九八六年に茨城県議会議員に当選。城地豊司代議士の死去に伴い、日立労組後継候補として一九九〇年の第三十九回衆議院議員総選挙で当時の日本社会党から初当選した。村山内閣では通産政務次官を務め、一九九八年の民主党結党に参加した。

原子力ムラと言った時、電力会社が注目されるが、日立、東芝、三菱といった原発のプラントメーカーも、ムラの形成に積極的に関与している。

日立製作所は、多くの公務員の天下りを受け入れているが、その中でも特に注目に値するのが、元労働省女性局長・元石川県副知事の太田芳枝を社外取締役に受け入れていることだ。太田は、志賀原発の推進に積極的に動いた人物だ。

他のプラントメーカーを見ていくと、東芝は、最高裁判事だった味村治を監査役に受け入れていた。味村はすでに故人だが、四国の伊方原発と福島第二原発に対して住民が起こした建設許可取り消し訴訟に関して、その訴えを退ける判決を下している。司法界にまで原子力ムラの支配が及んでいるのだから、日本に民主主義があるなどと信じない方が賢明だ。

そして、日立労組。フルネームは日立製作所労働組合である。電力会社の組合と同じく御用組合である。会社の利害に沿って、会社のできないことをするのが、御用組合だ。

日立労組本部に対しては、過去、何度も組合員有志から要望書が出されている。減給に対処してほしい、サービス残業に対処してほしい、パワハラ・セクハラに対処してほしい、派遣労働者の雇い止めをやめさせてほしい、などの内容だ。何度も同じ内容が要望されていることから見て、日立労組はこれらの取り組みを行っていないようだ。

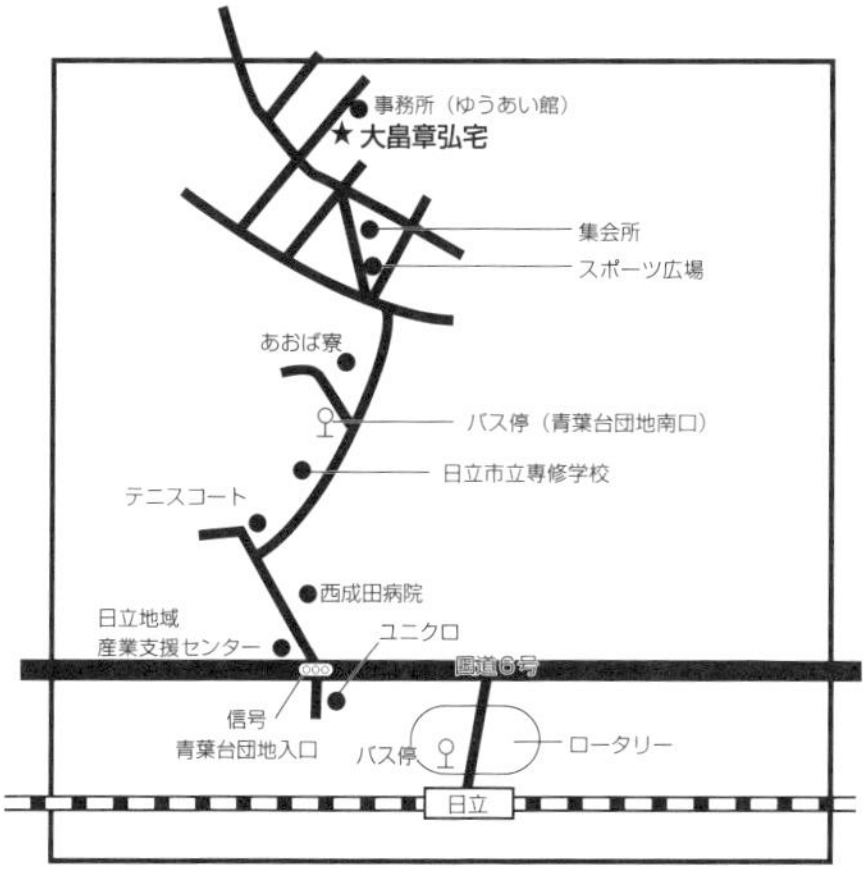

二〇一一年の要望書には、「原発推進から自然エネルギーを活用した電力発電へ企業戦略を切り替え、低エネルギーで企業活動ができるように『働き方』の見直しが重要です」といった提言もある。

そして要望書でいつも言われているのが、企業ぐるみ選挙をやめよう、ということだ。

日立労組は、衆議院議員の大畠章宏を筆頭に、茨城県議会、日立市議会、横浜市議会などの地方議会を含めて、三十二人の議員を送り出している。

選挙はどのように行われるか。まず、

候補者は労組内の議員選考委員会で選定され、評議員会の議決と支部組合大会の決定により、正式に予定候補者となる。一般組合員には彼らがなぜ選ばれたかはまったく分からない。本人でさえ工場長から「君が候補者だよ」と言われて、初めて知ったという例もある。労組の候補者が、それを工場長から告げられるというのもおかしな話だが、御用組合というのは、そこまで会社と一体なのだ。

重要な選挙では、部長が「みなさんの選挙は自由ですが、今回の選挙はぜひ当選してほしい。会社と組合は運命共同体です。会社も日立ファミリーの一員として応援しています」などと指示を出す。候補者は、日立労組公認、そしてその上部団体である電機連合の公認となり、企業ぐるみ選挙が行われる。

選挙の数ヵ月前から、組合員には一人あたり五票、十票と支持者カードの提出が強要される。一般組合員には、家族以外には名前を書くような人はいない。職場にいる派遣会社の人に名前を貸してくれるよう頼む者もいる。選挙戦が始まると、組合員にはこの支持者カードを元に、戸別訪問が強要される。候補者パンフレットと合わせて、全労済などのパンフレットを紙袋に入れておき、訪問が選挙違反と見なされないようにする。

組合の地域事務所が選挙事務所となり、専従者が詰め、選挙運動と票の確認作業のセンターになる。センターの指示の下に、野球部応援団のリーダーやチアガールが大勢動員される。仕事時間中に選挙ポスターのプラカードを持ち、候補者名を連呼しながら職場内を何度も練り歩く。

職場の選対は、班委員長を本部長として、部長クラスが顧問、課長クラスが参与、職場委員が実戦部隊として構成される。名目は組合の選挙だが、実際は企業ぐるみ選挙なのだ。選挙終盤には事務所系では課長が、現場系では作業主任や組長が、「安全パトロール」と称して組合員の家庭を訪問して票を確認して歩くのだ。

日立労組というのは、労働者の利益を守るということはほとんど行わず、選挙だけを熱心に行っているようだ。

大畠は、武蔵工業大学（現・東京都市大学）工学部機械工学科を卒業し、一九七四年、武蔵工業大学大学院工学研究科修士課程修了。日立製作所に入社し、原子力発電所プラントの設計および建設業務に従事。七八年より二年間、労働組合専従役員として活動している。

企業ぐるみ選挙で、一九八六年、まずは茨城県議会議員に当選している。九〇年の第三十九回衆議院議員総選挙で、日本社会党から初当選。九五年には村山内閣で通産政務次官を務めている。そして、九八年の民主党結党にも参加することになる。

九三年に、原発を推進する超党派の機関「原子燃料政策研究会」が設立されるが、大畠は菅内閣で入閣するまで理事を務めている。他の理事には、鳩山邦夫の名前もある。機関誌『プルトニウム』にも大畠は幾度となく登場する。

高速増殖原型炉「もんじゅ」を運営する独立行政法人「日本原子力研究開発機構」は、この研究会に、「会費」として二〇一一年度までの五年間で一二〇〇万円を支払っている。原燃研究会の会員はほかに、原発を抱える電力九社や三菱重工業、東芝などの原子炉メーカー、竹中工務店などの大手ゼネコンなど三十社と個人十七人。一〇年度は原子力機構の二四〇万円を含め三六四〇万円の会費収入があった。

同研究会は、〇四年に設立された超党派の国会議員で作る「資源エネルギー長期政策議員研究会」（会長・甘利明元経済産業相、会員・一〇五人）に情報や資料の提供を行うなど活動を支援している。

二〇〇〇年、民主党は「省エネルギー国家の構築」というエネルギー基本政策をまとめた。まとめ役となったのが、この時民主党ネクストキャビネット情報・通信大臣であった大畠である。

内容は、タイトルどおり、省エネルギーが基本。従来の火力・水力・原子力に加えて、太陽光や風力、地熱、バイオマスなどの自然エネルギーの割合を高めるべきだ、とされている。

もんじゅ、動燃の東海村での爆発事故、ＪＣＯの事故にも触れ、現在の国の安全規制体制は不十分だと分かった、と断じている。従来の原子力安全委員会では、原子力開発の推進側である原子力委員会との関係が曖昧になっているので「原子力安全規制委員会」という三条機関にすべきだと主張している。

さまざまな問題にも目配りの効いた、説得力のある内容だと言えるだろう。そしてこれは、大畠が背負っている電機業界の利害とも一致している。地熱、風力、太陽光発電で、日本のメーカーは高い技術力を持っていて、さらに研究開発に取り組んでいる。原発よりも、こちらが成長分野なのだ。

しかし一方で大畠は、二〇〇三年、自民党議員や原発立地自治体と一緒になって、原発立地特別措置法の制定に動いている。立地地域に公共事業などの恩恵を与えることによって、原発の受け入れを促すものだ。不十分な安全規制が改善されてもいないのに、原発推進のアクセルを踏んでいるのである。

そして冒頭に書いたように、二〇〇六年七月二十六日、大畠が座長を務める民主党経済産業部門会議・エネルギー戦略委員会が、原子力の積極推進を打ち出した。

そして〇九年九月、民主党が政権の座に就いた。国連気候変動サミットに出席した鳩山首相は、温室効果ガスを九〇年比で二五％削減することを表明した。CO_2を減らすのに欠かすことができないエネルギーとして、原発がクローズアップされる。

期を同じくして、民主党最大の支持団体「連合」は、原子力発電所の新設を容認する方針を固め、九月十七日の中央執行委員会で了承された。

連合ではそれまで、自治労などの旧総評系が、反原発の姿勢を取っていた。電力会社の組合である電力総連、日立など電機会社の電機連合などの旧同盟系が原発推進。双方に配慮して運動方針が定まっていなかった。「安全確保と住民の合意は譲れないという考えに立った上で、新設を推進する」と自治労が譲歩して、原発推進が固まった。

翌一〇年の三月、連立を組んでいた社民党党首の福島瑞穂は反対したが、地球温暖化対策基本法案には、「原発推進」の文言が入った。

この時の閣僚には、組合出身者で注目すべき人物がいる。文科相の川端達夫だ。京都大学大学院工学研究科を修了、東レに入社し、同社労組滋賀支部長を経て、一九八六年、第三十八回衆議院議員総選挙に民社党公認で滋賀県全県区から出馬、当選を果たして政界入りした。川端は原発推進派だ。東レは、ウラン濃縮のための炭素繊維を開発中で、原子力産業の裾野を担っている。労組出身者が会社の利益を代弁する、という構図がここにもある。

経産相は、自動車総連（トヨタ労組）出身の直嶋正行。官房長官は、電機連合（松下労組）出身の平野博文。どちらも原発推進だ。

こうして見ると、政権交代とは何だったのだろうか？　と考えてしまう。会社の意を受けて動く御用組合が支持母体なのだから、財界の意を受けて動く自民党と、たいして変わらないのは当たり前なのだ。

大畠が描いた図のとおりに、民主党の原発政策は進んだ。

一〇年六月に菅政権に変わると、温室効果ガスを九〇年比で二五％削減という目標達成のために、今後二十年間に十四基の原発を新設するという計画を打ち出した。デフレ脱却のための新成長戦略には、原発輸出が盛り込まれた。

大畠は、一〇年九月の菅第一次改造内閣において、経済産業大臣として初入閣し、一一年一月の菅第二次改造内閣の組閣では、国土交通大臣に就任した。

野田政権の成立で閣僚の座からは退いた大畠は、冒頭に述べた民主党エネルギーPTの座長になる。党のエネルギー政策を包括的に検討するチームのはずだが、最初から原発推進色が強かった。

一一年十二月二十二日、菅前首相は自らの希望でＰＴ総会で講演し、「日本が再生可能エネルギーでやれると思うかどうかが重要だ。ドイツやスペインはやれると思っている」と、脱原発を強調した。党内の脱原発派は、菅のＰＴ顧問就任に動いた。「首相経験者の就任はいかがなものか」と、座長の大畠がこれを退けたのだ。

一二年四月三日、ＰＴは「再稼働させなければ、国民生活や経済が多大な影響を受ける」「十分な安全性が確認された原発を速やかに再稼働するべきだ」として、原発の再稼働を求める提言をまとめた。

一方、荒井聡《さとし》が座長を務める、党内の原発事故収束対策ＰＴは、再稼働は時期尚早とする提言をまとめ、真っ向から対立することになった（詳細は仙谷の項、二七六ページ参照）。

大畠が二〇〇〇年にまとめた「省エネルギー国家の構築」でも、原子力開発の推進側である原子力委員会との関係が曖昧であることを指摘し、三条機関の設立を提唱している。

この大畠自身の提言に従って考えても、原子力規制庁が出来てもいないのに再稼働させるというのは、時期尚早となるはずだ。この矛盾は、自らの政治的な信念に従っての結論ではなく、電力会社、電機業界の利害を代弁したものと考えるしかない。

稼働原発ゼロの状態が続けば、国際的には日本は原発政策で失敗したという印象が広がる。国内の新設が無理なら輸出に活路を見出したいというプラントメーカーにとっても困ったことだ。

再稼働に慎重な意見を退けて、野田は大飯原発の再稼働に踏み切った。

エネルギーＰＴは、一二年七月に中間報告をまとめた。「国際的にわが国の担うべき役割等も視野に入れ、原子力技術の継承を図る」と強調。高速増殖型原子炉もんじゅの存続などを念頭に置いたとの見方もできる。「脱原発依存」の言葉は避け、「原子力発電への依存度をできる限り低減させる」と表現を弱めた。将来的な「原発ゼロ」に向けた考え方についても触れられていない。

大飯原発の再稼働に自信を得て、原発推進へと揺り戻しをかけるかのような内容だ。

大畠は、福島原発から二〇キロ圏内の視察にも出掛けている。技術者として、政治家として、自らの推し進めた原発が、どんな災厄をもたらしたのか。それを目の当たりにしても、立ち止まって考えてみるということさえできないのだろうか。

第５章

原発再稼働戦犯

自民党と何も変わらないダメ政党

民主党本部

〒100‐0014　東京都千代田区永田町１丁目11番１号

TEL：03‐3595‐9988

仙谷由人《せんごくよしと》（1946 〜）

東京都豊島区目白２‐１‐11　サニー目白

白を黒と言いくるめるセクハラ原発再稼働男

「原発を一切動かさないということであれば、ある意味、日本が集団自殺をするようなものになる」

仙谷由人が、二〇一二年四月十六日、名古屋で放った言葉は、この男の性格をよく現わしている。人が自らの命を絶つのは、希望を失った時だ。福島原発の事故によって、郷土を放射能で汚された市民の自殺は相次いでいる。だが、原発を動かさないことで、だれが自殺するのか。論理性はまったくなく、突拍子もない脅しの言葉で白を黒と言いくるめる、仙谷節の本領発揮といったところだ。

二〇一〇年十一月十八日の参院予算委員会で「暴力装置でもある自衛隊」と発言したことのある、仙谷。一九六四年に東大文Ⅰに入学。学園闘争華やかなりしころに学生時代を送り、学生運動の闘士であった、と報じられたこともある。実際には、「フロント」という穏健なセクトのシンパだった。学生たちが立てこもって機動隊との激しい攻防になる安田講堂の事件の際にも、やっていたのは弁当の差し入れなどで、みなから「弁当運び」と呼ばれていた。

一九六八年に司法試験に合格し、七一年から弁護士活動を開始、労組事件を多く扱い、麹町中学校内申書事件の代理人を務め、ピース缶爆弾事件では弁護人として無罪を勝ち取っている。「暴力装置でもある自衛隊」の発言や、二〇〇九年の事業仕分けでは、「予算編成プロセスのかなりの部分が見えることで、政治の文化大革命が始まった」と発言したりと、なにかと左翼の地金が見える仙谷。

だが原発再稼働に躍起になっている最中には、「左翼みたいなことを言うな！」と慎重派の議員に声を荒げている。

『ＡＥＲＡ』（二〇一二年五月七日号）が伝えているのは、次のような内容だ。

四月十一日、前原誠司政調会長は、エネルギープロジェクトチーム（ＰＴ）座長の大畠章宏・元経済産業相や原発事故収束対策ＰＴ座長の荒井聡・元国家戦略相ら政策調査委員会幹部四人を、衆院議員会館八階の自室に召集した。民主党として原発再稼働の方針を固めるためだ。エネルギーＰＴは「早期の原発再稼働」、原発事故収束対策ＰＴは「時期尚早」と、それぞれがまとめた提言は、真っ向からぶつかっていたからだ。

ここに、前原を補佐する政調会長代行の立場の仙谷も出席した。前原が荒井に、「私と仙谷さんに一任していただけませんか」と切り出すと、「それはできない」と荒井。拒否した荒井の理由は、きわめてまっとうなものだ。

「再稼働をめぐる議論を非公開で決めてはいけない。原子力政策は公開が原則だ」

これに対して仙谷が、「左翼みたいなことを言うな」と怒鳴ったのだという。荒井は、前原に辞表の提出を求められたが、これも拒否、席を立って出ていった。自分の意見を曲げないと辞表を出さなければならないとは、民主党の「民主」とは何なのだろうか？

二〇一一年の五月に内閣官房に設置された、「東京電力に関する経営・財務調査委員会」でも、仙谷は豪腕ぶりを発揮した。東電の遊休資産や経営の無駄、不透明な取引をあぶり出して被災者への補償金を捻出するのが目的の委員会だ。委員長には元産業再生機構取締役の下河辺和彦弁護士が就任し、委員にはＪＲ東海の葛西敬之会長、DOWAホールディングスの吉川廣和会長、東京大学の松村敏弘教授、大和総研の引頭《いんどう》麻実《まみ》執行役員が就いた。再生実務に詳しい下河辺委員長を筆頭に、経営や会計の有識者を集めた

形となった。

委員会の下で実務を取り仕切る「タスクフォース」のチーム長に、仙谷が就任。その下に、経済産業省キャリアで産業革新機構の西山圭太執行役員、産業再生機構でカネボウ処理などを担当した大西正一郎弁護士らが、名を連ねた。仙谷は、東電の生殺与奪を握ったと驚かれたが、一方ではこんな声もあった。

「じつは、仙谷が注視しているのは、送電のインフラだ。送電施設の建設は住友電工など主要三社がほぼ独占するスタイルを長い間取っている。これは談合で仕事が割り振られていく、旧態依然としたシステムだ。もう発注者は東電しかなくて、受注は三社しかない。その一方で仙谷がベトナムへ原発を輸出する旗振り役となっている。原発の輸出が揺らいでいる今、送電の事業をコントロールするには、東電をハンドリングできるタスクフォースに入るしかない。見事に、送電インフラの利権を仙谷は手に入れたと言えるでしょう」（民主党関係者）

一一年十月に出された経営・財務調査委員会の報告書を見ると、どうだろうか。被災者の賠償に要する金額を四兆五〇〇〇億円程度と見積もり、東電が自ら発表した一兆二〇〇〇億のコスト削減を不十分として、倍の二兆五〇〇〇億円規模のコスト削減を求めている。

これだけ見ると、徹底したリストラや資産の売却などが行われるように見える。

だが、よくよく読んでみると、賠償の費用は原子力損害賠償支援機構法が融通するというスキームであることが分かる。実際に一一年成立した補正予算では、機構に資金拠出する限度額は、二兆円から五兆円に引き上げられた。また、「原発の稼働が遅れると、純資産が目減りする」と柏崎刈羽原発の再稼働の必要性を明記している。

仙谷の豪腕というものは、被災者の立場に立って、東電を追及するというものではなかった。東電を生き延びさせて、自分たちの掌中に置くというのが実相だったのだ。

仙谷は住民の説得でも、まったく説得力のないロジックを押し付ける。地元の説得のため、枝野幸男経産相、細野豪志原発担当相が福井入りするたびに、再稼働のお目付役よろしく仙谷は同行し、安全だと繰り返した。

二〇一二年六月四日の県議会議員、市議会議員、労働組合幹部への説明では、仙谷はこんなことを言った。

「政治家が安全宣言をデッチ上げたというコメントが横行しているが、安全宣言は専門家の知見によるものだ。専門家の意見聴取会は公開で行われている」

専門家の知見なるものがいかに当てにならないかは、福島原発事故で思い知らされた。保安院が「安全宣言」したのも、再稼働ありきであるのは明らかだ。そして仙谷は、使用済み核燃料への懸念については、こう答える。

「全原発を止めても核燃料は存在する。核燃料サイクルとの連動の中で、中間貯蔵施設、最終処理をどうするのか、四十年間先送りしてきたことが問題」

核燃料があるから危険なのは同じ、それなら稼働させて発電したほうがいいとでも言いたげな論理だ。先送りしてきたことが問題とするなら、すでに国内に二万トンもある使用済み核燃料をどうするかを、ただちに考えるべきだろう。

関西電力大飯原発３、４号機の再稼働を六月十六日、野田佳彦首相は最終決定した。六月のある日、関係閣僚による会合にオブザーバー参加した仙谷は、大飯原発の再稼働を最終判断する首相を見つめたのち、笑みを浮かべながら、

「大変だったな」とこぼしたという。

「弁護士時代から、仙谷は電力会社や電力系労働組合とのパイプが太いのです。一一年七月に菅直人が脱原発依存を宣言したのですが、『おいおい個人の見解だけで決めてはダメだぞ』と注意したのです。今から思えば、この指摘そのものが、原発の再稼働につながっていく伏線でした」（民主党関係者）

仙谷は野田首相が再稼働を宣言すると、すぐさま子飼いのメンバーをかき集めた。枝野経済産業相、細野原発事故担当相、古川元久国家戦略担当相、斎藤勁官房副長官を呼び、非公式の検討チームを編成する五人は深夜、東京都内のホテルで、地元対策やマスコミ対策を練る。

「まあ、急遽の話ですから、国民を納得させるだけの原発が安全だという材料は何一つ集まりませんでしたよ。それでも、最年長の仙谷がロジックを組み立てて素案が首相に報告されたのです。こうした動きを知る民主党関係者はごくわずかなのです」（官邸関係者）

報道されているように、大飯原発の再稼働を最終決定した四閣僚会合の枠組みも、この「チーム仙谷」が原案を作ったのだ。

六月十四日、東京新聞の朝刊インタビューで、仙谷は次のように答えている。

「（大飯原発）３、４号機は事故のあった東京電力福島第一原発と型式が異なり、地震と津波に対し三倍、四倍の安全策が採られている。改良に改良が重ねられている。国民の生活、経済活動という観点から考えると、安全管理をきちんと行うという前提で再稼働させるほかない」

「『脱原発』の動きが、福島第一原発事故の深刻さと絡み、国民の感性的な部分で確かに存在する。しかし、今さら

ロウソクの生活には帰れない。アジア各国と違い、日本では良質で安定的な電力供給が確保されているからこそ、多くの製造業があるということを忘れてはならない。日本には石油、石炭、天然ガスなどの天然資源がほとんどない。石油価格がどんどん上がってアラブ諸国へ利益が流出している。結果として『働けば働くほど貧しくなる』という経済構造にある。原子力か火力を基盤に置かなければならない」

「原発がないと生きていけない社会から、徐々に依存度を低めていき、太陽、水力、風力などへ移行させていく努力が必要だ。市場で通用する価格になれば一挙に広がる。産業の活力にもなる。政府は近く、二〇三〇年までにどれくらい原発依存度を下げるべきか、三つの選択肢を国民に提示する。依存度をそれぞれ〇、一五、三五％と仮定し、エネルギー政策について国民的議論をいただく。中長期的な目標を立て、原発を自然エネルギー・再生エネルギーに置き換えていくという戦略と工程表なしに、『脱原発』を百回叫んだところで現実離れした議論になってしまう」

福島第一原発の事故は、周辺に甚大な被害をもたらした。しかし、現場を知る多くの人々が、免震重要棟があり、そこを拠点として活動できたので、なんとか収束へ向かうことができた、と証言している。免震重要棟がなければ、原発の暴走は止まらず、東京までも避難が必要になり、日本の都市機能が壊滅していたであろう。大飯原発には、その免震重要棟さえない。これでどうして、三倍、四倍の安全策が採られていると言えるのだろう。

原発を止めたままでも、他電力会社からの融通や節電で、電力が足りることは各種の調査で証明済みだ。どこにロウソクの世界に帰る必要があるというのだろうか。

再稼働か否かで揺れていた六月十二日、東京地裁で仙谷由人に関する判決があった。

一一年、『週刊新潮』が「『赤い官房長官』の正気と品性が疑われる桃色言行録」、『週刊文春』が「仙谷官房長官篠原涼子似日経記者にセクハラ暴言！」（ともに一一年一月十二日号）という見出しで、仙谷のセクハラを報じていた。一〇年末に官邸内で開かれた内閣記者会との懇談会で、女性記者の体を触り、「（アソコが）立つ」「立たない」と下ネタを口にするセクハラを働いたという内容である。

仙谷は、『週刊新潮』と『週刊文春』の記事で名誉を傷つけられたとして、それぞれ一〇〇〇万円の損害賠償や謝罪広告の掲載などを求めて提訴していたのだ。仙谷は当初、まったくの事実無根としていたのだが、二〇一二年一月二十四日に、当の女性記者が出廷して被害を述べた。すると仙谷は、「〝立たない〟と言った記憶はあるが〝立つ〟とは言っていない」「〝立たない〟という言葉は日常的に口にしている」「懇談会には他にも女性記者がたくさんいた」「特定の記者に向かって言ったわけではないからセクハラではない」などと、珍妙な言い訳を並べたのだ。

法定内では失笑が起こり、裁判長からも「発言自体がないというご主張ではなかったのか?」「発言があったのなら、どうして意見書に書かなかったのか?」と問い詰められた。

そして判決で東京地裁は、「自身の男性機能についてあからさまな表現で発言した」とセクハラがあったことを認め、仙谷の請求をいずれも棄却した。宮坂昌利裁判長は、記事について「セクハラと受け取られかねない言動があったという根幹部分は真実だ」と指摘、「男性の立場では笑い話であっても、不愉快に考える女性は少なくない。女性記者へのセクハラに当たると問題視されてもやむをえない」と判断したのだ。

白を黒と言いくるめる仙谷の性格が、彼の品性には相応しいセクハラという問題で、あからさまになったのだ。自身が提訴して起こした裁判で、逆にセクハラをしたことが明確になって、仙谷は赤っ恥をかいた。

だが、こんな人物に原発の再稼働が牽引されていることは、笑ってはすまされない、日本の恥だろう。

かつて社会にラジカルに異議申し立てた学園闘争、その中心にあった東大闘争に、たとえ「弁当運び」でも関わった人物が、ここまで堕落すると、一定の社会的評価もある学園闘争とは何だったのか? という疑問が湧いてくる。

この男にこそ、「政治ゴロ」という言葉を投げつけてやりたい。

前原誠司《まえはらせいじ》

（1962～）

京都府京都市左京区山端森本町6　エスリード修学院

国民の生命よりも原発輸出利権が大事なサイテー政治家

「私自身も原子力発電に対する技術水準の安全性というものは、揺るぎのないものだと思ってましたけども、物事に絶対はなかったと」（二〇一一年七月二十日放送『報道ステーション』）

「日本の原発の安全性に対する信頼は揺らいでいない。輸出はしっかりやるべきだ」（二〇一一年九月二十一日、記者会見）

「七月が猛暑になる前提に立てば、そろそろタイムリミットだ。再稼働を決めても動き出すまで約六週間かかる」（二〇一二年五月二十七日、ＮＨＫ番組）

前原誠司の発言を並べてみた。原発に関して、これだけブレた政治家も珍しいが、最後は再稼働強硬派としてふるまったのだ。

三つめは、大飯原発再稼働に慎重な判断を求める署名に民主党議員一一七人が応じたことに対しての発言だ。政調会長として前原は、党内の再稼働慎重派を押さえ込もうと、やっきになった。

前原誠司は衆議院議員六期を数える。一九六二年生まれの五十歳。京都大学法学部を卒業後、松下政経塾を経て、京都府議会議員に。その後、日本新党に参画し、国政に入った。一九九八年には民主党の結党に参加。順調に地歩を固め、二〇〇五年には民主党第五代代表に選出された。

若さやルックスの良さからマスコミから好意的な評価を受けたものの、堀江貴文ライブドア元社長の偽メール事件の責任を取る形で、代表就任から半年余りで辞任した。その引き際の良さで政治力を保ち続け、菅内閣でも国土交通大臣や外務大臣を務めた。

思想的には、リベラルな気風の強い民主党の中でも「保守」と評価されることが多い。「憲法九条改正」や「武器輸出三原則の見直し」「中国脅威論」などを積極的に掲げてきたが、その一方で「外国人参政権」や「夫婦別姓」への賛同、「靖国神社参拝への消極的な姿勢」「核武装反対」などリベラルな側面もある。

では、原発問題ではどうだったか。福島原発事故前は、民主党の大勢と変わらない。「地球温暖化防止のためには原発やむなし」という、ゆるやかな推進派であった。

前原が原発問題で印象が薄いのは、東日本大震災直前に外務大臣という要職を辞していたことが大きい。

二〇一一年三月四日、参議院予算委員会で自民党の西田昌司議員からの質問により、前原が京都市内の在日韓国人から政治献金を受け取っていた事実が発覚。政治資金規正法では、日本の政治や選挙への外国の関与や影響を未然に防ぐため、外国人の政治献金を禁じており、三年以下の禁錮か五十万円以下の罰金という罰則も設けられている。有罪になれば公民権が五年間停止される。

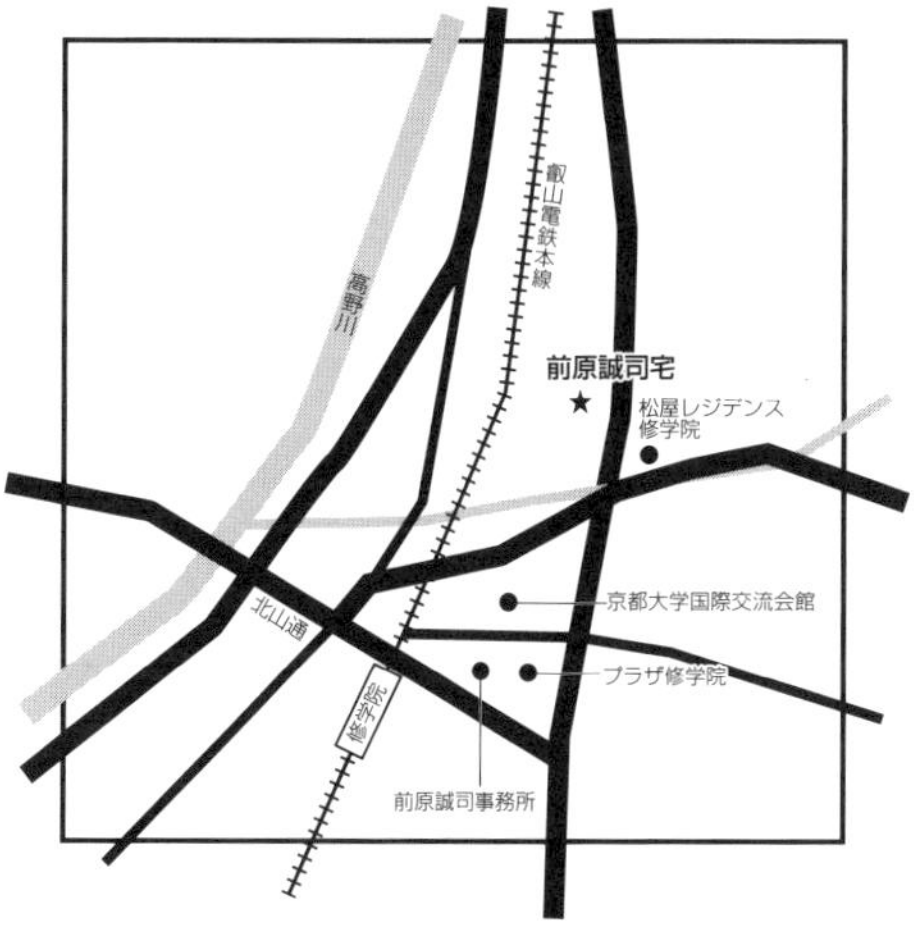

あわてた前原は問題発覚から二日後の三月六日に外務大臣の職を辞任。「ポスト菅の本命」ともいわれた前原に突如、降ってわいたスキャンダルだったが、幕切れもあっけないものであった。違法献金と言っても金額はたかだか二十五万円にすぎず、大した問題ではない。当時、菅内閣はすでに求心力を失っていた。仕事をほったらかして大臣を辞任した前原には、「泥舟から逃げ出した」という批判も出た。

さらにはその後、当時の首相だった菅

直人についても在日韓国人系金融機関の元理事から計一〇四万円の献金を受けていたことが発覚。本来ならば、大きなスキャンダルになるはずだった。

だが、菅前首相のスキャンダル発覚の日は二〇一一年三月十一日。東日本大震災が起こった、まさにその日だった。全国民がパニック状態となり、菅政権は危機対応に追われ、菅の献金問題は吹き飛んだ。

前原も政権内に留まっていれば、原発問題になんらかの対応、発言を求められ、責任を負わされることもあったかもしれないが、大臣を辞任し、蟄居の身としては、そのような場面もなかった。

前原が表舞台に出て、原発問題について発言をしたのは、二〇一一年七月二十日放送の『報道ステーション』の「原発　わたしはこう思う」という特集でのこと。番組での前原の発言を引用しよう。

――３・11以降、考え方は変わったか？

「私はまったく変わりました。

私自身も原子力発電に対する技術水準の安全性というものは、揺るぎのないものだと思ってましたけども、物事に絶対はなかったと。

この事故というものを境に、日本のエネルギー政策、そして原子力政策が大きく変わったと、エネルギー使用のあり方の大きな転換点にしていくことが大事なことだと思います」

――菅総理の〝脱原発依存〟について。

「方向性は私も同じです。

ただ、総理が会見をされるのに、あとで個人の発言だったとおっしゃるということは、いかがかなと思います。

正式の記者会見でおっしゃったことが内閣の発言ではなくて、個人の発言というのは、国民には受け入れられないのではないかと、私はそう思います。

私はおよそ二十年ぐらいだと思っているんですが、二十年ぐらいの（期間で）原発を減らしていって、最終的になくすためのロードマップをしっかりと作っていくことが必要で、その間の安全性をどう担保するかという、二つの責任を政府は負わなくてはいけないのではないかと思います。

政府の知見、あるいは専門家の知見を総動員して、ある程度時間をかけて作り上げるものだと思っておりますので、やはり新たな体制でしっかりと全省庁的に取り組むということが大事じゃないかなと思ってます」

――代替エネルギーについて。

「家庭や工場やさまざまな事業所に、蓄電というものを、しっかりと技術革新をし、安価なものを、高性能なものを配置していけば、私はピークに合わせた供給は下げることはできると思いますし、あとは自然再生エネルギーについては、日本は一％にも満たないような状況ですので、そういう意味でのフロンティアというのは相当広がっているんではないかなと。

特に、地震国、火山国ですので、地熱発電ですね。

これは国立公園、国定公園でそういった発電所を作ってこなかったと。規制があったわけですけども、そういうものの規制を見直していくことになれば、地熱発電のポテンシャル（潜在力）は相当広がってくるんではないかと思いますし、私は二十年というものは決して絵空事ではない、そう思ってます」


菅総理の脱原発に歩調を合わせたのは、八月に行われる、民主党の代表選候補になったからだ、という説が有力だ。福島原発事故を目の当たりにして、原発に慎重になった者たちの票も取り込もうとしてのことだ。

しかしここで、「二十年」かけて減らしていく、と言っていることがミソだ。当面は稼働できるということだから、原発稼働を望む票も取り込める、と考えてのことだ。

じつのところは福島原発事故のあとにも、前原の原発推進の考えは変わっていない。菅総理の要請によって浜岡原発は停止した。それに関して、六月二十六日、神戸市内の講演で「ポピュリズム政治をしてはいけない。一時的な国民受けをあてにするのは絶対に慎まなければならない」と語っている。

世論調査では圧倒的な人気を誇っていた前原だが、民主党代表選では敗退。結局は「どじょう演説」で評価を得た野田佳彦が首相に就任した。前原は野田政権で民主党政調会長に就任し、再び権力の座に返り咲いた。

「脱原発」を掲げた菅政権から野田政権に代わったことで、民主党内のエネルギー政策に対する空気は大きく変わった。前原も推進派の本性を露わにした。冒頭に掲げたように、九月二十一日の記者会見で、「日本の原発の安全性に対する信頼は揺らいでいない。輸出はしっかりやるべきだ」「より安全性を高める機運は高まっている。事故の原因究明、再発防止策でしっかりと技術を高め、世界に広げる責務がある」と述べたのだ。

を示したのだ。

前原は菅内閣の外相当時、ベトナムなどへの原発輸出を進めたが、野田政権でも原発輸出を引き続き推進する考え

大飯原発再稼働に向けても、民主党内での根回し役を担った。

民主党内で原発再稼働について主に話し合われたのは、民主党内のエネルギープロジェクトチーム（ＰＴ）だ。座長は日立製作所で原発プラント設計に携わった原発推進派である大畠章宏元経済産業相。大畠は日立グループの労組が加盟する「電機連合」の組織内議員で、「党の原子力政策の基本方針は自分が起草」と誇ってきた。

エネルギーＰＴで再稼働の必要性を議論した小委員会の委員長、轟《とどろき》木利治参院議員も鉄鋼や重工各社の労組が加盟する「日本基幹産業労働組合連合会（基幹労連）」の組織内議員。出身の大同特殊鋼は原発の部品を受注している。

これらの労組は、会社の意を体現する御用組合である。経営者サイド自身も、もちろん大飯原発再稼働に躍起になった。

二月十三日、原子力安全・保安院が関西電力が提出した３、４号機のストレステストについて、「妥当」とする審査書を発表すると、二月十五日、国会内で行われたエネルギーＰＴの会合では経団連など経済三団体の幹部が出席し、「電力が足りなくなる」「安全を前提に原発を再稼働すべきだ」などと訴えた。

エネルギーＰＴは電力業界とつながりの深い議員が主導し、幹部は「政府も再稼働と言っている。基本的にはそれに沿う」と記者の取材に語っていた。

民主党内には再稼働に慎重な意見の議員も少なくない。エネルギーＰＴはさながら、政労使が一体となった原発推進派の牙城となった。

民主党内には再稼働に慎重な意見の議員も少なくない。荒井聰元国家戦略相が座長を務める原発事故収束対策ＰＴは、再稼働に慎重な意見をまとめていた。

民主党内では再稼働推進派と慎重派の二つがせめぎ合っていた。以下、その流れを追ってみる。


三月二十二日、民主党の原発事故収束対策ＰＴが報告書で「再稼働は時期尚早」と主張。

三月二十八日、党内の脱原発ロードマップを考える会の準備会で「再稼働は規制庁発足が大前提」という方針を検討。

四月三日、エネルギーＰＴが報告書で「再稼働に全力を挙げるべきだ」と主張。

四月十日、原発事故収束対策ＰＴが事故原因の究明など再稼働五条件を提言。

四月十二日、脱原発ロードマップを考える会で菅直人前首相が「（電力が）足らないと言っているのは電力供給側」

と批判。

再稼働に対して民主党内の世論はまっぷたつに割れていた。そこで出てきたのが、前原だった。

四月十一日、前原は衆院議員会館八階の自室に、再稼働に積極的なエネルギーPT座長の大畠章宏、慎重派の原発事故収束対策PT座長の荒井聰ら政策調査会幹部四人を密かに集めた。政調会長代行の仙谷由人も同席した。

ここでのやり取りは、仙谷の項を参照していただきたいが、前原は荒井に、方針に従えないなら辞表を書け、とまで迫った。荒井は拒否して、席を立った。

党内をまとめられず決裂した形だが、翌十二日、前原のグループ会合で「一年がかりで議論を重ね、手続きを全部クリアしている」と前原はうそぶいた。それでも、拙速な再稼働決定を批判する発言が噴出した。

前原をバックアップしていたのが「民主党政策調査会長代行」の仙谷由人だった。前原が会長を務める政策グループである凌雲会を束ねる後見人である。凌雲会には枝野や細野といった、閣僚メンバーも所属している。二〇一一年八月の民主党代表選でも、決選投票で、仙谷は凌雲会の票を回すなどして、野田政権の生みの親となった。

仙谷と前原は、原発プラントの輸出を進めてきた二人であり、利権でも固く結ばれている。

「再稼働しなかった場合、計画停電にするかどうか。関西地域はそこまでしないといけなくなる」

「医療機器を使っている人をどうするのか。人の命に関わる」

党内をまとめられないまま再稼働に走り出すと、前原はそんな発言を繰り返した。

だが、何度となく指摘されてきたとおり、大飯を稼働させなくとも電力は余っている。聡明な前原自身、そんなことは先刻承知のはずだ。自国の原発がすべて停まったままでは、輸出もままならない。そんな自分の利権しか頭にないのだろう。

大飯が再稼働してから、原発敷地内にある断層の現地調査が行われることが決まった。活断層の可能性があるためだ。原発は活断層の上には建設できない。結果次第で、廃炉になる可能性もある。

一方、民主党は亀裂が走ったままで、今動き続けている。その命運も危うい。

細野豪志《ほそのごうし》

静岡県三島市西若町２３００－２

（1971 ～）

原子力ムラに猿回しされる熱血パフォーマー

「安全委員会は再稼働の可否のような実質的な判断をする機関ではない」

そう言い放ったのが、原発事故担当相の細野豪志である。

大飯原発再稼働に際して、原子力安全委員会の斑目春樹委員長が、さすがにもう、再び事故が起きて責任を問われるのが嫌さに「ストレステスト（安全評価）の一次評価だけでは不十分。総合的な安全宣言を出すつもりはない」と言ったことに対しての言葉であった。

これまでも、原子力安全委員会による科学的な安全性の確認などはタテマエにすぎなかったが、それさえもかなぐり捨てて、「安全宣言なき原発再稼働」に突き進んだ一人が、細野だ。

細野は、菅内閣の時代に社会保障・税一体改革及び国会対策担当の内閣総理大臣補佐官として、初めて政府内に入った。二〇一一年三月十一日、原発事故発生直後から、官邸に詰め、二十四時間体制で事故対応に当たった。東電が福島第一原発からの待避を考えていると受け取った菅の指示で、三月十五日以降、東電本店に常駐する。この時に、煮え切らない態度の勝俣会長に、「待避したら１、２、３号機ともメルトダウンでしょう?」と細野は詰め寄っている。

このあたりから細野は、政治家として存在感を示し始めた。原発事故発生からしばらく政府、東電、原子力安全・保安院がバラバラに行っていた会見を、四月二十五日から統一したのは細野の仕事だった。事故後の日米関係の構築や、ＩＡＥＡ（国際原子力機関）に福島第一原発事故に関する報告書を取りまとめたり、八面六臂の活躍をした。

しかし細野は、事故後の対応を誤った菅政権の紛れもない一員である。放出された放射性物質が、風向きや風速、地形によってどのように広がるかを予測するシステム、ＳＰＥＥＤＩの存在を、官邸は三月二十日ころまで知らなかったとされている。知ってからも政府は、予測図を公開しなかった。五月二日の会見で「国民がパニックになることを懸念した」と細野は説明した。

しかし、情報を知らされないまま、放射性物質が流れる方向に避難した市民も多い。あとで、計画的避難区域に指定される飯舘村では、南相馬からの避難民を受け入れるために、炊き出しを行っていたのだ。

六月に原発担当大臣に就任、野田政権成立後も同じ役職を引き継ぎ、細野は原子力発電事故対応の陣頭指揮を執った。細野が行った主な役割は、福島第一原発の事故が収束に向かっているというメッセージを国民に送ることだった。

二〇一一年九月三十日、福島第一原発から半径二〇～三〇キロ圏の緊急時避難準備区域を解除した。細野は記者会見で「安全に帰れるように全力で後押しする」と強調した。

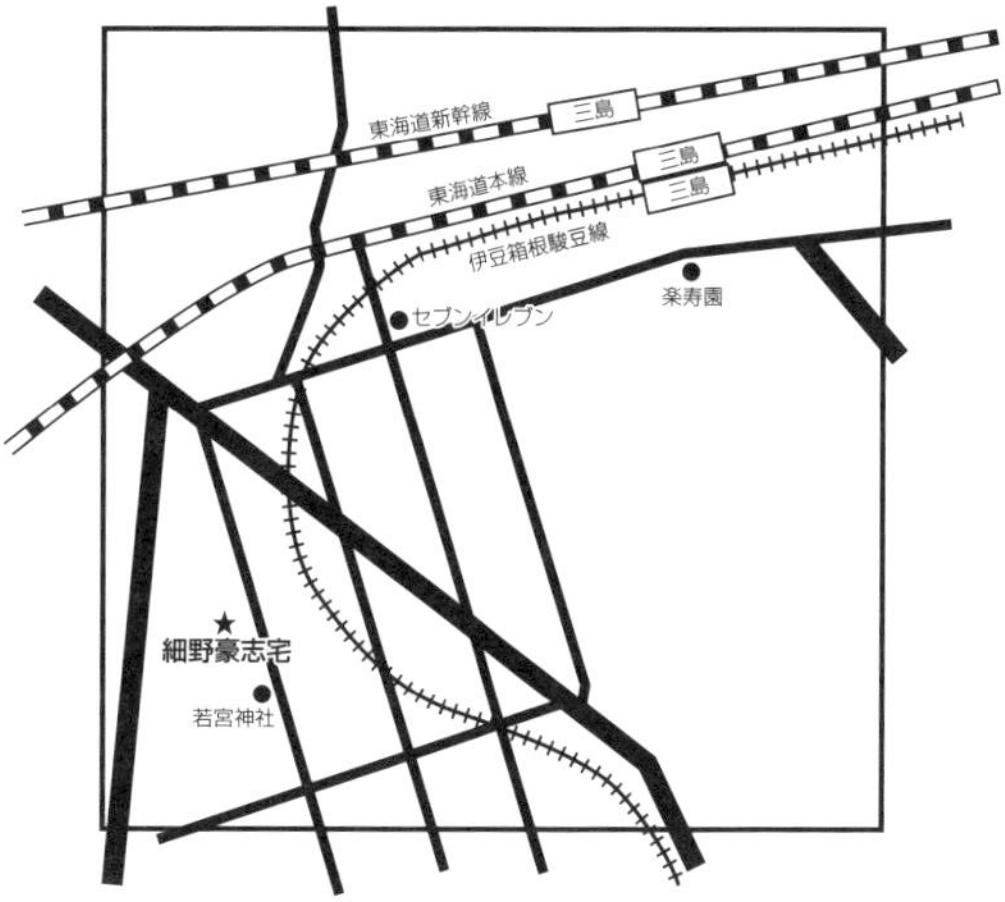

緊急時避難準備区域に指定されていたのは、広野町全域、楢葉町、川内村、田村市、南相馬市の一部。「緊急時には、自力での避難が前提となりますので、自力での避難等が困難な、子ども、要介護者、入院患者は立ち入ってはならない」とされていた地域だ。

解除に踏み切ったのは、原子炉の冷却が安定的に進み、緊急事態が発生する可能性がきわめて低くなったからだとされる。だが、十一月二日、2号機で核分裂が連続して続く「臨界」が起こり、ホウ酸水を注入した、と東電は発表した。続いて保安院は「臨界は考えにくい」とこれを否定、細野原発相も「温度も含めてデータは安定し冷却はできている」と臨界の可能性を否定した。

この時、ホウ酸水注入が公表されたことに、細野は激怒したという。同じように「国民がパニックになることを懸念」でもしたのだろうか。実際の情報を公開するよりも、収束に向かっているというイメージのほうが重要だったのではないか。

そして、十二月十六日、福島第一原発の原子炉が冷温停止状態になったとして、事故は収束したという大ウソの宣言を、政府は行った。同月十九日に日本外国特派員協会で開かれた記者会見で細野も、「福島第一原発の事故はオンサイト（原発敷地内）において収束した。収束状態とは福島の人を再び恐怖に陥れることはない、という意味です」と誇らしげに語った。

細野は、避難している福島の人々が帰ってこられるようにしたいとし、「福島のガン発生率を全国で最も低い県にする」などとして、次のように語った。

「放射性物質による影響がわずかであっても存在していたというふうに考えましょう。一方でそれよりはるかに大きなガンのリスクが（福島）県民の生活の中にあるわけですね。その中から、例えば喫煙を少なくする。栄養のあるバランスの良い食事をする。運動不足をしないような生活をする。それを県を挙げてやることができれば、福島は長寿健康県になりうる」

この記者会見に先駆けて、十一月九日から十二月十五日までの八回、「低線量被曝のリスク管理に関するワーキンググループ」のレクチャーを細野は受けている。座長は、原子力委員会委員長を兼ねる近藤俊介。レクチャーするのは、長崎大学、福島県立医大などの山下俊一配下の御用学者である。

「放射線の影響は、じつはニコニコ笑っている人には来ません」という山下節に、細野は洗脳されてしまったのだ。このような考えに染まってしまった以上、放射能汚染された瓦礫を全国に拡散させる危険など、細野には理解できるわけもない。

二〇一二年になると、環境大臣にもなった細野は、瓦礫の受け入れを求めて、全国行脚する。各地で街頭演説を行い、京都では瓦礫受け入れに反対する市民に取り囲まれ、もみくちゃにされる場面もあった。

批判の矢面に立ちながら、原発再稼働に向けて動いてきた細野。どういう人物なのか？

一九九五年に京都大学法学部を卒業し、三和総合研究所研究員（現三菱ＵＦＪリサーチ＆コンサルティング）を経て、政治家に転身。地縁・血縁のない静岡から二〇〇〇年に衆院選で初当選し、現在四期目。経歴は申し分なく、年齢も四十歳と若い。

政界での評判は悪くない。フットワークが軽く、人当たりも良く、自民党中堅・若手とも交友があるという。元々は京大の先輩である前原誠司の下で党役員室長を務める側近だった。

だが、前原が永田寿康が起こした偽メール事件で失脚すると、小沢一郎が代表に就任する。すると、細野は小沢の下で室長を務め、関係が深まり、いつの間にか小沢の懐刀的存在となり、連合傘下の労働組合の陳情窓口を任せられるようになる。小沢は「俺の跡を継ぐ男だ」などと言っていたという。

細野は前原から距離を置くようになり、二〇一〇年の民主党代表選では、前原が推薦人を務めた菅直人ではなく、小沢支持に回った。結局代表に就任したのは菅だったが、菅はそれでも細野を買い、漁船衝突事件で悪化した日中関係を打開するための密使として細野を派遣、首相補佐官にも起用した。

野田政権では、原発担当相として、本格的に頭角を現わしてきた。歴代民主党トップに次々と重用され、官僚からの受けもいいが、党内では「節操がない」とも陰口が叩かれている。

民主党内でも菅政権に対する不満が爆発し、「菅おろし」の動きが活発だった二〇一一年六月に、土俵際に追い込まれた菅から人事の目玉として原発担当相を拝命した際、記者会見で菅首相の評価を問われた細野は「政局に関わる立場ではない」と軽くかわし、初閣議では先輩閣僚たちを「閣僚のみなさんは政治家の大先輩。ぜひご指導いただきたい」と持ち上げた。

翌日には講演で「原発事故で結果を出せなければ、大臣をやる意味はないし、政治家としての存在意味もない」と原発担当相に抜擢された気概を表明している。一方、菅内閣が総辞職した八月末には、「この仕事を喜んでやる人は一人もいない。『どうしてもやってみたい』という思いは微塵もない」と、だれもが嫌がる仕事を引き受けてきたことを、誇示した。

二〇一二年五月十九日には、野田政権から派遣され、関西広域連合の会合に細野が出席した。大飯原発の再稼働に理解を求めるというのが細野の役回りだったが、会合の冒頭、「（大飯原発再稼働に）ストップを掛けるには民主党政権を倒すしかない」などと息巻いていた大阪市市長の橋下徹らを前にして、細野は「両親が滋賀県で生活している。大飯原発に万が一のことがあれば、ふるさとが大変なことになる」などと述べた。

五月二十九日には懸案となっていた原子力規制庁を設置する法案が国会でようやく審議入り。これを手土産に翌三十日、細野は関西広域連合の会合に出向いて、再稼働への理解を求めた。関西広域連合側は、「暫定的な安全判断であることを前提に、限定的なものとして適切な判断をされるよう強く求める」などと、わけの分からない玉虫色の声明を出して「容認」へと傾いた。

結論は談合で決まっていた。六月一日、橋下が「負けたと言えば負けたと思われても仕方ない。変に屁理屈をこねて、ああだこうだ言っても仕方がない」と「敗北宣言」し、再稼働が決定した。大飯原発再稼働決定は関西広域連合側の顔を立て、如才なく立ち回った細野の実績だといえよう。

二〇一二年七月、福島原発事故独立検証委員会（民間事故調）による細野へのヒアリングの内容が公開された。細野は原発事故当時の菅首相の対応について「日本を救った」などと褒めちぎっている。

1号機と3号機が爆発したあとの三月十四日、東電が現地を撤退しようとしている、という情報が官邸にもたらされた。東電の清水社長は海江田万里経産相に、「福島第一原発から第二原発に待避したい」と電話で申し入れたが、海江田は取り合わなかった。細野自身も東電からの電話を受けたが、「私はその話を聞く立場にない」と断っている。

清水が言ったのが「全面撤退」だったのか「一部を残しての撤退」だったのかがあとで議論になるわけだが、官邸は「全面撤退」と受け取った。菅首相は、東電本店に乗り込み、東電幹部を「全面撤退はありえない」「逃げてみたって逃げられないぞ」などと叱責。本店に対策統合本部を置くことを決め、事務局長として細野が常駐することになった。ここに至る菅の決断を、細野はヒアリングで評価している。

「私は菅直人という政治家の生存本能というか生命力って凄まじいものがあると思っていて、この局面でわが国が生き残るためには何をしなければならないのかということについての判断は、これはもう本当に凄まじい嗅覚のある人だというふうに思っているんですね」

政治による過剰介入だったのではないかと批判されることも多い菅の対応だが、細野は全面的に賛美した。脱原発の旗印を鮮明にしている菅と、原発再稼働に動いている細野は、方向を逆にしている。だがここで菅を賛美してみせたのは、抜群のバランス感覚だろう。

京都での瓦礫受け入れの説明では、「子どもたちが瓦礫でトロフィーを作っている」「これが汚いものに見えますか？」とトロフィーをかざした。随所に美談を織り交ぜるスピーチは上手だ。福島第一原発をはじめ被災地を何度も訪れ、反対派が待ち構える街頭演説会にも姿を現わす熱血漢。原発を推し進めるキイパーソンとして、細野は欠かせない存在だ。

加えて、細野は政界随一のイケメンというアドバンテージもある。議員会館の女性秘書の中でも人気ナンバーワン。民主党本部でも「細野先生と同じエレベーターになるとドキドキする」という女性職員がわんさといる。

甘いマスクだけでなく、体格も立派だ。「京都大学法学部卒業　身長一八六センチ　靴のサイズは三〇センチ」立派な体格をもてあましたのか、二〇〇六年には女性スキャンダルに見舞われた。何事もそつのない細野の政治家人生で最大の汚点が、フリーアナウンサー、山本モナとの不倫騒動だった。

『週刊フライデー』（講談社）に南青山での熱い抱擁、路チュー写真が掲載され、山本のマンションにお泊まりした上、京都デートまで満喫したことが報じられた。これによって細野は民主党政策調査会長代理を辞任した。付いたあだ名が「モナ男」。永田町以外で無名だった細野の知名度が上がったのは、この時だった。

騒動の解決に手を差し延べたのは、ジャーナリストの田原総一朗。田原が週刊誌の取材で述べているところによれば、次のような経緯があったという。

そもそも田原は細野の知名度が低いうちから目をかけていた。不倫騒動の渦中にあった細野から「選挙区の人がシラけてしまい、女房も怒っている。どうしようもないので、なんとか助けていただけませんか」と相談があったという。

そこで田原は細野の地元である静岡県三島市に出掛け、千人の聴衆を前に講演をぶった。

「私は細野君を応援に来たんじゃない。奥さんの応援をしに来たんだ。今回の件で一番怒っているのは奥さんだ。それなのにこんなにけなげでいらっしゃる」

田原は「みなさんの前で奥さんに謝りなさい」と細野にうながす。細野は真っ赤な顔で奥さんに頭を下げた。「奥さん、この男が憎けりゃ、みなさんの前で殴りなさい！　好きなら、好きという格好を見せない」と田原が話すと、奥さんは「好きです」と述べた。二人は堅い握手を交わし、会場は拍手と笑いに包まれた。

この田原の演出によって、地元選挙民は細野を許し、選挙にも支障が出なかった。

このように、いかなる事態であってもさわやかに演出し、切り抜けてゆくのが細野という男なのだ。ここまで来ると、才能としか言いようがない。

そんな細野を、小沢一郎が選挙の顔に担ごうという話まで出た。

小沢は二〇一二年七月に五十人超の議員とともに民主党を離党し、新党「国民の生活が第一」を旗揚げした。じつはその際、小沢は「細野君、おれと行動を共にしないか。君が来てくれるなら、新党の党首に迎えたいと思っている」と秋波を送っていたという。

小沢は離党前から、野田政権の倒閣のために細野を担ぎ、代表選に自分の傀儡として送り込もうとしていたという。新党の代表の話は、原口一博元総務相にも声を掛けていたが、原口はこの誘いを断っていた。そのため、小沢にとって最後の隠し球が細野だった。細野がなかなか断らないものだから、話が大きくなり、週刊誌でも報じられる騒ぎとなった。

結局は小沢が新党の党首に収まったが、仮に細野が党首になっていたら、小沢以上の話題になっていたであろう。先の見えない新党といえども、所帯は五十人とかなり大きい。場合によっては、首相になることも考えられる。

また、細野人気は民主党内でも同じで、特に一回生議員から細野期待論が大きいという。分裂した上で支持率の低迷している野田の元で選挙に突入すれば、民主党の議席数が大幅に減少するのは目に見えている。

特に地盤の弱い若手議員は総崩れになるだろう。ゴタゴタ続きでイメージが劣化している民主党を刷新してくれる「選挙の顔」として細野を担ごうと、その流れを作る基盤作りのために活発に動いている。

小沢グループの離脱で減ったとはいえ、民主党の一回生議員は百人以上を優に越える党内最大勢力だ。細野代表という流れは、かなりの現実味があり、野田もこの動きに警戒しているという。

政界でにわかに巻き起こっている細野首相待望論だが、それだけの器量を細野は持ち合わせているのだろうか。イケメン、スピーチのうまさ、熱血漢イメージで政府の原発政策を推進するパフォーマーの役割を果たしてきた細野。しかし、自ら政策を立案し、政治判断ができるのかと言えば、疑問符が付く。

二〇一二年五月二十六日、福島第一原発４号機の建屋内部に、細野は代表記者団を伴って入った。

現在、４号機が最も危険な状態であることは、本書の広瀬隆氏インタビューでも明らかにされている。

４号機のプールにひびが入って水が漏れ出し、使用済み核燃料が乾ききって発火すれば、十〜十五年分の核燃料が大気中で燃えるという、全世界の原子力産業関係者のだれ一人想像したことがない事態に至る。

また、菅直人の政策秘書の報告によれば、４号機は津波が来る前に、地震で八〇センチ不等沈下していた。これは、原子力ムラがなんとしてでも隠しておきたいことだ。福島第一原発は地震には耐えたが、津波による全交流電源喪失で事故に至ったというのが、彼らが固執しているストーリーだ。地震に耐えられなかったということになると、原発再稼働に影響が出る。

熱血漢らしく細野は、身を挺してそのような疑念を振り払うパフォーマンスをしてみせたのだ。「建屋の水平性、燃料貯蔵プール底部の補強状況を確認できた」と細野は述べた。

猿回しの猿よろしく、原子力ムラの意向どおりに動く細野。

原子力規制委員会委員長に、原子力委員会委員長代理であった田中俊一が就任することになった。「一〇〇ミリシーベルトまで健康に影響がない」「二〇ミリシーベルト未満は帰れるんだ」「そこにいる人が多数なんだから、自主避難している方の賠償は早期に打ち切るべきだ」などと発言してきた、原子力ムラの中心人物である。これで、いったい何が規制できるのか。

七月二十六日の記者会見で、「田中さんには、わたくしはこの委員長にふさわしい方だという、そういう強いわたくし自身の思いを持っております」と細野は語った。

原子力ムラに完全に取り込まれた細野。彼が総理になることを、最も望んでいるのはだれだろうか。

野田《のだ》佳彦《よしひこ》

千葉県船橋市薬円台６-６６４

（1957～）

原発再稼働と増税の捨て石となった、どじょう首相

福島第一原発事故の「収束」を宣言し、「私の責任で判断」として、大飯原発を再稼働させた野田佳彦首相。政治家がウソをつくことに、今さら驚くわけではないが、戦後の政治家の中では最も巨大なウソをついたのが、野田ということになるだろう。

収束宣言をしたのは、二〇一一年十二月十六日。原子力災害対策本部の会議を首相官邸で開き、「原子炉は冷温停止状態に至った。不測の事態が発生しても敷地境界の被曝線量は十分に低い状態を維持できる。発電所の事故そのものは収束に至ったと判断した。早く帰還できるよう政府一丸となって取り組む」と宣言したのだ。

「冷温停止」とは正常に運転されている原子炉が停止することであり、原子炉内の水の温度が一〇〇℃未満で、継続的な安定冷却が保たれている状態だ。原子炉からは、放射能は放出されない。

メルトダウンを起こした原発が、「冷温停止」することなどありえない。そこで「状態」という言葉を付け、「冷温停止状態」という新語を造ったのだ。いかにも官僚が考えそうな、姑息なレトリックだ。

「冷温停止状態」と聞かされれば、「冷温停止」の「状態」なのだから、「冷温停止」と似たものと受け取ってしまう。だが、その二つはあまりにもかけ離れている。原子炉内の水の温度が一〇〇℃未満になっているということだが、溶け出した核燃料が格納容器内でどうなっているかも掴めず、ただ水を注ぎ込み、冷却しているにすぎない。量は減ったものの放射性物質は放出されている。

福島県の佐藤雄平知事は「事故は収束していない。多くの県民は不安を感じている」と反論した。海外メディアも「国民の怒りを鎮めるための政治宣言」「原発の安全性に関する状況はなんら変わってない」と収束に疑問を呈した。

国民を欺く男が、「私の責任で」と大飯原発を再稼働させた。いったい、どのような責任を取るというのだろうか。

野田といえば、民主党代表選の投票前に相田みつをの詩を交えつつ、自己の泥臭さをアピールした「どじょう演説」で高く評価され、当選し、首相となった人物だ。当初は実直さや安心感のイメージから、高い支持率を保持していたが、やがて野田への国民の期待感は失望へと変わった。

その理由の一つに挙げられるのが、原発への発言のブレだ。菅前首相はさまざまな問題はあったものの、従来から問題視されていた浜岡原発の停止を早い段階で決断した。また、二〇一一年七月十三日には「原発がなくてもやっていける社会を実現する。これがわが国の目指すべき方向だと考えるに至った」と高らかに宣言し、「脱原発」という姿勢を打ち出した。

だが、野田は原発に対して批判的な国民感情から一定の距離を置き、発言は大きくブレ、菅政権で盛り上がった「脱原発」の機運は後退していった。

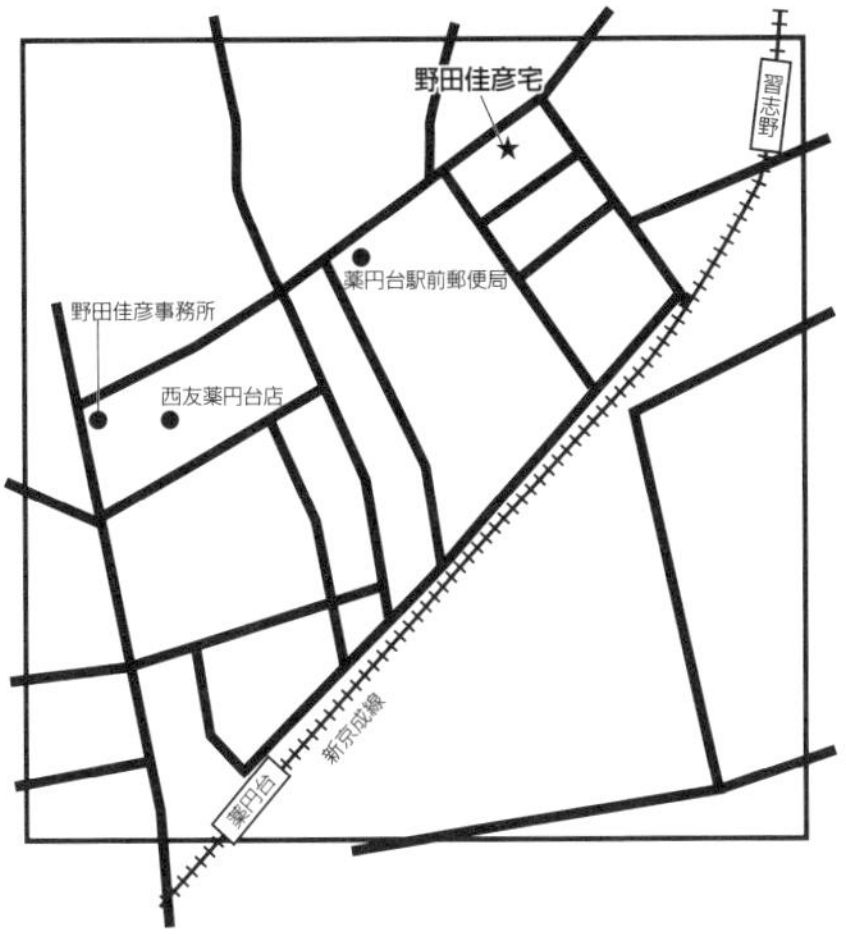

原発に関連する野田の発言を、時系列で整理してみよう。

野田は元々原発利用に前向きな姿勢を示していた。野田は菅政権下で財務相を務めていた時代、菅がこだわった脱原発路線について「『原発ゼロ』は個人の夢としてはあるかもしれないが、政府が前提とするのはそう簡単ではない」と述べ、「電力供給への不安や電力料金の問題で、企業が日本を出ていくようになってはならない」と原発再稼働も容認していた。

だが、天下獲りを前に野田は狡猾に立

ち回った。民主党代表選に出馬する方針を固めた野田は、あまりに強い反原発の世論を意識し、また、脱原発を掲げる菅グループや旧社会党系グループの一部からの支援を取り付けるため、原発推進の本性を抑え、「福島の再生なくして日本の再生なし」というスローガンを述べるにとどめ、それ以上には踏み込まずにいた。組閣でも、脱原発路線を公言していた旧社会党グループの鉢呂《はちろ》吉雄を経済産業相に据えている。

野田は民主党代表選に出馬を表明した際、月刊『文藝春秋』で自身の政権構想を披瀝する論文を発表している。原子力政策について「短兵急に原発輸出を止めるべきでない」「大切なのは『脱原発』対『推進』の対立ではなく、国民的な幅広い多角的な議論だ」などと、踏み込んだ記述をしないよう気を遣っている。代表選で有名になった「どじょう演説」でも、原発についての発言は一切ない。

二〇一一年九月、首相に就任した野田は就任記者会見で、原発の見通しについて「将来的に寿命がきたら廃炉、新規は無理というのが一つの基本的な流れ」として、菅政権の脱原発依存を踏襲する構えを見せたが、この方針は長続きはしなかった。就任からわずか二週間ほどで野田の発言は揺れ始める。衆院代表質問で、就任会見で語った原発の新増設方針を問われると、野田は「客観的な状況に対する認識として『現状では困難』と申し上げた」と修正。そのすぐあとに掲載された、『ウォールストリート・ジャーナル』紙のインタビューでは、原発再稼働の時期について「来年の春以降、夏に向けてきちっとやっていかないといけない」と語った。

さらに野田は「脱原発」どころか、世論を完全に無視して「原発活用」に突き進んだ。首相就任から間もない九月二十二日、ニューヨークの国連本部で開かれた原子力安全に関するハイレベル会合に出席した野田は、「福島第一原発事故が突きつけた挑戦を必ずや克服する」「原発の安全性を世界最高水準に高める」「日本は原子力利用を模索する国々の関心に今後ともしっかり応えていく」と驚きの発言を繰り返し、挙げ句、海外への原発輸出を継続する考えを表明したのである。日本には原発などいらないのだから、「世界最高水準の原発」など追いかける必要はない。

菅はその年の五月の仏ドービル・サミットで二〇二〇年代初頭までに総発電量の二割超を再生可能エネルギーにすると提唱していたが、原発しか頭にない野田は再生可能エネルギーについて具体的な数値目標に触れなかった。野田は原発推進派の本性をとうとう露わにしたのである。

野田は原発輸出に向けてさらに踏み込んでいく。十月、野田はベトナムのズン首相と会談し、二兆円規模となる原発二基の輸出を表明した。そして、インドとも原子力協定（核物質や原子力機材などを輸出する際、平和利用に限定して軍事転用を防ぐため政府間で結ぶ協定）の交渉を進めることで合意している。

国内での新設は無理だから海外で、というプラントメーカーの意を受けたものだろう。福島第一原発の事故からさほど時間も経過していないというのに、野田は嫌というほど見せつけられた原発の脅威を世界中にばら撒く腹を決めたのだ。現地の住民が喜んでいるならまだしも、インドでは反対運動が起きている。十二月、インド南部のタミルナド州の原発反対派住民が、同国を訪問中だった野田宛てに、インドとの原子力協定締結交渉を進めないよう求める、次のような公開書簡を出している。

「福島の事故による被害を押さえ込もうと自身が苦労している時に、その危険な技術を他国に売ることは道義的な正当性がない」

書簡を出したグループが居住するインド南部は、ロシアの支援による原発の完成間近となっていたが、この地域は二〇〇四年にインド洋大津波が襲い、多くの被災者が出ていた。福島第一原発の事故は他人事ではないと、反対運動が盛り上がり、商業運転が始められない状態が続いていたという。津波を被った福島第一原発がどうなったかを知れば、インドの住民が反対に回るのは当然のことであろう。原発の輸出は害悪を世界に撒き散らすことでしかない。

海外から原発推進の外堀を埋めていった野田は、満を持して本土決戦に臨んだ。原発の再稼働である。

その地均しとして、将来のエネルギー政策の基本方針に巧みに原発推進の色を加えていった。基本方針の基礎となるのは、経産省総合資源エネルギー調査会基本問題委員会だが、事務局を務める資源エネルギー庁は三月末、二〇三〇年度時点の原発依存割合について「〇％」「二〇％」「二五％」「三五％」という四つの選択肢を用意した。

これだけの選択肢を見せられると、「〇％はちょっと極端かな」と思う人もいるかもしれない。だが、そこにはじつはワナが潜んでいた。福島第一原発事故の直前、原発が発電量に占める割合は二十数％だったのである。であれば、選択肢のうちに「五％」「一〇％」「一五％」と「減原発」につながる選択肢を入れておくのが当然であろう。同委員会で脱原発派の委員は「二五〇円のバナナを安くするよと言って、三五〇円で売るようなものだ」と噛みついた。

とはいえ、野田政権にも言い分がある。二〇一〇年にまとめられたエネルギー基本計画では、二〇三〇年度の原発依存割合の目標は福島第一原発事故直前の倍近い五三％だった。この数字は菅政権が白紙撤回しているが、野田政権の一部には、この五三％という数字を起点として考えるべきだという見方もあるという。ということは、二〇三〇年度の原発依存割合が三五％となったとしても、彼らにとって「減原発」だというのである。

さて、国内の原発は次々と運転を停止していき、二〇一二年五月五日には、北海道電力の泊原発3号機が定期検査に入ったことにより、国内に五十基ある原発のすべてが停止した。

福島第一原発の事故を受け、国は十三ヵ月ごとに行われる定期検査を経て原発が再稼働する条件として、地震や津波にどれだけ耐えられるかコンピューターで分析するストレステスト（耐性評価）を条件にすることとなっていたが、審査には時間がかかる。そのストレステストの資料提出が早かったのが大飯原発の3、4号機だった。

野田政権は大飯原発再稼働に向け、血道をあげた。大飯原発の再稼働に踏み切れなければ、次に控える四国電力伊方原発3号機などの再稼働も遅れ、国内の全原発停止状態が常態化してしまう。それだけは防がなくてはならない。

一二年二月には原子力安全・保安院が大飯原発が提出したストレステストについて「妥当」と発表。三月にも原子力安全委員会が保安院の審査書を「妥当」と確認。野田は遂に六月八日、再稼働する方針を発表した。

だが、大飯原発は危険なのである。津波の浸水から発電所内の電気設備を守る防潮堤が完成するのは二〇一三年度、建屋の爆発を防ぐ水素ガスの除去装置が設置されるのは二〇一二～一三年度、原子炉内の圧力を下げる時に外部へ出す放射性物質を減らすフィルター付きベント設備の取り付けは、完成時期の見通しさえ立っておらず、福島第一原発事故で作業の拠点となった免震重要棟は二〇一五年度の完成を目指しているという。大飯原発は事故を起こした福島第一原発よりも、安全性が低いのである。どうして、安全だなどと言えるのか。「最初から再稼働という結論ありき」なのではないかと、批判が渦巻いた。

関電管内の夏の電力不足にしても、かなりの眉唾だ。「大飯を突破口に原発を復活させたい」という関電、政府のバイアスを外して、関電管内の電力需給を調べると、真実が見えてくる。NPO法人環境エネルギー政策研究所所長、飯田哲也氏が一二年五月七日に政府の需給検証委員会に提出した資料によれば、関電管内の二〇一二年夏ピーク時の電力需給の内訳は以下のとおりだ。

最大需要は昨夏実績を使い二七八四万キロワット。供給は火力（一九四六万キロワット）、一般水力（二五四万キロワット）、揚水発電（四六五万キロワット）、再生エネルギー（九万キロワット）、他社融通（二二一万キロワット）。これに追加対策として一五〇万キロワットを供給に加え、計二九四五万キロワット。よって、供給は一六一万キロワット、五・八％があまるとしている。関電の試算では、最大需要に異常気象で猛暑だった二〇一〇年の実績を使い、揚水発電を飯田氏より低く見積もり、追加対策も考慮していない。

飯田氏と関電の予測で大きく異なるのは、揚水発電の供給力だ。関電の試算では揚水で発電する時間を十～二十時間と長く見積もっていたが、ピーク時に合わせて三～五時間と短く発電するようにすれば出力を上げることができる。さらに追加対策として、節電を積み増したり、自家発電業者に通常の二～三倍の高い料金を提示して買い上げるなど、さまざまな対策を講じることで、ピーク時に数百万キロワットの供給余力を引き出すことが可能という。

また、一貫して原発問題を追及してきた作家の広瀬隆氏も電力不足を煽る当の政府、電力会社発表のデータなどを駆使し、政府、関電の主張の嘘を暴いている。この点も本書のインタビューを参照いただきたい。

一介の民間人の言うことなどあてになるものかと思われる人もいるかもしれない。だが、じつは関電はすでに予測を読み誤ったという〝実績〟がある。二〇一一年十一月に関電は冬の電力需要を過去最大だった前冬と同じ二六六五万キロワット、供給力は二月平均で二四一二万キロワットしか見込めないと予測していたが、実際には最大需要は八七万キロワット少ない二五七八万キロワットで、供給力は見通しより三〇〇万キロワット強多い二七三〇万キロワットを確保した。

一方で前出、飯田氏の見通しでは、需要は関電と同じ二六六五万キロワットとしていたが、供給力は二七五〇万キロワットと試算し、関電よりも正確な数字を弾いていた。だが、野田政権は正しい予測をしていた飯田氏ではなく、間違った関電の主張を信用したのである。

二〇一二年六月十二日、消費税増税を柱にした「社会保障と税の一体改革関連法案」が衆院本会議で採択された。法案自体は可決されたが、身内の民主党から小沢一郎ら五十七人が造反する異常事態となった。「国民の生活を守るために」と言って大飯原発の再稼働を決断した野田だったが、民主党分裂騒ぎでは、小沢から「（消費税増税は）国民への背信行為」と詰《なじ》られ、国民不在のうちに民主党は分裂した。

大飯原発の再稼働の準備が進む六月から七月にかけて、毎週金曜日、首相官邸への抗議行動が行われ、回を追うごとに人数は膨れ上がり、数万の人々が集まった。「多くの声をしっかり受けとめたい」と語った野田首相だが、再稼働そのものは「再考する気はない」と明言した。

またぞろ、野田首相は短命のうちに終わるだろう。増税と原発再稼働をやり遂げる捨て石として使われて、今後、財界と原子力ムラから手厚く保護されるのであろう。国民の声は聞く振りだけの、どじょう首相であった。

再稼働という敗北から始まる市民運動の新たな地平を体感！

長くて薄暗い不気味なトンネルをいくつか通り抜けると、国道27号丹後街道沿いのおおい町総合運動公園に到着した。二〇一二年六月三十日午後七時四十五分。

運動公園内の東側にある丸山公園では、五月二十二日から継続して「オキュパイ大飯」という原発再稼働反対のテント村が運営されている。この日の昼間に集会やデモ行進を行っていて、その最後を締め括るオキュパイ大飯ファイナル音楽祭というのをやっているはずなのだが、人の気配がない。

公園内は湿っぽい静寂に包まれている。駐車場で車から荷物を取り出している若い女性を見つけたので、声を掛けてみた。

「みんな、大飯原発の前に抗議に行きました」

夕方から原発入口で抗議活動を行っているらしい。車を走らせて公園を出る。雨足が強くなってきたので、公園南門向かいにあるコンビニに寄ってレインコートを探すが売り切れていた。食料品の棚がガラガラだ。四十代くらいの女性店員に再稼働についてどう思うか聞いてみた。

「申し訳ありませんが、原発のことについては店から口止めされています」

再稼働反対の声を挙げに来たと伝えたら、にこやかに笑ってくれた。

原発の見返りで出来た、全長七四三メートルの「青戸の大橋」を通り大島半島に渡る。原発道路沿いには関電労働者御用達の旅館が軒を連ねる。いくつかのトンネルを抜けたら路側帯に駐車した車が見えてきた。道の両脇に停まった車は到着時点で五十台以上。帯広から沖縄まで、全国各地のナンバープレートが見える。

原発入口には機動隊員が並んで壁を作っている。壁の向こうには抗議者たちがいるようだ。補給活動のために食料などを買い出しに行った人たちが、中に戻れずに困っている。籠城作戦に対して警察が兵糧攻めをしているような状況だ。全体像が把握できない間に、理由はよく分からないのだが、機動隊が一時撤退し、壁が消えたので中に入ることができた。

大飯原発ゲートは約十台の車でバリケード封鎖されていた。門扉ゲートの内側と外側に自動車を各五台ずつ隙間なく並べて、金属製の太い鎖で車同士をつないでいる。二層のバリケードで塞いだ通路は幅二〇メートル程度で、原発側を向いて左は舗装した断崖絶壁、右は高さ六メートルほどの石垣と守衛室とフェンスに囲まれた池がある。便宜上、原発側を〈前〉、自動車バリ封で囲まれた安全地帯を〈中〉、入口側を〈後〉とでもしよう。

〈中〉には一五〇人くらいいて、二十歳代の若者が多いが、年配の方も少なくはない。脱原発運動のご多分にもれず、どなたも服装がカラフルでジェリービーンズみたいだ。特筆すべきはラスタマンの多いこと。レゲエパーティーにでも迷い込んだんじゃないかと思うほどのドレッド、ロン毛、ヒゲである。ジャンベなどの打楽器やドラムセット、アンプなんかも揃っていて、スピーカーや簡易ＰＡ設備もあるんだから、すぐにでも野外フェスが始められる。現物支給のカンパがたくさん集まり、駅の売店くらいならすぐにでも始められそうな量の飲物とパン・カップ麺に加えて、みそ汁の炊き出しも行われている。テント村から手作りのおにぎりも届く。ゴミはていねいな分別がなされている。

無言の壁に語りかける

〈中〉に合流して再稼働反対を叫ぶ

空腹で泣く人はいなかった

エンドレスリピートの無機質な警告

オキュパイ大飯テント村有志の若者十名程度で、何かできることはないかと話し合い、大飯原発ゲートを占拠する計画を立てた。六月三十日午後三時三十分ころに二十名程度で大飯原発敷地内にあるエルパーク大飯（通称ＰＲ館）という原発安全啓蒙施設の見学者として現地入りし、鎖でゲートに体を縛って座り込み状態になった。さらに間隙をついて車で壁を作り、ゲートを占拠したということだ。七月一日午後九時を予定している大飯原発３号機の再稼働を阻止するために、再稼働スイッチを押す経済産業副大臣牧野聖修をはじめ関西電力職員の入場を妨げることで、再稼働中止に持ち込めないかと今回のバリ封作戦に至ったのだ。

一人ひとり、どこから来ているかをたずねたら、京都、大阪、兵庫からという人が多数だった。その中でも京都府綾部市や舞鶴から来たという人が断トツで多い。どちらも大飯から二〇キロ圏内なので原発再稼働は一大関心事だ。

東京都清瀬市から来た二十五歳のカメラマンの男性は早朝、福島の南相馬に写真を撮りにいこうと思って車を出した。ツイッターでオキュパイ大飯のことを知り、栃木から引き返してきた。東京に住んでいたが、３・11以降の放射能問題を考慮して西日本に移住した人も多い。四歳と八歳の幼い子を持つ若いお母さんは七月、東日本で子育てをすることに不安を抱いて、群馬から岡山に転居したばかり。その矢先に、活断層や破砕帯の危険が指摘されている大飯原発が地震対策もせずに再稼働してしまうと安心して暮らせないと嘆く。東京都小平市で植木屋をしていた男性は熊本に引っ越した。線量の低い地域に移って落ち着いたと思ったら、今度は北九州での被災地瓦礫受入問題が浮上して日本全国逃げ場がなくなる。諦めずに瓦礫受入反対運動を続けている。茨城から島根に移ったばかりという家族もいた。震災後に関東から西日本に移住したのはいずれも幼い子どもを育てる親だ。大飯が再稼働すると西日本で安心して暮らせない。

午後十一時過ぎ。原発敷地の奥から関西電力職員が現われた。四十〜六十歳台の中年男性二十人。地元福井のＡＩＶＩＸという民間警備会社の警備員も数人混じっている。

「ここは関西電力の敷地です。敷地から車を出してくださーい」

無表情な警告を淡々と繰り返す。

午後十一時二十分、関電職員の背後からぞろぞろと警察がやってきた。施設の通路は塞いだのだが、陸路での抜け道があるらしい。四十人で一列に並んで壁を作る。抗議する側も警察と向き合うように立ち、ニラメッコが始まった。警察の壁の足下に背を向けて座り込みを始めたり、警官一人ひとりに「あなたたちが守るべきは関電の原発ではなく、国民の生命と財産でしょう」と語りかける人もいる。時を同じくして、原発側とは逆の通路入口付近にも機動隊車両の陰で若い警官隊がスタンバイしていた。不穏な雰囲気に〈後〉でも人の壁でピケを張る。

この時点で抗議者二百人といったところか。〈中〉では楽器をセッティングして、真夜中の即席耐久リレーセッションが始まった。〈前〉での警察とのニラメッコは長期戦となり、「再稼働反対」のコールは二時間も鳴り止むことがない。

午前一時三十分、〈前〉でオシクラマンジュウが始まった。抗議者に圧力をかける警官たちは「押さないでください」と連呼しながら、どんどん前進してくる。女の子が痛いと叫ぶ。罵声の応酬。若い警官がじいさんを突き飛ばす。よろけたじいさん、側溝に足がはまって転倒する。座り込みの男性は背中に警官からの膝蹴りを喰らった。ビデオやカメラは現場を記録する。ネットの生中継を世界中が見ている。だれからともなく「みんな、落ち着いて！冷静になろう！警察と闘っても原発は止まらないよ！」という声が挙がる。三十分も経つと鎮静した。

不可解なほどに警察が何をしたいのかさっぱり分からない。原発の中に突入しようとする人はだれもいない。警備の都合上、壁を作るのはともかく、〈後〉を封鎖したり途中で撤退したり意味が分からない。武力鎮圧で培ってきた警察の経験則は、無党派市民の脱原発運動においてはなんの役にも立たない。警察も対応方針を手探りしている。U

車の陰で待機する機動隊員

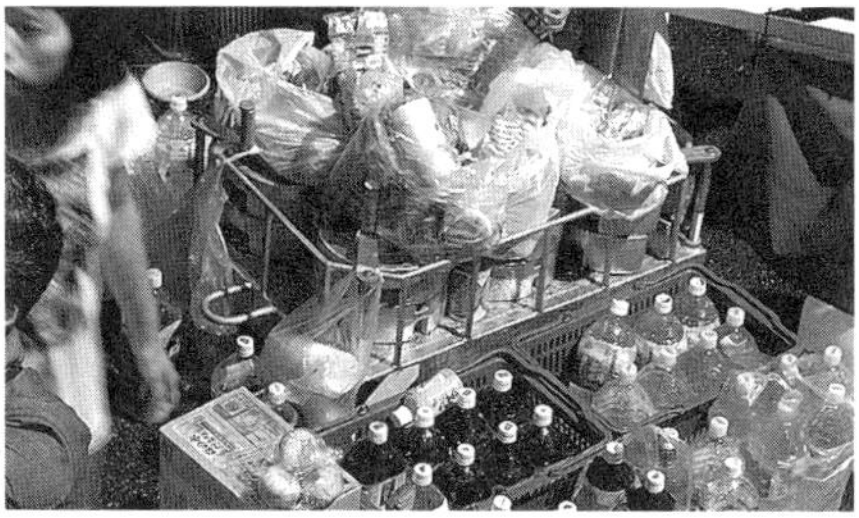
カンパで集まった飲食料の山

機動隊員の壁に向かって祈る人

リレーセッションの音楽は夜も鳴り止まない

ＳＴＲＥＡＭで全世界にネット生中継されているので下手に手を出せない。粗暴な真似をすればＳＮＳを通じて一瞬で拡散する。

午前四時、多くの人は疲れて車で寝る。力尽きてアスファルトの上にうずくまったまま眠る人もいた。雨でずぶ濡れ、体温を奪われて寒さでガタガタと震えるほどだ。警察四十人、抗議者五十人程度まで人が減った。無言で立ちっぱなしの警官にも疲れの色がうかがえる。

太鼓のリズムで体を動かしながら「再稼働反対」を叫び続ける。寒さと眠気に対する対処法は声を出して踊るという以外になかった。空が白んできて目を覚ました人たちが少しずつ戻ってくる。予定されている「大飯原発ゲート前座り込み」の午前八時に近づくごとに人が集まりつつある。夜中から鳴り止まない「再稼働反対」コールの火は消えることなくバトンタッチされていく。

午前七時三十分、「ＳＴＯＰ大飯原発再稼働！　７・１現地アクション」のデモ隊約百人は漁村公園から出発した。平均年齢六十歳以上の老人集団だ。原発再稼働反対の申入書提出を事前に関電サイドに取り付けていた。午前九時には無事、申入書を手渡すことができた。「関電サイドは、八時ごろに抗議活動の規模が想定以上に大きくなりすぎて危険だという理由で、一度申入書受取拒否の連絡をしてきた。ところが、現場で指揮を執っていた小浜署の警備課長が、関電サイドに対して受取に応じるよう交渉してくれたみたいで驚いた」と主催の一人である新開純也さんは話す。

午前十一時。予定されていた抗議行動のイベントは一通り終了したので、少し休むことにした。このあとに控えている午後九時の再稼働に備えて車で仮眠をとる。

午後四時。目覚めは最悪で体中の関節と筋肉が悲鳴を上げている。声を出しすぎて喉が痛い。とりあえず替えのＴシャツを着て濡れたジーパンをはく。

時間帯もあってか、子ども連れがべらぼうに増えている。「ぼくたちの未来に原発はいらない」とクレヨンで描いた手作りのプラカードを持つ丸坊主の小学生がお父さんの横でモジモジしている。「再稼働反対」と声を出す赤や黄のレインコートを着た女の子たちは話し掛けると照れてお母さんに抱きつく。

巨大なアンテナを搭載したテレビ局の中継車が停まっていて、頭上に空撮ヘリも飛んでいる。

現場は小康状態を保っているので周辺を散策することにした。原発ゲートを出て竹林に囲まれた急な坂を下るとすぐに視界が開けて海が見える。ポツポツと建てられた瓦屋根の旧式家屋。緑に輝く水田。港で釣りをするおじさん。

座り込みで警官諸君と記念撮影

罵詈雑言が飛び交うカオス

子どもたちの笑顔に心が和む

大島半島先端ののどかな民家と港

のどかな美しい日本の故郷の風景ではないか。抗議の音は少し離れた海辺にも聞こえる。釣りのおじさんに、原発再稼働についてどう思うかとたずねたら「私は別にどうも思わない」というなんとも無関心な言葉が返ってきた。

田んぼ道を歩いていたら森の入口の階段に警備員が三人立っていた。看板にはエルパーク大飯入口と書いてある。もう少し先に行くと狭くて急な石階段があった。「あぶない、さくをのりこえないで！」という警告があるが、立入禁止とは書いてないので階段をのぼる。頂上には池があってフェンスで囲まれている。フェンス沿いに歩いたら途中で途切れたのでその奥の森を散歩する。落葉樹の森は陽が差し込まないので薄暗く、地面は栄養価の高そうな腐葉土でふかふかしている。しばらく歩くと踏み荒らしたような跡に水溜りが出来ていた。森の中をぐんぐん進むと「再稼働反対」の声が少しずつ大きくなる。森が終わって道路に出た。

金網で封鎖されたトンネルの中に警備員が立っている。トンネルのアーチの上に「吉見トンネル」と書いてある。なんだか物騒な場所に出てしまった。警備員にこのトンネルの奥に原子炉があるのかと聞いたら、私は臨時雇いなのでくわしく知らないと答えた。普通の道に戻るにはどうすればいいかとたずねると、道路を真っ直ぐ歩いて坂を下だっていけば出られると言われた。

「ありがとう」と伝えて舗道を歩くと「再稼働反対」の声はどんどん近づいてくる。左手にエルパーク大飯の建物が見えて、その先に小さく原発ゲートのバリ封エリアが見える。歩いている道路の先には警察の姿が見える。〈前〉の機動隊が作った壁の背後、間違えて敵線後方に潜入してしまった。これはまずいと繁みに隠れてゆっくり後戻りしたら、運悪くスズメバチに遭遇しておったたまびっくりしたところを警官に発見された。

「おまえ！　そこで何をやっている！」

疲れて逃げきれる自信もなかったので、両手を挙げて無抵抗の意を示す。警官はハンズアップを無視して二人掛かりで私を地面に押さえつける。「抵抗するつもりありませんヨ」と言葉と脱力で示したら手を離した。プロレスの小川直也を太らせたみたいな顔の警官に「貴様、どうやってこんなところに忍び込みやがった」と尋問される。これこれこういう経緯でと説明するのだが、「分かってるんだぞ、本当のことを言え！」の一点張り。

応援が呼ばれて、出動服を着た嶺南機動隊・広島機動隊・警備課警官の総勢六名に囲まれた。道を教えてくれた警備員に聞けば分かるし、森の抜け道を案内してやると言っているのだが、「証拠はこっちで総合的に判断する」とい

迷い込んだ吉見トンネル

持物検査をされながら隠し撮り

鳥瞰した原発ゲート

税金の無駄遣いの風景

う意味不明な弁で一向に応じない。「とにかく抗議の現場に戻りたいんです」と主張し続けたら、地元福井の嶺南機動隊の年配二人を残してほかは立ち去り「君の証言が正しいか検証するので実際来た道を案内してくれ」という。お安いご用だ。歩いてきた山道の斜面を転びそうになりながらもズズと下る。年配機動隊員二人は悪路に足を取られている。最初の石階段まで戻ってきて、どこにも「関電敷地内立入禁止」という表示がないことを確認して、「君の言うとおりだった、すまない、今後は気をつけてネ」と解放された。

午後六時三十分、原発ゲートの〈後〉は一触即発だ。私が現場に到着した時と同じように機動隊が壁を作って、バリ封入口に蓋をしたのだ。警察は抗議者の張ったピケをゴボウ抜き、強制排除し始めた。警察と争ってもしょうがないと、歌を歌ったりしている人たちもいる。

「ぼーくらはみんなーいーきているー！　いきーているからうたうんだー！」

〈中〉に戻りたい、食料を供給したいと、高さ一五メートルはある崖からロープで出入りする人もいた。

午後九時を目前に、二十人程度と小規模ではあるが、原発から離れたオフサイトセンター（防災センター）前での抗議も行われた。駐車場にはマスコミの中継車が集まっている。ＮＧＯジョイン党のエディ・アラカワさんがマイクを握って「五月五日から二ヵ月近くもすべての原発を止めていてくれてありがとうございました。これからも再稼働には反対していきますが、できることならぼくたちも何かに賛成したい」と声をからして話す。午後九時、３号機の制御棒が抜かれた。経済産業副大臣牧野聖修は海路で原発に入り再稼働のスイッチを入れたのだ。

七月二日午前〇時〈後〉を固めていた機動隊が撤退した。午前二時、ゲート占拠から開始三十五時間で抗議活動終了を宣言。ゴミも残さず速やかに大飯原発前から撤退した。ストップ再稼働現地アクションの新開さんから聞いた話では、明くる朝、地元おおい町在住の五十歳代のおばさんがテント村に訪ねてきて、濡れた服を洗濯してやりたいと山のような洗濯物を引き受けてくれたそうだ。

現場をあとにして東京への戻る車内では「再稼働反対！」という無限ループの耳鳴りが続いた。

第三部

こんなにもある東電子会社

猪瀬直樹に怒られた東電病院に行ってみた

東京・新宿区の信濃町から徒歩二分、慶応病院のほぼ真横にある「東京電力病院」の歴史は古い。東京電力社員らの健康管理を目的とする職域病院として一九五一（昭和二十六）年に開設され、東京電力の社員やOB、その家族らのみを対象として診療を行ってきた。病院は七階建てで敷地面積は五四〇〇平方メートル、東京都内にはJR東京総合病院、NTT東日本関東病院、東芝病院など多くの民間企業立病院があるが、いずれも一般患者を受け入れており、東電病院のように診療対象を自社関係者に限定する病院はほかに見当たらない。

二〇一二年六月二十七日の東京電力株主総会で、東京電力の株主でもある東京都の副知事・猪瀬直樹はこの病院について、東電が一兆円の公的資金を受けながら、一般患者を診ない病院に東電が財政支援するのはおかしいと指摘。さらに資産価値は一二二億円にものぼるわけであるから、「今どき、企業病院が一般にも開放するのは当たり前でしょう」「赤字を垂れ流している社員だけの病院をこれからも運営するのか。売却すべきだ」と吠えた。

東電の山崎雅男副社長は「一般開放を検討したが、新宿区には大きな病院がいくつかあり、都から難しいと言われた。都の指示だ」と答弁。さらに、病院の医師が福島第一原発の現場に行き、作業員の医療支援に当たっていることを理由に継続保有することを決めたと説明した。

これに対し、猪瀬副知事は福島で医療業務に当たっているのは、土日に一人だけだと暴露。二十六日に都が行った立ち入り検査で、百十三床のベッドのうち入院患者は二十人しかいないことを確認したと明かし、「東電病院が百十三床も持っていると、医療法でその地域のほかの病院がベッド数を増やそうと思ってもできない。（病院経営を）やるんなら、ちゃんと満床にしなさいよ」と厳しく指弾した。

山崎副社長に代わって、勝俣恒久会長が医療スタッフの派遣が現在は指摘のとおりだと認め、「今後、福島の医療態勢も整ってくるので、どういうふうに整備するか検討課題にしたい」と答えた。

売却に難色を示していた東京電力は、猪瀬直樹副都知事に追及されたのが効いたのか、態度を一転。保有する東電病院を売却することが必至となった。

経産省がまとめた東電の家庭向け料金値上げの査定方針で、東電病院の関連費用の原価計上を認めない方針を示したためで、東電による経営維持は事実上、困難になった。東電は早期売却に向け具体的な検討に入っている。

経産省は、東電が料金原価に盛り込んでいた病院の維持管理費用など約七億三〇〇〇万円の除外を決定した。東電は厳格なコスト削減を迫られており、社員やOBらしか受診できない東電病院を維持するのは難しいと見ている。東電は一二年四月にまとめた総合特別事業計画で、「原則三年以内に七〇七四億円相当」の資産を売却するとしている。

「ふざけた話ですよ。ほとんど東電の幹部のためにある病院です。診察料金は給与から天引きですよ」（元東電社員）

本当に一般患者を受け入れないのか。ちょうど夏風邪で頭痛がする二〇一二年七月某日、東電病院を訪ねた。対応したのは警備員二人である。

——すみません、放射能のせいだと思うのですが、頭痛が止まらないので診ていただけますか？

「東電の社員の方ですか？」

東京電力病院
〒160－0016
東京都新宿区信濃町９－２
TEL 03－3341－7121

——違います。

「（怪訝な顔で）すみません。東電の社員専門病院なんです、ここ」

——あの、もう倒れそうなんです。すぐに診ていただけないでしょうか。急患でもダメですか？

「急患でもダメなんです。すみません。隣りに慶応病院がありますので、そちらに行っていただけないでしょうか」

——それではなんのためにこの病院はあるんですか？　東電以外は人じゃないと。

「すみません、東電の社員専門病院なんです、ここは」

——ほかに売却されれば、一般も診ていただけますか？

「それは、分かりません」

やはり「東電の貴族様」のためにある病院のようだ。さっさと閉鎖して、図書館にでもしたほうが、よほど有益である。

東電子会社リスト

ここに掲載するのは、二〇一二年七月末段階での東電の連結子会社の一覧表である。東電社員の天下り先がこれだけ存在し、そして売却できる資産がどれほど厖大であるのか、その一端を見てほしい。

子会社以外の関連会社には、関電工、日本原子力発電、日本原燃、君津共同火力、鹿島共同火力など、錚々たる会社が名を連ね、東電グループを支えていることも指摘しておこう。さらには、財団法人東電記念財団や社団法人全関東電気工事協会などの財団法人、社団法人も複数抱えており、こちらも東電社員の天下り先となっている。

一方で、経営維持は困難という理由で東京電力病院の売却が発表されたように（一二年七月十九日）、今後もこうした関連会社は売却が迫られている（詳細は前項）。

三一六ページから掲げられている会社も、一つでも多く売却されていかなければならない。そのため、この一覧表は流動性があることをお断りしておく。私たち消費者は、東電が本気で被害者への補償・経営再建に向かって努力するのか、注視しなければならないだろう。いつまでも既得権益に甘えさせるべきではない。

なお、社長名の下に示した肩書きは東電での最終役職である。二〇一一年十月一日時点のものであり、『週刊文春』（二〇一二年四月二十六日号）掲載記事を参考にした。

◎発電

東京発電

東京都港区三田2-7-13　TDS三田6、7階
TEL 03（6371）5200
中村寛征社長：店所長

◎設備の建設・保守

東電工業

東京都港区高輪1-3-13　NBF高輪ビル
TEL 03（6372）4800
角江俊昭社長：フェロー

東電環境エンジニアリング

東京都港区芝浦4-6-14
TEL 03（6372）7000
楢崎ゆう社長：店所長

東電設計

東京都台東区東上野３-３-３
TEL 03（６３７２）５１１１
増田民夫社長：店所長

東京電設サービス

東京都港区芝大門１-９-９　野村不動産芝大門ビル
TEL 03（６３７１）３０００
花村信社長：本店部長

東電ホームサービス

東京都港区西新橋１-１-15　物産ビル別館
TEL 03（６３７２）６０６０
半田光一 社長：本店部長

東設土木コンサルタント

東京都文京区本郷１-28-10　本郷ＴＫビル４階
TEL 03（５８０５）７２６１
中村隆幸社長：本店ＧＭ

東京計器工業

東京都大田区仲六郷3-14-14
TEL03(3737)8100
浅田克司社長：本店部長級

東電物流

東京都大田区東海4-1-23
TEL03(6361)7900
松阪晴伸社長：本店部長級

東電リース

東京都港区三田3-13-16　三田43MTビル15階
TEL03(6371)8600
玉井健雄社長：本店部長級

◎燃料の供給・輸送

ＴＥＰＣＯトレーディング

東京都千代田区内幸町１－５－３　新幸橋ビル14階
TEL 03（３５９７）０２３０
橋本哲社長：本店部長

東電フュエル

東京都港区芝浦４－９－28　芝浦スクウェアビル20階
TEL 03（６３７１）２６００
河野雅英社長：店所長

リサイクル燃料貯蔵

青森県むつ市大字関根字水川目５９６－１
TEL ０１７５（２５）２９９０
久保誠社長：本店部長級

南双サービス

福島県双葉郡広野町大字下北迫字浜田55
TEL ０２４０（２７）２４９７
河野雅英社長：東電フュエル社長

トランスオーシャン・エルエヌジー輸送

東京都港区新橋１・１・１　日比谷ビル
TEL 03（５５０１）７１８１
根岸優社長：本店ＧＭ

パシフィック・エルエヌジー輸送

東京都港区新橋１・１・１　日比谷ビル
TEL 03（５５０１）７１８１
根岸優社長：本店ＧＭ

エルエヌジー・マリン・トランスポート

東京都港区新橋１・１・１　日比谷ビル
川口信社長

テプコ・リソーシズ社

カナダ・サスカチュワン州
鮫島薫社長：本店部長級

テプコ・オーストラリア社
オーストラリア・パース

パシフィック・エルエヌジー・シッピング社
バハマ・ナッソー

パシフィック・ユーラス・シッピング社
バハマ・ナッソー

シグナス・エルエヌジー・シッピング社
バハマ・ナッソー

東京・ティモール・シー・リソーシズ（米）社
アメリカ・ウィルミントン

テプコ・ダーウィン・エルエヌジー社
オーストラリア・パース

東京・ティモール・シー・リソーシズ（豪）社
オーストラリア・パース

東京都市サービス

東京都港区南麻布2・11・10　OJビル4～6階
TEL 03（6361）5100
中村司社長：常任監査役

バイオ燃料

東京都江東区東陽5・30・13　東京原木会館401
TEL 03（5665）9120
丸山富丈社長

森ケ崎エナジーサービス

東京都大田区昭和島2・5・1
TEL 03（3741）7805
野村宏社長：執行役員

東京臨海リサイクルパワー

東京都江東区青海3地先
TEL 03（6372）3190
尾中郁夫社長

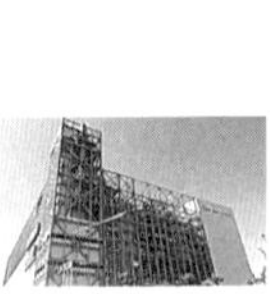

日本自然エネルギー

東京都中央日本橋１-２-19　日本橋ファーストビル８階
TEL 03（３５１０）０３５１
堀田一夫社長

日本ファシリティ・ソリューション

東京都新宿区揚場町１-18　飯田橋ビル
TEL 03（５２２９）２９１１
田中裕一社長

府中熱供給

東京都府中市日鋼町１-１　Ｊタワー低層棟３Ｆ
TEL 042（３３０）７５２１
尾崎邦夫社長

川崎スチームネット

神奈川県川崎市川崎区千鳥町５-１
TEL 045（３９４）５３０９
田所博社長：店所長

伊勢原エネルギーサービス

神奈川県伊勢原市下糟屋143
TEL 046（391）4611

日立熱エネルギー

茨城県日立市平和町2-1-1
TEL 0294（24）6338
株木貴史社長：店所長

◎電気通信

ファミリーネット・ジャパン

東京都渋谷区渋谷3-12-16 渋谷南東急ビル2階
TEL 03（5774）1400
城重信夫社長：本店GM

◎有線テレビジョン放送

テプコケーブルテレビ

埼玉県さいたま市浦和区常盤9-34-8
TEL 048（638）7000
山口幸雄社長：本店部長級

◎情報通信設備の建設・保守

TEPCO光ネットワークエンジニアリング

東京都港区西新橋3-23-5　御成門郵船ビル2階
TEL 03（3432）5770
加藤高昭社長：本店部長

◎情報ソフト・サービス

テプコシステムズ

東京都江東区永代2-37-28　澁澤シティプレイス永代
TEL 03（6364）1125
小川忠晴社長：店所長

アット東京

東京都江東区豊洲5-6-36　SIA豊洲プライムスクエア3階
TEL 03（6372）3000
清水俊彦社長：執行役員

ティ・オー・エス

東京都中央区八重洲2-8-1　日東紡ビル5階
TEL 03（6371）1300
泉卓雄社長：東京支店長

東京レコードマネジメント

東京都港区新橋1-18-2　明宏ビル別館5階
TEL 03（6372）0200
中林茂社長：本店部長級

◎不動産

東電不動産

東京都中央区京橋1-6-1　三井住友海上テプコビル
TEL03（3562）1241
大久保秀幸社長：本店部長

むつ小川原ハビタット

青森県上北郡六ヶ所村大字尾駮字野附1-35　むつ小川原ビル内
TEL0175（72）3776
大久保秀幸社長：本店部長

東電用地

東京都荒川区西日暮里2-25-1　ステーションガーデンタワー5階
TEL03（6371）1100
船津睦夫社長：本店部長

東電ファシリティーズ

東京都中央区日本橋馬喰町2-7-8　有楽ビル
TEL03（5847）1411
齊藤義章社長

尾瀬林業

東京都荒川区西日暮里2-25-1　ステーションガーデンタワー5階
TEL 03（6371）1000
佐藤俊信社長：店所長

東双不動産管理

福島県双葉郡大熊町夫沢北原22
TEL 0240（32）5596

東光建物

東京都千代田区有楽町1-7-1　有楽町電気ビルヂング北館12階
TEL 03（3201）4938

◎サービス

キャリアライズ

東京都中央区八重洲1-3-22　八重洲龍名館ビル7階
TEL 03（6371）5680
山田啓文社長

東電タウンプランニング

東京都新宿区上落合3-10-8　オーバル新宿ビル3階
TEL 03（5925）0766
青柳光広社長：電力技術研究所

東電ハミングワーク

東京都日野市百草460　東電総合研修センター構内
TEL 042（848）7300
内藤義博社長：副社長

東電広告

東京都渋谷区神泉町22-2
TEL 03（6371）8111
市東利一：東京支店長

TEPCOコールアドバンス

東京都中央区京橋1-6-1　三井住友海上テプコビル
TEL 03（6371）8330
小林一介社長

東電パートナーズ

東京都江東区越中島3－5－19　東新越中島ビル
03（5621）7333
笹尾佳子社長：本店GM

ハウスプラス住宅保証

東京都港区芝5－33－7　徳栄ビル本館4階
03（5962）3800
山崎剛社長：本店GM

当間高原リゾート

新潟県十日町市珠川
025（758）4888
高乗和彦社長

テプコ・リインシュランス社

◎海外事業

トウキョウ・エレクトリック・パワー・カンパニー・インターナショナル社
トウキョウ・エレクトリック・パワー・カンパニー・インターナショナル・パイトンⅠ社
トウキョウ・エレクトリック・パワー・カンパニー・インターナショナル・パイトンⅡ社
ティーエムエナジー・オーストラリア社
シピー・ジーピー社
キャピタル・インドネシア・パワーⅠ・シーブイ

おわりに

〈3・11〉から一年半が経つ……人類史上初めて原爆を落とされたヒロシマ、ナガサキがそうだったように、人類史上に残る大惨事を惹き起こしたフクシマの原発事故。ああだこうだ綺麗ごとや三百代言ばかりが飛び交うばかりで、いまだに具体的な復興の道筋は示されず、さらには、あろうことか、あれだけの大惨事を惹き起こしても、愚かな政治屋や原発推進派、そして御用学者らは性懲りもなく原発稼働再開に踏み切った。正気か⁉

われわれのスタッフの一部は、四半世紀前に原発事故を惹き起こしたチェルノブイリと、その近郊の町プリピャチに赴きレポートしているが、これを見れば、フクシマの近未来について絶望的になる。プリピャチについては、その名の記録映画もあるので、為政者や原発推進派は必見、これを観て、フクシマの近未来をどう語るのだろうか。

今思うに、われわれは長年「原子力の平和利用」なる美名に知らず知らずのうちにマインド・コントロールされていたのではないか。これが原発を推し進めた、見えない力になっていたのではないか。そうして、フクシマの悲劇によってそのマヤカシに気づかされたのではないか。さすがに最近は「原子力の平和利用」などとのたまう者はいなくなったようだが……。

この期に及んでも、原発事故の責任が意図的に曖昧にされていることに、われわれは怒髪天を衝く想いだ。原発事故を惹き起したA級戦犯は、ナチのそれ同様、永久に追及されねばならない。それがウヤムヤにされている。本書で直撃したように、事故当時の東電会長・勝俣は、能天気に孫を連れて自宅近くを散歩などしている。当時の社長・清水など、もっと責任を追及されてしかるべきなのに、関連会社に天下りして、赤坂の豪華マンションで悠々自適に暮らしている。超A級戦犯にも関わらず、二人とも、あたかも何もなかったかのように過ごしている。これまで原発マネーで不浄に蓄えた資産を自主的に投げ出すか、ぐずぐずしているのであれば強制的に没収すべきであろう。一昔前の日本だったら右翼、左翼双方からテロられていただろうし、もっと政情不安な国だったらチャウシェスクと同じ運命を辿っていただろう。今の日本人は、喉元過ぎればナントヤラで、甘い、甘い、甘い！

そのほか原発事故の戦犯らのだれ一人、フクシマの悲惨な実態に心を痛め自らの資産を投げ出したという話を聞いたことがない。われわれは、フクシマの住民の方々に寄り添うと共に、その悲しみと怒りを共有しなければならない。

そして何よりも、断固原発事故のA級戦犯らを永久に徹底追及し続けていく。

原発事故の戦犯は、A級、B級とあるだろうが、本書では、超A級戦犯をリストアップし、その罪状を徹底暴露した。これら超A級戦犯にプライバシーなどない……というと顰蹙を買うかもしれないが、フクシマの住民の方々が、プライバシーどころか、故郷を追われたり仮設住宅で非人間的な生活を強いられている時、なにがプライバシーだ。勝俣は四谷三丁目の豪邸をフクシマの住民の方々に明け渡せ！　清水は赤坂の豪華マンションを放出しろ！

〈3・11〉以降、数多くの原発関連本が出版された。このところは新刊も少なくなっているようだが、われわれもこの一年で五点出版してきた。特に一年前、小出裕章、今中哲二、高野孟、山口一臣、歳川隆雄、奥平正、吉岡斉、西尾漠氏ら第一線の研究者やジャーナリストの協力を得て『東電・原発おっかけマップ』を出版したが、取次会社に配本を拒否されたり（一部媒体を除いて）広告も拒否されたりして、事実上の焚書処分に遭った。しかし捨てる神あれば拾う神ありで、お蔭様で、ほとんど直販で多くの方々の手に渡ることができた。

そうして再びわれわれは、それ以上に内容の濃い本書を出版せざるをえない衝動に駆られた。なぜか？　超A級戦犯、原発推進派、彼らに追随する御用学者や労働貴族らの開き直りが許せないからだ。単純な話である。

この美しい日本の国土、山紫水明の自然を、さらに汚そうとするのか⁉「原発安全神話」が、これほど悲劇的な形で崩壊しても、またも国民を地獄への道に引き連れて行こうとするのか⁉　これは、ユダヤ人をガス室に送り込んだナチと同罪だ。日本を〝塀のないアウシュヴィッツ〟にしてはならない。

われわれは、怒りを込めて本書を世に送る。再び焚書処分にされようものなら、この時は、心ある方々のお力を借りて本書を流通させていただきたい。

本書に収録させていただいた日隅一雄弁護士は、インタビュー直後、亡くなられた。日隅さんは、ガンと闘いつつ、事務所に寝泊まりされながら東電の会見の場に駆け付けられ、東電関係者と対峙されていた。新聞記者から弁護士に転じられた稀有の経歴を持つ日隅さん、これからの活躍が期待されていただけに残念だ。なぜに志高潔な人は早く亡くなり、悪人は長生きするのか。本書収録のインタビューが事実上の〝遺書〟になる。本書を日隅さんに贈りたい。日隅さんの遺志を胸に、われわれは超A級戦犯を永久に許すことはない。

本書は、一年前の『東電・原発おっかけマップ』同様、ヒトもカネもふんだんに投入し出来上がった。鹿砦社が、いわゆる「暴露本出版社」といわれて久しい。ならば、「暴露本出版社」の意地を見せてやる！　本書は〝究極の暴露本〟を目指すわれわれにとって記念すべき一冊となろう。

また、鹿砦社は本年で設立四十周年になるが、鹿砦社四十年の総括を懸けた一冊として、堂々と世に送るものである。

二〇一二年超猛暑の中で　フクシマの住民の方々の悲哀に想いを寄せつつ

鹿砦社特別取材班

【注】
●本書のデータは2012年7月現在のもので、最大限確認し正確を期しています。
●本書の記述は「東電と癒着した“マスゴミ”を斬る！ “インチキゲンチャー”たちに明日はない」を除いて新たに書き下ろしたものです。
●「東電と癒着した“マスゴミ”を斬る！ “インチキゲンチャー”たちに明日はない」は鹿砦社HP上の「デジタル鹿砦社通信」に連載されたものを加筆し再編集したものです。
●超A級戦犯の顔写真、自宅写真、地図の一部に『東電・原発おっかけマップ』から流用したものがありますが、地図は現地確認し修正したり描き直し正確を期しています。
●文中は一部を省き基本的に敬称は略してあります。

タブーなき原発事故調書—— 超A級戦犯完全リスト

2012年9月25日初版第1刷発行

編著者——鹿砦社特別取材班
発行者——松岡利康
発行所——株式会社鹿砦社（ろくさいしゃ）
●東京編集室
東京都千代田区三崎町３－３－３　太陽ビル701号　〒101-0061
Tel. 03-3238-7530　Fax.03-6231-5566
●関西編集室
兵庫県西宮市甲子園八番町２－１　ヨシダビル301号　〒663-8178
Tel. 0798-49-5302　Fax.0798-49-5309
URL　http://www.rokusaisha.com/
E-mail　営業部○ sales@rokusaisha.com
編集部○ editorial@rokusaisha.com

Printed in JAPAN　ISBN978-4-8463-0904-6　C0030
落丁、乱丁はお取り替えいたします。お手数ですが、弊社までご連絡ください。

原爆と原発

～放射能は生命と相容れない～

落合栄一郎＝著　Ａ５判／112 ページ／ブックレット
定価 800 円（税込）

原爆・原発は人類の過ち、全廃に向けて猶予は許されない！
カナダ在住の研究者が、故国の現状を憂い海を越えて送るメッセージ！　鹿砦社怒りの反原発シリーズ第４弾！

【内容】第１章・人類のエネルギー開発の歴史／第２章・原子力、放射線の科学的根拠／第３章・原爆の開発過程／第４章・日本への原爆投下／第５章・原子力の「平和」利用／第６章・放射線による健康障害／第７章・原発は継続すべきか／付録・原子核反応世界と化学世界

好評発売中!!

原発のカラクリ

――原子力で儲けるウランマフィアの正体――

絵と文　マッド・アマノ　定価1680円（税込）
B5判／112ページ／カバー装／オールカラー

本書の内容
第1章
世界を動かす国際ウラン・マフィア
第2章
アメリカの原爆開発がすべての始まり
第3章
中曽根康弘と自民党のウソ
第4章
東京電力の許されざる罪
第5章
原発の恐怖と御用学者たち
第6章
民主党、お前もか
第7章
原発は「負の世界遺産」

日本を原発列島にした“主犯”である国際原子力マフィアの存在、原爆開発に始まるアメリカのたくらみ、3.11福島第一原発事故を引き起こした東京電力や政官財の動きなど、原発にまつわるすべての「要因」を網羅！
「FOCUS」（新潮社）で名を馳せ、現在でも月刊誌などで発表を続けるベテラン“パロディスト”マッド・アマノが、パロディだからできる切り口で真相を暴く！　昨年から始まった鹿砦社の反原発本第5弾!!

好評発売中!!

東電・原発副読本

―3･11以後の日本を読み解く―

橋本玉泉＝著　A5判／128ページ／ブックレット　定価800円（税込）

原発事故の“A級戦犯”を許すな!
3･11以降の1年間の過程を見つめ、原発事故の責任を追及する!

【内容】
第1章　唯一の稼動中原発差し止め判決とその意味
第2章　歴史的大事故が起きても傲慢な態度を続ける東京電力の暴虐
第3章　「反原発」を報道しないマスコミと拒絶する政府・東電記者会見

第4章　マスコミが絶対に報道しようとしない脱・反原発デモの概要
第5章　反原発をめぐり混乱する発言と市民の動き
資料編

好評発売中!!

まだ、まにあう!

原発公害・放射能地獄のニッポンで生きのびる知恵

佐藤雅彦＝著　A5判／192ページ　定価980円（税込）

「チェルノブイリ原発事故のとき、福岡のお母さんが発信した『まだ、まにあうのなら』というメッセージは、多くの人々に原発の恐ろしさを伝えました。この本は、ふつうの市民が自分なりの知恵と勇気を発揮して、放射能にまみれた“原発災害後の日本”で生きのびていくために、必要不可欠な最低限の知識をつめこんだものです」（著者）
博覧強記の著者が、大震災の直後から次々と原発が爆発するという緊急事態の中で、強い危機感でまとめ、世に送り出す<市民のための核災害サバイバル・マニュアル>!

【篇別構成】
第１章◎なぜこの本を書いたか／第２章◎知っておきたい、いちばん基本的なこと／第３章◎放射能汚染下で生きのびるための食養生／参考資料＝チェルノブイリ原発事故をめぐる現地資料

好評発売中!!